国家级精品课程配套教材

仪器分析实验

（第二版）

张剑荣　余晓冬　屠一锋　方惠群　编

科学出版社

北京

内 容 简 介

本书为国家级精品课程配套教材,按照 2005 年教育部化学教学指导委员会制定的《化学专业实验教学基本内容》和当前教学改革的要求而修订。本书注重培养学生的动手能力及发现问题、分析问题、解决问题的能力,努力贯彻以学生为本,实现知识、能力、素质协调发展的实验教育理念和教学观念。

本书共 19 章,包括实验室一般知识、原子发射光谱法、原子吸收光谱法与原子荧光光谱法、紫外-可见分光光度法、红外光谱法、分子荧光光谱法、核磁共振波谱法、质谱法、X 射线衍射分析法、库仑分析法、电位分析法、极谱法和伏安法、纳米修饰电极及其分析应用、扫描电化学显微镜、气相色谱法、高效液相色谱法、高效毛细管电泳分析法、分析化学中的质量控制与统计分析、设计实验,共编入基本实验 52 个、设计实验题目 14 个。每章均扼要介绍本章实验涉及的基本原理、相关的仪器及使用方法。

本书可作为综合性大学、师范院校、工、农、医等院校有关专业的实验教材,也可供从事分析、检验工作的科技工作人员参考。

图书在版编目(CIP)数据

仪器分析实验/张剑荣等编. —2 版. —北京:科学出版社,2009
(国家级精品课程配套教材)
ISBN 978-7-03-024194-8

Ⅰ. 仪⋯ Ⅱ. 张⋯ Ⅲ. 仪器分析—实验—高等学校—教材
Ⅳ. O657-33

中国版本图书馆 CIP 数据核字(2009)第 030734 号

责任编辑:杨向萍 陈雅娴 丁 里/责任校对:张怡君
责任印制:赵 博/封面设计:耕者设计工作室

科 学 出 版 社 出版
北京东黄城根北街 16 号
邮政编码:100717
http://www.sciencep.com

中煤(北京)印务有限公司印刷
科学出版社发行 各地新华书店经销
*
1999 年 6 月第 一 版 开本:B5(720×1000)
2009 年 3 月第 二 版 印张:18 3/4
2024 年 12 月第二十八次印刷 字数:372 000
定价:59.00 元
(如有印装质量问题,我社负责调换)

第二版前言

本书第一版自 1999 年出版以来已使用了近 10 年。在这近 10 年中，我国高等教育得到了前所未有的发展，实验条件普遍改善，部分院校硬件设施已达国际水平，但与此相比，实验教学内容建设显得相对滞后。为了适应当前创新性人才培养的需要，按照 2005 年教育部化学教学指导委员会制定的《化学专业实验教学基本内容》和当前教学改革的需要，拟订本版修订思路和重点：

（1）在每章的编排上，仍然先扼要地介绍本仪器分析方法的原理、仪器的结构和使用方法，使学生即使未上理论课也可以顺利地进行实验，掌握分析方法。但在实验内容选取上，则考虑增加贴近生活、贴近实际，激发学生兴趣的实验项目建设；同时吸收当今热点研究课题内容，加大科研成果转化为教学实验的力度，以启迪学生的探索精神；加强设计性和研究性实验项目的建设，以训练学生的科学思维和科学方法。

（2）增加三章涉及新分析技术的内容：①高效毛细管电泳分析法；②扫描电化学显微镜；③纳米修饰电极及其分析应用。删去"电导分析法"和"文献实验"两章的内容。

（3）加强设计实验一章的内容。

（4）为了吸取兄弟院校的教改成果和扩大本教材使用面，特邀请苏州大学屠一锋教授编写部分内容。

本书努力贯彻以学生为本，实现知识、能力、素质协调发展的实验教育理念和教学观念。

参加本版修订编写工作的有张剑荣、方惠群、余晓冬、屠一锋、夏兴华、徐静娟。全书由张剑荣教授、方惠群教授修改定稿。南京大学化学化工学院分析化学学科的许多教师曾先后参加本实验课程的教学，对本书的建设作出了贡献。在此对曾参加本书建设的史坚、戚苓、翁筼蓉及参加部分实验工作的梁同明、朱玉华、丁涛、卞宁生等同志谨致衷心的感谢。

限于编者水平，书中缺点、错误在所难免，恳请读者批评指正。

编　者

2008 年 10 月

第一版前言

分析化学是表征和测量的科学,包括化学分析和仪器分析。仪器分析方法与化学分析相比,发展更快。目前,在科学研究、工农业生产、医学、药物和环境等部门中,所遇到的大部分表征与测量任务已由仪器分析承担。鉴于仪器分析的方法和内容迅速增加,重要性日益突出,"仪器分析"和"仪器分析实验"已列为各高等院校化学类及其相关专业的公共基础课。虽然仪器分析实验的内容在教学实践中得到了不断的修改和充实,但仍不能满足培养人才和科技发展的需要。按照原高等学校理科化学专业分析化学教材编审小组于1986年修订的综合性大学化学专业《仪器分析教学大纲》和当前教学改革的需要,我们在多年教学实践和总结的基础上,编写这本《仪器分析实验》。在编写过程中,首先,力求使实验课教学逐渐摆脱过去完全对理论课的依附,在每一章中,先扼要地介绍本仪器分析方法的原理、仪器和使用方法,使学生即使未上理论课也可以顺利地进行实验,掌握分析方法。其次,注重培养学生分析问题和解决问题的能力,因此在教材中安排了三个层次的实验,即基本实验、设计实验和外文文献实验。基本实验中有理论验证性实验和反映化学理论应用的实际样品分析实验。设计实验是学生在完成教学要求的基本实验的基础上,自选题目,在教师指导下,通过查阅文献资料,独立地拟定实际样品的分析方法和实验步骤,完成实验并写出报告。外文文献实验是训练学生阅读和应用外文文献进行实验的能力。

全书共十八章,包括实验室一般知识、原子发射光谱法、原子吸收与荧光光谱法、紫外-可见分光光度法、红外光谱法、分子荧光光谱法、核磁共振波谱法、质谱法、X衍射分析法、电导分析法、库仑分析法、电位分析法、极谱和伏安分析法、气相色谱法和高效液相色谱法,以及分析化学中的质量控制和统计分析、外文文献实验和设计实验。全书共有基本实验五十个,外文文献实验九个,设计实验十一个,这些实验可供教师与学生根据实际需要选择使用。

参加本书编写的有张剑荣、戚苓、方惠群。南京大学化学系分析化学教研室的许多教师曾先后参加本实验课程的教学,对本教材的建设作出了许多贡献。在此对曾参加《化学分析和仪器分析实验》一书中仪器分析实验内容编写的史坚教授、翁筠蓉副教授以及参加部分实验工作的叶蕾、梁同明、卞宁生、丁涛等同志,谨致衷心的感谢。

限于编者水平,书中缺点、错误在所难免,恳请读者批评指正。

编 者

1998年9月

目　　录

第1章 实验室一般知识

1.1 分析实验室规则

（1）实验前应准备一本预习报告本，认真进行预习，并撰写预习报告，内容包括：实验目的要求、基本原理、简单的实验步骤、实验中注意事项。做好实验安排，对将要进行的实验做到心中有数。

（2）爱护仪器设备，对不熟悉的仪器设备应先仔细阅读仪器的操作规程，听从教师指导。未经允许不可随意动手，以防损坏仪器。

（3）实验过程中保持安静，正确操作，细致观察，认真记录，周密思考。遵守实验室安全规则，保持室内整洁，随时保持实验台面干净、整齐。火柴梗、废纸等杂物丢入废物缸内。实验中有害的废液、固体废物等要分类回收，按照有关要求自行或请相关专业公司进行无害化处理。注意节约使用水、电、煤气等，不要浪费。

（4）实验记录应如实反映实验的情况，通常应按一定格式书写。所有的原始数据都应一边实验一边准确地记录在报告本上，不要等到实验结束后才补记，更不要将原始数据记录在草稿本、小纸片或其他地方。记录本应预先编好页码，不应撕毁其中的任何一页。必须养成实事求是的科学态度，不凭主观意愿删去不好的数据，更不得随意涂改。若数据记录有误，可将错误的数据轻轻画一道杠，将正确的数据记在旁边，切不可乱涂乱改或用橡皮擦拭。任何随意拼凑、杜撰原始数据的做法都是不允许的。另外，注意所记录原始数据的有效数字应与使用的仪器精度一致。

（5）实验报告一般应包括以下内容：①姓名；②实验项目、日期；③实验目的要求，简要原理及主要实验步骤；④实验数据原始记录；⑤结果处理，包括图、表、计算公式及实验结果；⑥实验总结。

（6）实验结束后，应立即将玻璃器皿洗刷干净，仪器复原，填写使用登记卡，整理实验台面，将实验报告及时交给教师。

（7）值日生应登记国家管制化学药品的使用情况，协助实验室管理人员对国家管制化学药品及其实验中产生的有害物进行妥善处置，并认真打扫实验室，关闭水、电、煤气、窗、门，方可离开实验室。

1.2　实验室安全规则

（1）不得在实验室内吸烟、进食或喝饮料。

（2）浓酸和浓碱具有腐蚀性，配制溶液时，应将浓酸注入水中，而不得将水注入浓酸中。

（3）从瓶中取用试剂后，应立即盖好试剂瓶盖。绝不可将取出的试剂或试液倒回原试剂或试液储存瓶内。

（4）妥善处理实验中产生的有害固体或液体废弃物。应按照废弃物形态或污染性质分类回收，然后根据《危险废物储存污染控制标准》（GB 18597—2001）、《危险废物焚烧污染控制标准》（GB 18484—2001）、《危险废物填埋污染控制标准》（GB 18598—2001）等国家标准自行或委托相关专业公司进行储存、焚烧、填埋等处理。实验室中通过下水道排放的废液需要经过科学处理，并且符合《地面水环境质量标准》（GB 3838—2002）V 类水质标准。

（5）汞盐、砷化物、氰化物等剧毒物品使用时应特别小心。氰化物不能接触酸，否则产生 HCN，剧毒！氰化物废液应倒入碱性亚铁盐溶液中，使其转化为亚铁氰化铁盐，然后倒入回收器皿中。H_2O_2 能腐蚀皮肤。接触过化学药品应立即洗手。

（6）将玻璃管、温度计或漏斗插入塞子前，用水或适当的润滑剂润湿，用毛巾包好再插，两手不要分得太开，以免玻璃管等折断划伤手。

（7）闻气味时应用手小心地将气体或烟雾扇向鼻子。取浓 $NH_3 \cdot H_2O$、HCl、HNO_3、H_2SO_4、$HClO_4$ 等易挥发的试剂时，应在通风橱内操作。开启瓶盖时，绝不可将瓶口对着自己或他人的面部。夏季开启瓶盖时，最好先用冷水冷却。如不小心溅到皮肤和眼内，应立即用水冲洗，然后用 5％碳酸氢钠溶液（酸腐蚀时采用）或 5％硼酸溶液（碱腐蚀时采用）冲洗，最后用水冲洗。

（8）使用有机溶剂（乙醇、乙醚、苯、丙酮等）时，一定要远离火焰和热源。用后应将瓶塞盖紧，放在阴凉处保存。

（9）下列实验应在通风橱内进行：①制备或反应产生具有刺激性的、恶臭的或有毒的气体（如 H_2S、NO_2、Cl_2、CO、SO_2、Br_2、HF 等）；②加热或蒸发 HCl、HNO_3、H_2SO_4 或 H_3PO_4 等溶液；③溶解或消化试样。

（10）如化学灼伤应立即用大量水冲洗皮肤（必要时启用紧急喷淋装置），同时脱去污染的衣服；眼睛受化学灼伤或异物入眼，应立即将眼睁开，用大量水冲洗（启用洗眼器），至少持续冲洗 15 min；如烫伤，可在烫伤处抹上黄色的苦味酸溶液或烫伤软膏。严重者应立即送医院治疗。

（11）进行加热操作或激烈反应时，实验人员不得离开。

（12）使用电器设备时应特别小心,不能用湿的手接触电闸和电器插头。凡是漏电的仪器不要使用,以免触电。

（13）使用精密仪器时,应严格遵守操作规程,仪器使用完毕后,将仪器各部分旋钮恢复到原来的位置,关闭电源。

（14）发生事故时保持冷静,采取应急措施,防止事故扩大,如切断电源、气源等,并报告教师。

1.3　分析实验室用水的规格和制备

分析实验室用于溶解、稀释和配制溶液的水都必须先经过纯化。分析要求不同,对水质纯度的要求也不同,故应根据不同要求采用不同纯化方法制备纯水。

一般实验室用的纯水有蒸馏水、二次蒸馏水、去离子水、无二氧化碳蒸馏水、无氨蒸馏水等。

1.3.1　分析实验室用水的规格

根据中华人民共和国国家标准 GB/T 6682—1992《分析实验室用水规格和试验方法》的规定,分析实验室用水分为三个级别:一级水、二级水和三级水。分析实验室用水应符合表 1-1 所列规格。

表 1-1　分析实验室用水规格

项　目	一级	二级	三级
pH 范围,25 ℃	—*	—*	5.0~7.5
电导率,κ(mS/m),25 ℃≤	0.01	0.10	0.50
可氧化物质以(O)计,ρ(O)(mg/L)≤	—	0.08	0.4
吸光度,254 nm,1 cm 光程,A≤	0.001	0.01	
蒸发残渣(105±2)℃,ρ_B(mg/L)≤	—	1.0	2.0
可溶性硅以 SiO_2 计,ρ(SiO_2)(mg/L)≤	0.01	0.02	

* 难以测定,不作规定。

一级水用于有严格要求的分析实验,包括对颗粒有要求的实验,如高效液相色谱用水。一级水可用二级水经过石英设备蒸馏或离子交换混合床处理后,再经0.2 μm 微孔滤膜过滤来制取。

二级水用于无机痕量分析等实验,如原子吸收光谱分析用水。二级水可用多次蒸馏或离子交换等方法制取。

三级水用于一般化学分析实验。三级水可用蒸馏或离子交换等方法制取。

为保持实验室使用蒸馏水的纯净,蒸馏水瓶要随时加塞,专用虹吸管内外均应保持干净。蒸馏水瓶附近不要存放浓 HCl、NH₃·H₂O 等易挥发试剂,以防污染。通常用洗瓶取蒸馏水。用洗瓶取水时,不要取出塞子和玻璃管,也不要将蒸馏水瓶上的虹吸管插入洗瓶内。

通常普通蒸馏水保存在玻璃容器中,去离子水保存在聚乙烯塑料容器中,用于痕量分析的高纯水(如二次亚沸石英蒸馏水)需要保存在石英或聚乙烯塑料容器中。

1.3.2　水纯度的检查

按照国家标准 GB/T 6682—1992 规定的实验方法检查水的纯度是法定的水质检查方法。根据各实验室分析任务的要求和特点,对实验用水也经常采用如下方法进行一些项目的检查:

(1) 酸度。要求纯水的 pH 为 6~7。检查方法是在两支试管中各加 10 mL 待测水,一支试管中加 2 滴 0.1% 甲基红指示剂,不显红色;另一支试管加 5 滴 0.1% 溴百里酚蓝指示剂,不显蓝色,即为合格。

(2) 硫酸根。取 2~3 mL 待测水放入试管中,加 2~3 滴 2 mol/L 盐酸酸化,再加 1 滴 0.1% 氯化钡溶液,放置 15 h 无沉淀析出,即为合格。

(3) 氯离子。取 2~3 mL 待测水,加 1 滴 6 mol/L 硝酸酸化,再加 1 滴 0.1% 硝酸银溶液,不产生混浊,即为合格。

(4) 钙离子。取 2~3 mL 待测水,加数滴 6 mol/L 氨水使之呈碱性,再加 2 滴饱和乙二酸铵溶液,放置 12 h 无沉淀析出,即为合格。

(5) 镁离子。取 2~3 mL 待测水,加 1 滴 0.1% 钛鄷黄及数滴 6 mol/L 氢氧化钠溶液,如有淡红色出现,即有镁离子,如呈橙色则合格。

(6) 铵离子。取 2~3 mL 待测水,加 1~2 滴奈氏试剂,如呈黄色则有铵离子。

(7) 游离二氧化碳。取 100 mL 待测水注入锥形瓶中,加 3~4 滴 0.1% 酚酞溶液,如呈淡红色,表示无游离二氧化碳;如为无色,可加 0.1000 mol/L 氢氧化钠溶液至淡红色,1 min 内不消失,即为终点。计算游离二氧化碳的含量。注意,氢氧化钠溶液用量不能超过 0.1 mL。

1.3.3　水纯度分析结果的表示

水纯度的分析结果通常用以下几种方法表示:

(1) 毫克/升(mg/L)。表示每升水中含有某物质的毫克数。

(2) 微克/升(μg/L)。表示每升水中含有某物质的微克数。

(3) 硬度。我国采用 1 L 水中含有 10 mg 氧化钙作为硬度的 1 度,这与德国标准一致,所以有时也称为 1 德国度。

1.3.4 各种纯度水的制备

1. 蒸馏水

将自来水在蒸馏装置中加热汽化,然后将水蒸气冷凝即可得到蒸馏水。由于杂质离子一般不挥发,因此蒸馏水中所含杂质比自来水少得多,比较纯净,可达到三级水的指标,但还有少量金属离子、二氧化碳等杂质。

2. 二次石英亚沸蒸馏水

为了获得较纯净的蒸馏水,可以进行重蒸馏,并在准备重蒸馏的蒸馏水中加入适当的试剂以抑制某些杂质的挥发。例如,加入甘露醇能抑制硼的挥发,加入碱性高锰酸钾可破坏有机物并防止二氧化碳蒸出。二次蒸馏水一般可达到二级水指标。第二次蒸馏通常采用石英亚沸蒸馏器,其特点是在液面上方加热,使液面始终处于亚沸状态,可使水蒸气带出的杂质减至最低。

3. 去离子水

去离子水是使自来水或普通蒸馏水通过离子树脂交换柱后所得的水。制备时,一般将水依次通过阳离子树脂交换柱、阴离子树脂交换柱、阴阳离子树脂混合交换柱。去离子水纯度比蒸馏水纯度高,质量可达到二级或一级水指标,但对非电解质及胶体物质无效,同时会有微量的有机物从树脂溶出,因此根据需要可将去离子水进行重蒸馏以得到高纯水。

市售离子交换纯水器可用于实验室制备去离子水。

4. 特殊用水的制备

(1) 无氨水。①每升蒸馏水中加 25 mL 5% 氢氧化钠溶液后,再煮沸 1 h,然后用前述的方法检查铵离子;②每升蒸馏水中加 2 mL 浓硫酸,再重蒸馏,即得无氨蒸馏水。

(2) 无二氧化碳蒸馏水。煮沸蒸馏水,直至煮去原体积的 1/4 或 1/5,隔离空气,冷却即得。此水应储存于连接碱石灰吸收管的瓶中,其 pH 应为 7。

(3) 无氯蒸馏水。将蒸馏水在硬质玻璃蒸馏器中先煮沸,再进行蒸馏,收集中间馏出部分,即得无氯蒸馏水。

5. 实验室水纯化设备

目前,国内外已有商品化仪器用于生产各种用途的纯水、超纯水,所纯化的水达到甚至超过一级、二级或三级水纯度标准。例如,millipore 纯水系统整合了反渗透、连续电流去离子、紫外光氧化、微孔过滤、超滤和超纯水去离子等技术,可以为超痕量元素分析、微量有机化合物分析、分子生物学、微生物培养基制备、缓冲液配制和生化试剂配制等各种特定用途的场合提供纯化水。

1.4 常用玻璃器皿的洗涤

1.4.1 洗涤方法

分析化学实验中要求使用洁净的器皿,因此在使用前必须对器皿充分洗净。常用的洗涤方法有:

(1) 刷洗。刷洗是用水和毛刷洗涤除去器皿上的污渍以及其他不溶性和可溶性杂质。

(2) 用去污粉、肥皂、合成洗涤剂洗涤。洗涤时先将器皿用水湿润,再用毛刷蘸少量去污粉或洗涤剂,洗刷器皿内外,然后用水边冲边刷洗,直至洗涤干净。

(3) 用铬酸洗液(简称洗液)洗涤。被洗涤器皿尽量保持干燥,倒少量洗液于器皿内,转动器皿使其内壁被洗液浸润(必要时可用洗液浸泡),然后将洗液倒回原装瓶内以备再用(若洗液的颜色变绿,则另作处理)。再用水冲洗器皿内残留的洗液,直至洗涤干净。如用热的洗液洗涤,则去污能力更强。洗液主要用于洗涤被无机物沾污的器皿,它对有机物和油污的去污能力也较强,常用来洗涤口小、管细等形状特殊的器皿,如吸管、容量瓶等。洗液具有强酸性、强氧化性,对衣服、皮肤、桌面、橡皮等有腐蚀作用,使用时要特别小心。

(4) 用酸性洗液洗涤。根据器皿中污物的性质,可直接使用不同浓度的硝酸、盐酸和硫酸进行洗涤或浸泡,并可适当加热。

(a) 浓盐酸(粗)。它可以洗去附着在器皿上的氧化剂,如二氧化锰。大多数不溶于水的无机物也可以用它来洗。灼烧过沉淀的瓷坩埚,用 1:1(体积比)盐酸洗涤后再用洗液洗。

(b) 硝酸-氢氟酸洗液。它是洗涤玻璃器皿和石英器皿的优良洗涤剂,可以避免杂质金属离子的沾附。常温下使用,储存于塑料瓶中。硝酸-氢氟酸洗液洗涤效率高,清洗速度快,但对油脂及有机物的清除效率差。它对皮肤有很强的腐蚀性,操作时应戴手套。若沾到皮肤上,应立即用大量水冲洗。对玻璃和石英器皿有腐蚀作用,精密玻璃量器、标准磨口仪器、活塞、砂芯漏斗、光学玻璃、精密石英部件、比色皿等不宜用这种洗液。

(5) 用碱性洗液洗涤。它适合洗涤油脂和有机物。因为作用较慢,一般要浸泡 24 h 或用浸煮的方法。

(a) 氢氧化钠-高锰酸钾洗液。用这种洗液洗过后,在器皿上会留下二氧化锰,可再用盐酸洗。

(b) 氢氧化钠(钾)-乙醇洗液。它洗涤油脂的效力比有机溶剂高,但不能与玻璃器皿长期接触。使用碱性洗液时要特别注意,碱液有腐蚀性,不能溅到眼内。

(6) 有机溶剂洗液。它用于洗涤油脂类、单体原液、聚合体等有机污物。应根据污物性质选择适当的有机溶剂。常用的有三氯乙烯、二氯乙烯、苯、二甲苯、丙酮、乙醇、乙醚、三氯甲烷、四氯化碳、汽油、醇醚混合液等。一般先用有机溶剂洗两次,然后用水冲洗,再用浓酸或浓碱洗液洗,最后用水冲洗。如洗不干净,可先用有机溶剂浸泡一定时间,然后如上依次处理。

除以上洗涤方法外,还可以根据污物性质对症下药。例如,氯化银沉淀可用氨水洗去;硫化物沉淀可用盐酸和硝酸洗去;衣服上的碘斑可用 10%硫代硫酸钠溶液洗去;高锰酸钾溶液残留在器壁上的棕色污斑可用硫酸亚铁的酸性溶液洗去。

不论用上述哪种方法洗涤器皿,最后都必须用自来水冲洗,再用蒸馏水或去离子水荡洗三次。洗涤干净的器皿内壁只应留下均匀一薄层水,如壁上挂水珠,说明没有洗干净,必须重洗。

1.4.2　常用洗液的配制

(1) 铬酸洗液。将 5 g 重铬酸钾用少量水润湿,慢慢加入 80 mL 粗浓硫酸,搅拌以加速溶解。冷却后储存在磨口试剂瓶中,防止吸水而失效。

(2) 硝酸-氢氟酸洗液。含氢氟酸约 5%、硝酸 20%～35%,由 100～120 mL 40%氢氟酸,150～250 mL 浓硝酸和 650～750 mL 蒸馏水配制成。洗液出现混浊时,可用塑料漏斗和滤纸过滤。洗涤能力降低时,可适当补充氢氟酸。

(3) 氢氧化钠-高锰酸钾洗液。4 g 高锰酸钾溶于少量水中,加入 100 mL 10%氢氧化钠溶液。

(4) 氢氧化钠-乙醇溶液。120 g 氢氧化钠溶解在 120 mL 水中,再用 95%乙醇稀释至 1 L。

(5) 硫酸亚铁酸性洗液。含少量硫酸亚铁的稀硫酸溶液,此洗液不能放置,放置后会因 Fe^{2+} 氧化而失效。

(6) 醇醚混合物。1 体积乙醇和 1 体积乙醚混合。

1.5　化 学 试 剂

1.5.1　化学试剂的级别

试剂的纯度对分析结果准确度的影响很大,不同的分析工作对试剂纯度的要求也不相同。因此,必须了解试剂的分类标准,以便正确使用试剂。

表 1-2 是我国化学试剂等级标志与某些国家化学试剂等级标志的对照表。

表 1 - 2　化学试剂等级标志对照表

质量次序		1	2	3	4	5
我国 化学 试剂 等级 标志	级别	一级品	二级品	三级品	四级品	五级品
	中文标志	保证试剂	分析试剂	化学纯	化学用	生物试剂
		优级纯	分析纯	纯	实验试剂	
	符号	G. R.	A. R.	C. P. ,P.	L. R.	B. R. ,C. R.
	瓶签颜色	绿	红	蓝	棕色	黄色等
德、美、英等国通用等级 和符号		G. R.	A. R.	C. P.		

　　G. R. 试剂适用于作基准物质和精密分析工作。A. R. 试剂的纯度略低于 G. R. 试剂,适用于大多数分析工作。C. P. 试剂适用于一般分析工作和分析化学教学工作。L. R. 试剂纯度较低,在分析工作中一般用作辅助试剂。

　　此外,还有基准试剂(PT)和部分特殊用途的高纯试剂。基准试剂作为基准物用,可直接配制标准溶液。光谱纯试剂(SP)表示光谱纯净,试剂中的杂质低于光谱分析法的检测限。色谱纯试剂是在最高灵敏度时以 10^{-10} g 下无杂质峰来表示的。超纯试剂用于痕量分析和一些科学研究工作,这种试剂的生产、储存和使用都有一些特殊的要求。

　　指示剂纯度往往不太明确,除少数标明"分析纯"、"试剂四级"外,经常只写明"化学试剂"、"企业标准"或"部颁暂行标准"等。常用的有机溶剂也常等级不明,一般只可作"化学纯"试剂使用,必要时进行提纯。

　　生物化学中使用的特殊试剂,纯度表示和化学中一般试剂表示不相同。例如,蛋白质类试剂经常以含量表示,或以某种方法(如电泳法等)测定杂质含量来表示。又如,酶是以每单位时间能酶解多少物质来表示其纯度,即它是以活力来表示的。

1.5.2　试剂的保管和使用

　　试剂如果保管不善或使用不当,极易变质和沾污,在分析实验中往往是引起误差甚至造成失败的主要原因之一。因此,必须按一定的要求保管和使用试剂。

　　(1) 使用前要认明标签;取用时,不可将瓶盖随意乱放,应将盖子反放在干净的地方。取用固体试剂时,用干净的药匙,用毕立即洗净,晾干备用。取用液体试剂时,一般用量筒。倒试剂时,标签朝上,不要将试剂泼洒在外,多余的试剂不应倒回试剂瓶内,取完试剂随手将瓶盖盖好,切不可"张冠李戴",以防沾污。

　　(2) 装盛试剂的试剂瓶都应贴上标签,写明试剂的名称、规格、日期等,不可在试剂瓶中装入与标签不符的试剂,以免造成差错。标签脱落的试剂,在未查明前不可使用。

（3）使用标准溶液前,应将试剂充分摇匀。

（4）易腐蚀玻璃的试剂(如氟化物、苛性碱等)应保存在塑料瓶或涂有石蜡的玻璃瓶中。

（5）易氧化的试剂(如氯化亚锡、低价铁盐)和易风化或潮解的试剂(如 $AlCl_3$、无水 Na_2CO_3、NaOH 等)应用石蜡密封瓶口。

（6）易受光分解的试剂(如 $KMnO_4$、$AgNO_3$ 等)应用棕色瓶盛装,并保存在暗处。

（7）易受热分解的试剂、低沸点的液体和易挥发的试剂应保存在阴凉处。

（8）剧毒试剂(如氰化物、三氧化二砷、二氯化汞等)必须特别妥善保管和安全使用。

1.5.3　常用试剂的提纯

利用仪器分析法经常进行痕量或超痕量测定,它们对试剂有特殊要求。例如,单晶硅的纯度在 99.9999% 以上,杂质含量不超过 0.0001%,分析类似的高纯物质时,必须使用高纯度的试剂;在高效液相色谱法中,甲醇或乙腈经常被用作流动相,要求其中不含芳烃,否则会干扰测定。对于这些实验,市售的试剂即使是优级纯的,也必须进行适当的提纯处理。

试剂提纯并不是要除去所有杂质,这既不可能,也无必要,只需要针对分析的某种特殊要求,除去其中的某些杂质即可。例如,光谱分析中所使用的光谱纯试剂仅要求所含杂质低于光谱分析法的检测限。因此,对于某种用途已适宜的试剂,也许完全不适用另一些用途。

蒸馏、重结晶、色谱、电泳和超离心等技术是常用的试剂提纯方法。

几种常用的溶剂(或熔剂)的提纯方法如下:

1. 盐酸

盐酸用蒸馏法或等温扩散法提纯。盐酸能形成恒沸化合物,恒沸点为110 ℃,因此通过蒸馏便能够获得恒沸组成的纯酸。蒸馏需用石英蒸馏器,取中段馏出液。等温扩散法提纯盐酸的步骤如下:在直径为 30 cm 的干燥器(若是玻璃制品,可在内壁涂一层白蜡防止沾污)中加入 3 kg 盐酸(优级纯),在瓷托板上放置盛有 300 mL 高纯水的聚乙烯或石英容器。盖好干燥器盖,在室温下放置 7~10 d,取出后即可使用,盐酸浓度为 9~10 mol/L,铁、铝、钙、镁、铜、铅、锌、钴、镍、锰、铬、锡的含量在 2×10^{-9}(质量分数,下同)以下。

氨水也可以用等温扩散法提纯。

2. 硝酸

硝酸能形成恒沸化合物,恒沸点120.5 ℃,因此可以用蒸馏法提纯。提纯步骤如下:在 2 L 硬质玻璃蒸馏器中放入 1.5 L 硝酸(优级纯),在石墨电炉上用可调变压器调节电炉温度进行蒸馏,馏速为 200~400 mL/h,弃去初馏分 150 mL,收集中间馏分 1 L。将用上述方法得到的中间馏分 2 L 放入 3 L 石英蒸馏器中。将石英蒸馏器固定在石蜡浴中进行蒸馏,借可调变压器控制馏速为 100 mL/h。弃去初馏分 150 mL,收集中间馏分 1600 mL。铁、铝、钙、镁、铜、铅、锌、钴、镍、锰、铬、锡的含量在 2×10^{-9} 以下。

3. 氢氟酸

氢氟酸形成恒沸化合物的沸点为 120 ℃。蒸馏提纯步骤如下:在铂或聚四氟乙烯蒸馏器中加入 2L 氢氟酸(优级纯)以甘油浴加热,用可调变压器调节控制加热器温度,控制馏速为 100 mL/h,弃去初馏分 200 mL,用聚乙烯瓶收集中间馏分 1600 mL。将此中间馏分按上述步骤再蒸馏一次,弃去前段馏出液 150 mL,收集中段馏出液 1250 mL,保存在聚乙烯瓶中。铁、铝、钙、镁、铜、铅、锌、钴、镍、锰、铬、锡的含量在 2×10^{-9} 以下。蒸馏时加入氟化钠或甘露醇,即可得到除去硅或硼的氢氟酸。

4. 高氯酸

高氯酸形成的恒沸化合物沸点是 203 ℃,需用减压蒸馏法提纯。提纯步骤如下:在 500 mL 硬质玻璃蒸馏瓶或石英蒸馏器中加入 300~350 mL 高氯酸(60%~65%,分析纯),用可调变压器控制加热温度 140~150 ℃,减压至压力为 2.67~3.33 kPa(20~25 mmHg),馏速为 40~50 mL/h,弃去初馏分 50 mL,收集中间馏分 200 mL,保存在石英试剂瓶中备用。

5. 碳酸钠

将 30 g 分析纯碳酸钠溶于 150 mL 高纯水中,待全部溶解后,在溶液中慢慢滴加 2~3 mL 浓度为 1 mg/mL 的铁标准溶液,在滴加铁标液过程中要不断搅拌,使杂质与氢氧化铁一起共沉淀。在水浴中加热并放置 1 h 使沉淀凝聚,过滤除去胶体沉淀物。加热浓缩滤液至出现结晶膜时,取下冷却,待结晶完全析出后用布氏漏斗抽滤,并用纯制乙醇洗涤两三次,每次 20 mL。在真空干燥箱中减压干燥,温度为 100~105 ℃,压力为 2.67~6.67 kPa(20~50 mmHg),烘至无结晶水。为了加速脱水,也可在 270～300 ℃下灼烧。此法提纯的碳酸钠经光谱定性分析检查,仅检出痕量的镁和铝,而原料中有微量的铜、铁、铝、钙、镁。

6. 焦硫酸钾

称取 87 g 纯制硫酸钾置于铂皿中,加入 26.6 mL 纯浓硫酸,将铂皿放到石墨电炉上加热至皿内物质开始冒少量烟,而且皿内熔物成为透明熔体不再冒气泡时为止,取下铂皿,冷却至 50～60 ℃,趁热将凝固的焦硫酸钾用玛瑙研钵捣碎,并将产品放至磨口试剂瓶中保存。

1.6　分析试样的准备和分解

1.6.1　分析试样的准备

送到实验室分析的试样,对一整批物料应具有代表性。在制备分析试样的过程中,不使其失去足够的代表性与分析结果的准确性同等重要。下面介绍各种类型试样的采取方法。

1. 气体试样的采取

(1) 常压下取样。用一般吸气装置(如吸筒、抽气泵)使盛气瓶产生真空,自由吸入气体试样。

(2) 气体压力高于常压取样。可用球胆、盛气瓶直接盛取试样。

(3) 气体压力低于常压取样。先将取样器抽成真空,再用取样管接通进行取样。

2. 液体样品的采取

(1) 装在大容器中的液体试样的采取。采用搅拌器搅拌或用无油污、水等杂质的空气深入容器底部充分搅拌,然后用内径约 1 cm、长 80～100 cm 的玻璃管在容器的各个不同深度和不同部位取样,经混匀后供分析。

(2) 密封式容器的采样。先放出前面一部分弃去,再接取供分析的试样。

(3) 一批中分几个小容器分装的液体试样的采取。先分别将各容器中试样混匀,然后按该产品规定取样量,从各容器中取近等量试样于一个试样瓶中,混匀供分析。

(4) 炉水按密封式取样。

(5) 水管中样品的采取。先放去管内静水,取一根橡皮管,其一端套在水管上,另一端插入取样瓶底部,在瓶中装满水后,使其溢出瓶口少量即可。

(6) 河、池等水源中采样。在尽可能背阴的地方,离水面以下 0.5 m 深度,离岸 1～2 m 采取。

3. 固体样品的采取

(1) 粉状或松散样品的采取。例如,精矿、石英砂、化工产品等其组成较均匀,可用探料钻插入包内钻取。

(2) 金属锭块或制件样品的采取。一般可用钻、刨、切削、击碎等方法,按锭块或制件的采样规定采取试样。如无明确规定,则从锭块或制件的纵横各部位采取。如送检单位有特殊要求,可协商采取方式。

(3) 大块物料样品的采取。例如,矿石、焦炭、块煤等不但组分不均匀,而且其大小相差很大,所以采样时应以适当的间距,从各个不同部分采取小样,原始样品一般按全部物料的千分之一至万分之三采集小样,对极不均匀的物料,有时取五百分之一,取样深度为 0.3~0.5 m。固体样品加工的一般程序如下:

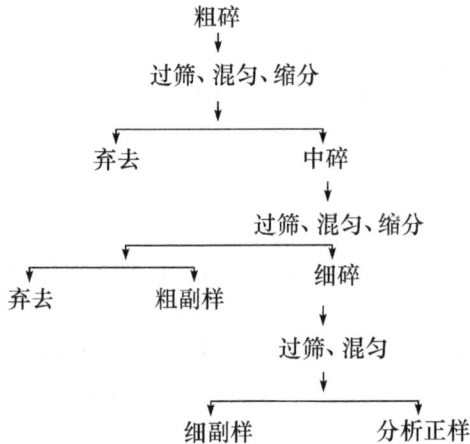

```
                    粗碎
                     ↓
              过筛、混匀、缩分
                     ↓
        ┌────────────┴────────────┐
      弃去                       中碎
                                  ↓
                          过筛、混匀、缩分
                                  ↓
                    ┌─────────────┴─────────────┐
                  弃去        粗副样          细碎
                                               ↓
                                          过筛、混匀
                                               ↓
                                ┌──────────────┴──────────────┐
                              细副样                       分析正样
```

实际上不可能将全部样品都加工成为分析样品,因此在处理过程中要不断进行缩分。具有足够代表性的样品的最低可靠质量按照切乔特公式进行计算:

$$Q = kd^2 \tag{1-1}$$

式中,Q 为样品的最低可靠质量,kg;k 为根据物料特性确定的缩分系数;d 为样品中最大颗粒的直径,mm。

样品的最大颗粒直径(d)以粉碎后样品能全部通过的孔径最小的筛号孔径为准。

根据样品的颗粒大小和缩分系数,可以从手册上查到样品最低可靠质量的 Q 值。最后将样品研细到符合分析样品的要求。

缩分采用四分法,即将样品混匀后堆成锥状,然后略为压平,通过中心分成四等份,弃去任意对角的两份。由于样品中不同粒度、不同密度的颗粒大体上分布均匀,留下样品的量是原样的一半,仍然代表原样的成分。

缩分的次数不是任意的。每次缩分时,试样的粒度与保留的试样之间都应符合切乔特公式,否则就应进一步破碎,才能缩分。如此反复经过多次破碎缩分,直到样品的质量减至供分析用的数量为止。然后放入玛瑙研钵中磨到规定的细度。根据试样的分解难易,一般要求试样通过 100～200 号筛,这在生产单位均有具体规定。

1.6.2　试样的保存

采集的样品保存时间越短,分析结果越可靠。能够在现场进行测定的项目应在现场完成分析,以免在样品的运送过程中,待测组分由于挥发、分解和被污染等原因造成损失。若样品必须保存,则应根据样品的物理性质、化学性质和分析要求,采取合适的方法保存样品。采用低温、冷冻、真空、冷冻真空干燥、加稳定剂、防腐剂或保存剂、通过化学反应使不稳定成分转化为稳定成分等措施,可延长保存期。普通玻璃瓶、棕色玻璃瓶、石英试剂瓶、聚乙烯瓶、袋或桶等常用于保存样品。

1.6.3　试样的分解

分解试样的要求是试样应完全分解,在分解过程中不能引入待测组分,不能使待测组分有所损失,所有试剂及反应产物对后续测定应无干扰。

分解试样最常用的方法是溶解法和熔融法。溶解法通常按照水、稀酸、浓酸、混合酸的顺序处理,加入 H_2O_2 等氧化剂作为辅助溶剂可以提高酸的氧化能力,促进试样溶解。盐酸、硝酸、硫酸、磷酸、氢氟酸、高氯酸等是常用的酸。酸不溶的物质采用熔融法,常用的熔剂有碳酸钠、氢氧化钠或氢氧化钾、硫酸氢钾或焦硫酸钾等。由于熔融温度可高达 1200 ℃,因此反应能力大大增强。闭管法是将试样和溶剂置于适当的容器中,再将容器装在保护管中,在密闭的情况下进行分解,由于内部高温高压,溶剂没有挥发损失,对于难溶物质的分解可取得很好的效果。有机试样的分解主要采用干法灰化法和湿法灰化法。干法灰化法通常将样品放在坩埚灼烧,直至所有有机物燃烧完全,只留下不挥发的无机残留物。湿法灰化法是将样品与浓的具有氧化性的无机酸(单酸或混合酸)共热,使样品完全氧化,各种元素以简单的无机离子形式存在于酸溶液中。硫酸、硝酸或高氯酸等单酸,硝酸和硫酸或硝酸和高氯酸等混合酸常用于湿法灰化。使用高氯酸时应注意安全。在灰化处理过程中应注意待测组分的挥发损失。

微波消解技术是 20 世纪 70 年代中期产生的一种溶样技术。微波是指电磁波中位于远红外线与无线电之间的电磁辐射,频率为 300 MHz～300 GHz,波长为100 cm～1 mm,具有较强的穿透能力,是一种特殊的能源。使用煤气灯、电热板、马弗炉等传统的加热技术是“由表及里”的“外加热”。微波加热是一种“内加热”,即具有偶极矩的极性样品分子与酸的混合物在微波产生的交变磁场作用下发生介质分子极化,极性分子随高频磁场交替排列,导致分子高速振荡,使加热物内部分子间产生剧烈的振动和碰撞,加热物内部的温度迅速升高。分子间的剧烈碰撞搅动并清除已溶解的试样表面,促使酸与试样更有效地接触,从而使样品迅速分解。金属材料不吸收微波,只能反射微波,所以不能用金属容器作为微波反应器。但可以用金属(不锈钢板)作微波炉的炉膛,利用它的反射将微波作用在加热物质上。绝缘体可以透过微波,它几乎不吸收微波的能量,所以常用玻璃(石英)、陶瓷、塑料(聚四氟乙烯、聚乙烯、聚苯乙烯)等制作反应容器。常压和高压微波溶样是两种常用的方法。微波溶样的条件应根据微波功率、分解时间、温度、压力和样品量之间的关系来选择。微波溶样具有以下优点:①被加热物质内、外一起加热,瞬间可达高温,热能损耗少,利用率高;②微波穿透深度强,加热均匀,对某些难溶样品的分解尤其有效,如用目前最有效的高压消解法分解锆英石,即使对不稳定的锆英石,在 200 ℃也需要加热 2 d,用微波加热在 2 h 之内即可分解完成;③传统加热都需要相当长的预热时间才能达到加热必需的温度,微波加热在微波管启动 10～15 s 便可奏效,溶样时间大为缩短;④封闭容器微波溶样所用试剂量少,空白值显著降低,且避免了痕量元素的挥发损失及样品的污染,提高了分析的准确性;⑤微波溶样最彻底的变革之一是易实现分析自动化,已广泛地应用于环境、生物、地质、冶金和其他物料的分析。

常用的微波溶样设备是微波消解仪,频率为(2450±50)MHz。微波消解仪主要由实验室专用微波炉、高压密闭消解罐、消解罐测温测压及其控制装置三大主要部分组成:

(1) 实验室专用微波炉与民用微波炉的主要不同之处在于微波炉腔。民用微波炉只对非密闭物体加热,炉腔设计很少考虑对加热物可能发生爆炸的危害性防护。但实验室专用微波炉设计必须考虑消解罐爆罐。一旦发生爆罐,微波炉腔将是安全连锁中最后的防线。所以,实验室专用微波炉的安全防范措施有:①炉腔采用 2 mm 厚以上的不锈钢制成,而民用微波炉大多采用厚度为 0.6 mm 的普通镀锌板制成;②炉腔从门到门钩全部采用不锈钢整体焊接制成,同时具有"浮动门"设计,完全能抵御爆罐时产生的气浪,而民用微波炉腔采用的是塑料门钩;③炉腔内壁喷涂有聚四氟乙烯涂层以抵御强酸、强氧化剂腐蚀,而民用炉腔只能喷涂普通涂层。

(2) 由于在微波作用下,在密闭消解罐内发生的化学反应可能在瞬间产生高温高压,因此,如何实时地测量密闭消解罐中的温度和压力并加以控制,防止爆炸,提高操作安全性,是仪器的关键技术之一。消解罐的测压控压系统和测温控温系统分开设计,相互独立。

测压控压系统由测压消解罐、引压管、压力传感器、压力显示和控制电路等组成。测压消解罐和样品消解罐外形和容积一样。工作时,在测压消解罐中放入与样品消解罐完全一样的反应物(有时放除样品外的所有其他反应物)。在反应过程中,测压消解罐产生的气压经过引压管传到压力传感器,再由控制面板上的显示窗显示罐内的压力,同时还将该压力信号传输到控制电路与预先设定的压力值比较。如果实时的测定值大于预先设定值,控制电路就会自动关闭微波加热器,发出安全警报。

测温控温系统由测温消解罐、温度探针、温度显示和控制电路等组成。同样,测温消解罐和样品消解罐外形和容积也完全一样。工作时,在测温消解罐中放入与样品消解罐一样的反应物。温度探针外套具有严格的电气屏蔽和强抗腐蚀能力。它直接插入测温消解罐中,罐内温度通过温度探针转化成电信号,再由控制面板上的显示窗显示罐内的温度,同时还将该温度信号传输到控制电路,与预先设定的温度值比较。实时测得的温度和压力,只要其中一个大于预先设定值,控制电路就会自动关闭微波加热器,发出安全警报。

(3) 由于不能用金属作为消解罐材料,且消解样品所用的溶剂都是强酸加氧化剂,因此消解罐材料的选择决定了其耐压、耐温、抗腐蚀和安全性能。消解罐由内罐和外罐组成。内罐是反应罐,容积约为 60 mL,大多用聚四氟乙烯(PTFE)材料制成。它的最高工作压力一般约 4 MPa,最高工作温度约 240 ℃(各家仪器具体都有明确规定);外罐起防护作用,用高强度聚醚醚酮(PEEK)制成。设计消解罐时一般还会采取如下安全措施:①内罐使用专用安全膜,当消解罐内反应压力超过安全膜的耐压时,安全膜破裂,释放罐内压力;②内罐的密封盖设计成裙边形状,当安全膜不起作用,压力继续上升时,密封盖裙边破裂并释压;③外罐采取垂直防爆设计,即爆炸时通过外罐将冲击力引向上下而非四周。

利用微波消解仪进行微波溶样的主要操作参数有加热功率、加热时间、压力和温度。它们与所用的样品量和溶剂量有关。从安全性来说,称样量越少越好。因为样品量越多,反应速率越快,温度和压力上升也越快,爆炸的危险性越大,所以要限制称样量。通常无机样品称样量为 0.2～2 g,有机样品为 0.1～1 g,溶剂和样品的总体积不超过 20 mL(与消解罐容积有关)。表 1-3 列出部分实际样品的操作参数供参考。

表 1-3　部分实际样品的操作参数

样品名称	样品质量(g)	溶剂(mL)	微波功率(W)	温度(℃)	压力(MPa)	时间(min)	效　果
奶粉	0.2	5(HNO$_3$) 2(H$_2$O$_2$) 5(H$_2$O)	800	140 160	0.5 1.0	2 2	清
沸石	0.2	6(HNO$_3$) 2(HF) 3(H$_2$O)	800	175 200 215	0.5 1.0 1.5	2 4 5	清
发电厂沉淀泥	0.2	6(HNO$_3$) 2(HF) 3(HCl) 3(H$_2$O)	800	140 180 220	0.5 1.0 1.5	2 5 5	清

1.7　特殊材料的使用

在仪器分析中,经常需要使用各种不同的贵重材料制作电极和器皿。应根据不同的实验对象和实验要求,正确选择和使用材料。

1.7.1　铂、金和银

铂是一种不活泼金属,化学性质非常稳定,是优良的电极材料。铂片和铂丝常加工成铂片电极、旋转圆盘或旋转环-盘电极等各种类型的电极,广泛应用于电分析和电化学实验中。特别是近年来发展的直径为几微米至几十微米的铂超微电极,更加拓宽了其应用范围。铂电极在常用介质中的电位范围见表 1-4。

表 1-4　铂电极适用的电位范围

介　质	电位范围(V)	
	阳　极	阴　极
6 mol/L HCl	+0.97	-0.30
0.1 mol/L HCl	+1.1	-0.30
乙酸盐缓冲溶液,pH 4.0	+0.9	-0.50
磷酸盐缓冲溶液,pH 7.0	+0.94	-0.70
0.1 mol/L NaOH,pH 12.9	+0.72	-0.91
0.1 mol/L KCl	+1.0	—

铂也常制成铂坩埚、铂蒸馏器、铂容器,用于分解试样、蒸馏提纯酸和存放纯制的酸。

金主要用于制作各种类型的电极。金电极也常用于制备化学修饰电极。金电极适用的电位范围见表 1-5。

表 1-5　金电极适用的电位范围

介　质	电位范围(V)	
	阳　极	阴　极
1 mol/L HClO$_4$	+1.5	-0.2
乙酸盐缓冲溶液,pH 4.0		-0.88
磷酸盐缓冲溶液,pH 7.0		-1.19
0.1 mol/L NaOH,pH 12.9		-1.28
0.1 mol/L NaClO$_4$,pH 7.0,未缓冲		-1.13

银主要用于制作参比电极和坩埚。由于银不如铂和金化学惰性,因此银作为工作电极不如铂电极和金电极应用广泛。在测定卤素时经常使用银电极。

1.7.2　碳

碳导电性好、化学性质稳定,价格便宜。以碳为材料的碳质电极有玻璃碳电极、渗蜡石墨电极、碳糊电极、热解石墨电极和碳纤维超微电极等。其中玻璃碳电极和碳纤维超微电极应用最广。碳质电极适用的电位范围见表 1-6。

表 1-6　0.2 mol/L KNO₃ 中碳质电极适用的电位范围

电　极	电位范围(V)
渗蜡石墨电极	+0.25~0.0
渗蜡碳电极	+0.50~0.0
碳糊电极	+0.85~-0.25
热解石墨电极	+0.90~-0.75
玻璃碳电极	+1.0~-0.75

碳除了作为电极材料外,还广泛用于制作石墨炉、石墨管、纯碳粉等。

1.7.3　汞

汞是优良的电极材料。汞电极主要有滴汞电极、静止汞滴电极和汞膜电极。汞也能制成汞超微电极,但与制作铂、金和碳纤维超微电极相比难度较大。在中性溶液中,汞电极的电压使用范围为 $-2.5\sim+0.2$ V(vs. SCE)。由于汞电极在负电位区具有很宽的适用电压范围,且容易进行表面更新,从而得到重现性好的实验结果,因此在定量分析中是一类重要的电极。但汞有毒,在使用汞电极时应注意小心。

1.7.4　石英和玛瑙

石英的主要成分是二氧化硅,化学性质稳定,耐高温,在 1700 ℃ 以下不会软化。它经常加工成石英蒸馏器、坩埚、比色皿、色散棱镜、试剂瓶、烧杯、电解池等,广泛用于分析实验室中。

玛瑙是天然的贵重非金属矿物,主要成分也是二氧化硅,含有少量金属(铝、铁、钙、镁、锰等)氧化物,是石英的一种变体。它硬度很大,但很脆,与大多数化学试剂不发生反应,主要用于制研钵,是研磨各种高纯物质的极好器皿。

1.7.5　聚四氟乙烯

由于聚四氟乙烯耐酸碱腐蚀,也不受氢氟酸侵蚀,且溶样时不会带入金属杂质,机械和加工性能良好,因此被广泛用于制作蒸馏器、溶样管、微波消解池、电解池等各种化学器皿。聚四氟乙烯使用温度为 $-195\sim200$ ℃,当温度高于 250 ℃ 时分解,并产生有毒气体。

1.7.6　坩埚材料

除了铂、银和石英坩埚外,钢玉、瓷质、铁和镍等也是制坩埚的常用材料。不同材质的坩埚所适用的熔剂(或溶剂)、试样和操作方法都有所不同,使用时应严格遵守有关规定,以免损坏坩埚和影响分析结果。

1.8　气体钢瓶的使用及注意事项

1.8.1　常用气体钢瓶的国家标准规定

气体钢瓶是由无缝碳素钢或合成钢制成,适用于装介质压力在 1.520×10^7 Pa 以下的气体。不同类型气体钢瓶,其外表所漆的颜色、标记的颜色等有统一规定。我国钢瓶常用的标记列于表 1-7。

表 1-7　部分气体钢瓶的标记

气体钢瓶名称	外表颜色	字体颜色	色　环	字　样	工作压力(Pa)	性　质	钢瓶内气体状态
氧气	天蓝	黑	$p=1.520\times10^{7*}$,无环 $p=2.026\times10^7$ 白色一环 $p=3.040\times10^7$ 白色二环	氧	1.471×10^7	助燃	压缩气体
压缩空气	黑	白	$p=1.520\times10^7$,无环 $p=2.026\times10^7$ 白色一环 $p=3.040\times10^7$ 白色二环	压缩空气	1.471×10^7	助燃	压缩气体
氯气	草绿	白	白色环	氯	1.961×10^6	助燃	液态
氢气	深绿	红	$p=1.520\times10^7$,无环 $p=2.026\times10^7$,红 $p=3.040\times10^7$,红	氢	1.471×10^7	易燃	压缩气体
氨气	黄	黑		氨	2.942×10^6	可燃	液态
乙炔	白	红		乙炔	2.942×10^6	可燃	乙炔溶解在活性丙酮中
石油液化气	灰	红		石油液化气	1.569×10^6	易燃	液态

续表

气体钢瓶名称	外表颜色	字体颜色	色 环	字 样	工作压力（Pa）	性 质	钢瓶内气体状态
乙烯	紫	红	$p=1.216\times10^7$,无环 $p=1.520\times10^7$ 白色一环 $p=3.040\times10^7$ 白色二环	乙烯		可燃	液态
甲烷	褐	白	$p=1.520\times10^7$,无环 $p=2.026\times10^7$ 黄色一环 $p=3.040\times10^7$ 黄色二环	甲烷	1.471×10^7	可燃	液态
硫化氢	白	红	红色环	硫化氢	2.942×10^6	可燃	液态
其他可燃气体	红	白		气体名	2.942×10^6	可燃	液态
氮气	黑	黄	$p=1.520\times10^7$,无环 $p=2.026\times10^7$ 棕色一环 $p=3.040\times10^7$ 棕色二环	氮气	1.471×10^7	不可燃	压缩气体
二氧化碳	黑	黄	$p=1.520\times10^7$,无环 $p=2.026\times10^7$ 黑色一环	二氧化碳	1.226×10^7	不可燃	液态
氩气	灰	绿		氩	1.471×10^7	不可燃	压缩气体
氦气	棕	白	$p=1.520\times10^7$,无环 $p=2.026\times10^7$ 白色一环 $p=3.040\times10^7$ 白色二环	氦	1.471×10^7	不可燃	压缩气体
光气	绿	红	红	光气	2.942×10^6	不可燃	液态
氖气	褐红	白	$p=1.520\times10^7$,无环 $p=2.026\times10^7$ 白色一环 $p=3.040\times10^7$ 白色二环	氖	1.471×10^7	不可燃	压缩气体
二氧化硫	黑	白	黄	二氧化硫	1.961×10^6	不可燃	液态
氟利昂气	银灰	黑		氟利昂		不可燃	液态
其他不可燃气体	黑	黄		气体名		不可燃	压缩

﹡单位为帕(Pa)，其余均相同。

1.8.2　使用钢瓶注意事项

（1）钢瓶应存放在阴凉、干燥，远离阳光、暖气、炉火等热源的地方。离明火 10 m 以上，室温不超过 35 ℃，并有必要的通风设备。最好放在室外，用导管通入。

（2）搬动钢瓶时要稳拿轻放，并旋上安全帽。放置使用时，必须固定好，防止倒下击爆。开启安全帽和阀门时，不能用锤或凿敲打，要用扳手慢慢开启。

（3）使用时要用减压阀（二氧化碳和氨气钢瓶除外），检查钢瓶气门的螺丝扣是否完好。一般可燃气体（如氢气、乙烯等）的钢瓶气门螺纹是反扣的，腐蚀性气体（如氯气等）一般不用减压阀。各种减压阀不能混用。

（4）氧气钢瓶的气门、减压阀严禁沾染油脂。

（5）钢瓶附件各连接处都要使用合适的衬垫（如铝垫、薄金属片、石棉垫等）防漏，不能用棉、麻等织物，以防燃烧。检查接头或管道是否漏气时，对于可燃气体可用肥皂水涂于被检查处进行观察，但氧气和氢气不可用此法。检查钢瓶气门是否漏气，可用气球扎紧于气门上进行观察。

（6）钢瓶中气体不可用尽，应保持 4.93×10^4 Pa 表压以上的残留量，乙炔气瓶要保留 2.922×10^5 Pa 表压以上，以便判断瓶中为何种气体，检查附件的严密性，也可防止大气的倒灌。

（7）氧气钢瓶和可燃性气体钢瓶、氢气钢瓶和氯气钢瓶不能存放在一起。

（8）钢瓶每隔三年进厂检验一次，重涂规定颜色的油漆。装腐蚀性气体的钢瓶每隔两年检验一次，不合格的钢瓶要及时报废或降级使用。

第2章　原子发射光谱法

2.1　基 本 原 理

原子发射光谱法是根据受激发的物质所发射的光谱对金属元素进行定性和定量分析的技术。

在室温下,物质中的原子处于基态(E_0),当受外能(热能、电能等)作用时,核外电子跃迁至较高的能级(E_n),即处于激发态。激发态原子十分不稳定,其寿命大约为 10^{-8} s。当原子从高能级跃迁至低能级或基态时,多余的能量以辐射的形式释放出来。其辐射能量与辐射波长之间的关系用爱因斯坦-普朗克公式表示:

$$\Delta E = E_n - E_i = \frac{hc}{\lambda} \qquad (2-1)$$

式中,E_n 和 E_i 分别为高能级和低能级的能量;h 为普朗克常量(6.626×10^{-34} J·s);c 为光速;λ 为波长。

当外加的能量足够大时,可以将原子中的外层电子从基态激发至无限远,使原子成为离子,这种过程称为电离。当外加能量更大时,原子可以失去两个或三个外层电子成为二级离子或三级离子。离子的外层电子受激发后产生的跃迁辐射出离子光谱。原子光谱和离子光谱都是线状光谱。

由于各种元素的原子结构不同,受激后只能辐射出特定波长的谱线,这就是发射光谱定性分析的依据。

谱线的强度(I)与被测元素浓度(c)有如下关系:

$$I = ac^b \qquad (2-2)$$

式中,a 与 b 为常数,a 为与试样的蒸发、激发过程及试样组成等有关的参数;b 为自吸系数。这就是发射光谱定量分析的依据。

原子发射光谱法可以分析的元素近 80 种。用电弧或火花作光源,大多数元素相对检出限为 $10^{-5} \sim 10^{-7}$ g;用电感耦合等离子体作光源,对溶液相对检出限为 $10^{-3} \sim 10^{-5}$ μg/mL;激光显微光谱,绝对检出限为 $10^{-6} \sim 10^{-12}$ g。原子发射光谱法分析速度快,可以多元素同时分析,带有计算机的多道(或单道)扫描光电直读光谱仪可以在 $1 \sim 2$ min 给出试样中几十个元素的含量结果。

2.2　发射光谱分析仪器

光谱分析的仪器主要包括光源、光谱仪和光谱观测设备。光源对待分析的试样进行蒸发和激发,使之产生辐射;光谱仪将光源产生的辐射色散成光谱并记录下来;光谱投影仪、测微光度计等将所得光谱与标准光谱图比较或测量谱线黑度,进行光谱定性或定量分析。

2.2.1 光源

原子发射光谱的光源是提供试样蒸发、原子化和激发能量的装置。常用的原子发射光源有电感耦合等离子体、电弧、火花、激光微探针等。

1. 电感耦合等离子体

电感耦合等离子体(ICP)光源是 20 世纪 70 年代迅速发展起来的新型激发光

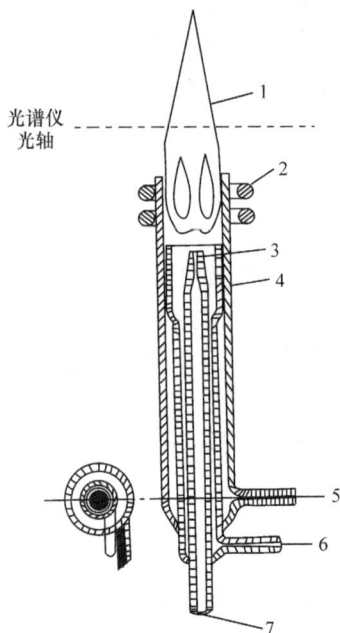

图 2-1　电感耦合等离子体
光源示意图

1—等离子体;2—感应线圈(水冷);
3—试样导入管;4—石英管(外径约
20 mm);5—冷却气(Ar 或 N₂);6—辅
助气(Ar);7—载气(Ar)+试样

源。等离子体在总体上是一种呈中性的气体,由离子、电子、中性原子和分子组成,其正、负电荷密度几乎相等。该光源示意图如图 2-1 所示。

电感耦合等离子体光源装置由高频发生器、等离子炬管和雾化器三部分组成。高频发生器是产生高频磁场、供给等离子体能量的装置。等离子炬管由一个三层同心石英玻璃管组成。外层管内通入冷却气 Ar,防止等离子炬烧坏石英管。中层石英管内通入 Ar 气,维持等离子体,称为辅助气。内层石英管由载气(一般用 Ar 气)将试样气溶胶引入等离子体。使用惰性气体 Ar 的原因是:①Ar 易纯化且性质稳定;②Ar 是单原子分子,能量不会损失在分子离解上;③光谱简单。试液引入用气动雾化器或超声波雾化器。

ICP 光源工作温度高,可达 10 000 K 以上,所以灵敏度高,检测限低,稳定性好,结果精密度高,线性范围宽,可达 4~6 个数量级,基体和共存元素干扰小,应用范围广。

2. 电弧光源

电弧光源包括直流电弧和交流电弧。

1) 直流电弧

直流电弧利用直流电源作为激发能源。当上、下电极接触,电极尖端发热,然后使两电极相距 4~6 mm,即点燃了电弧。燃弧后,从灼热的阴极发射的热电子流高速穿过分析间隙飞向阳极,冲击阳极时形成灼热的阳极斑点,温度达

3800 K,阴极温度约 3000 K,试样在电极表面蒸发和原子化。蒸发的原子与电子碰撞,电离成正离子,正离子高速冲击阴极,又使阴极发射电子,该过程连续不断进行,使电弧不灭。同时,电子、原子、离子在分析间隙互相碰撞,使试样原子激发,发射光谱,弧温可达 4000～7000 K。

直流电弧光源的电极头温度高,有利于试样的蒸发,灵敏度高,谱线清晰。但弧光不稳定,分析结果重现性差。

2) 低压交流电弧

交流电弧又分高压交流电弧和低压交流电弧。高压交流电弧工作电压为 2000～4000 V,装置复杂,操作危险,较少使用。

低压交流电弧工作电压一般为 110～220 V,设备简单,操作安全。因交流电随时间以正弦波形式发生周期变化,所以它不能像直流电弧那样靠两电极接触来点弧,而采用高频点燃,使其在每一交流半周点燃一次,维持电弧不熄。由于交流电弧的间隙性,因此其电极温度较低,灵敏度低于直流电弧。因其电弧电流有脉冲性,电流密度大,弧焰温度高且稳定性好,在光谱定性、定量分析中应用广泛。

3. 火花光源

火花光源放电稳定性好,电弧放电的瞬间温度可达 10 000 K 以上,激发能量大,所产生的谱线主要是离子线,又称火花线。这是由于高压火花的放电时间极短,瞬间通过分析间隙的电流密度很高。又由于它每次放电后的间隙时间较长,电极头的温度较低,试样蒸发能力较差,灵敏度差。这种光源适用于低熔点、难激发的元素、合金及高含量元素的定量分析。

2.2.2　光谱仪

光谱仪的工作过程是由光源发出的光经过照明系统,均匀地照明狭缝,然后经准直物镜成平行光,照射到色散元件上,色散后由聚焦物镜聚焦在焦面上,获得清晰的光谱。

光谱仪有照相式和光电记录式两大类。

照相式以感光板为检测器,用照相方式记录试样光谱,称为摄谱仪。其优点是可将试样光谱全部记录下来,长期保存。但操作繁琐,分析速度慢。

光电直读光谱仪由光电检测器代替摄谱仪中的感光板。优点是分析速度快,灵敏度和准确度都优于摄谱法。现在将计算机等技术应用于光电接收系统,可在几分钟内直接得出试样中元素的含量。

目前教学实验室常见的是摄谱仪,故在本书中仅介绍摄谱仪。摄谱仪根据所用的色散元件不同,分为棱镜摄谱仪和光栅摄谱仪。

1. 棱镜摄谱仪

棱镜摄谱仪根据棱镜色散能力不同,分为大、中、小型摄谱仪;根据选用的棱镜材料不同,又分为适用于可见光区的玻璃棱镜摄谱仪和石英棱镜摄谱仪。

1) 棱镜摄谱仪的光学特性

色散率是将不同波长的光分开的能力,常以线色散率的倒数 $d\lambda/dl$(nm/mm)来表示,即谱片上每毫米的距离内相应波长数。

分辨率(R)是指摄谱仪的光学系统正确分辨出紧邻两条谱线的能力。常用两条可以分辨开的光谱线波长的平均值 λ 与其波长差 $\Delta\lambda$ 之比来表示,即 $R=\lambda/\Delta\lambda$。

集光本领是指摄谱仪的光学系统传递辐射的能力。一般中型摄谱仪比大型摄谱仪集光本领强。

2) 中型石英摄谱仪

我国生产的 ZSS-58 型、WLP-J3 型、WGP-1 型及原苏联 ИСП-28、ИСП-30 等中型石英摄谱仪均有基本相同的光路。采用凹面镜作准直物镜,透镜作聚焦物镜,ZSS-58 中型石英摄谱仪光路图如图 2-2 所示。

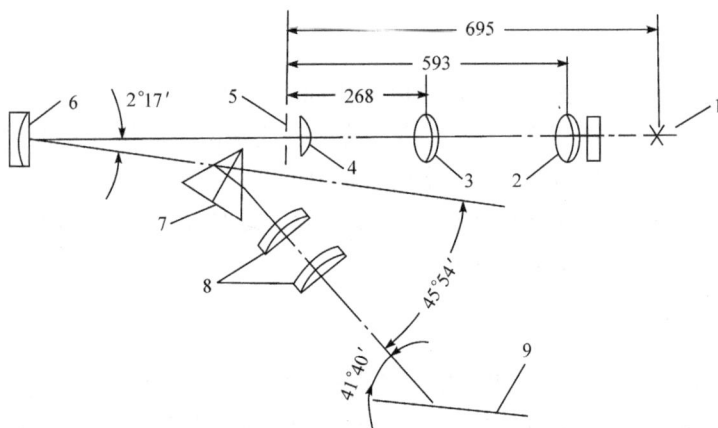

图 2-2　ZSS-58 中型石英摄谱仪光路图
1—光源;2~4—三透镜照明;5—狭缝;6—准直反射镜;7—三棱镜;8—物镜;9—相板

凹面镜不存在色差,各种波长均能以平行光入射棱镜。聚焦物镜由两片透镜组成,因而像场平直,谱线质量好。

3) ZSS-58 中型石英摄谱仪的使用方法

(1) 国产 ZSS-58 中型石英摄谱仪的主要性能参数。

工作波段:200.0~600.0 nm;光谱全长 220 mm;中心波长 257.3 nm;线色散率:200.0 nm:0.35 nm/mm;250.0 nm:0.9 nm/mm;310.0 nm:1.6 nm/mm;360.0 nm:2.5 nm/mm;400.0 nm:3.9 nm/mm;600.0 nm:11.0 nm/mm。

(2) 仪器操作。

(a) 狭缝调节。用狭缝上方手轮根据要求调节狭缝宽度。

(b) 哈特曼光阑调节。根据摄谱要求,将光阑插入狭缝前导槽内不同位置。例如,做定性分析时,要拍摄铁光谱,则将 2、5、8 三个孔对好狭缝,则一次摄出三条铁光谱。拍摄样品时,每摄一次谱,要移动一次光阑,使摄得的光谱落在感光板的不同位置上。

(c) 暗盒位置调节。摄谱前,用板移手轮移动暗盒到合适处。做半定量或定量分析时,每摄一次谱,移动暗盒一次(1 mm 或 2 mm)。

(d) 摄谱。将暗盒装好,选择摄谱条件:光源、狭缝宽度、板移位置、遮光板和哈特曼光阑位置。拉开暗盒挡板,调好电极位置,开始摄谱。

2. 光栅摄谱仪

光栅摄谱仪用衍射光栅作色散元件。光栅可以用于几纳米到几百微米整个光谱区域,而棱镜则很难找到 120 nm 以下和 60 μm 以上适用的材料。由于光栅刻划技术不断提高,应用日益广泛。光栅摄谱仪比棱镜摄谱仪有更高的分辨率,且色散率基本与波长无关,更适合谱线复杂的元素。

1) 光栅方程式

光栅由平行地排列在光学面上等距离、等宽度的许多刻槽组成。光栅的色散原理是以光的衍射现象和干涉现象为基础的。如果一束均匀的平行光照到光栅的主截面,光波就在每条刻槽上产生衍射。每条刻槽的衍射光又互相干涉。干涉的结果是光程差与入射光波长成整数倍的光束互相加强,获得亮条纹——谱线。光栅方程式为

$$d(\sin\theta + \sin\varphi) = k\lambda \tag{2-3}$$

式中,θ 为入射角;φ 为衍射角;d 为光栅常数,即相邻两刻槽间的距离;k 为光谱级;λ 为波长。

不同波长的光入射角相同,衍射角不同。波长短,衍射角小;波长长,衍射角大。光栅把不同波长的光衍射到不同方向上,获得光谱。

2) 光栅光谱仪的光学特性

光栅的色散能力用色散率表示。角色散为

$$\frac{\mathrm{d}\varphi}{\mathrm{d}\lambda} = \frac{k}{d\cos\varphi} \tag{2-4}$$

由式(2-4)可见,光栅常数 d 越小,角色散越大;光谱级 k 越高,角色散越大。光栅摄谱仪的线色散为角色散与摄谱物镜焦距乘积,即

$$\frac{\mathrm{d}l}{\mathrm{d}\lambda} = \frac{\mathrm{d}\varphi}{\mathrm{d}\lambda}f = \frac{kf}{d\cos\varphi} \tag{2-5}$$

式中, f 为摄谱物镜焦距。

　　光栅摄谱仪的分辨率为

$$R = kN \qquad (2-6)$$

由式(2-6)可见,光栅的分辨率与其刻槽总数 N 成正比,但它有一个极限值 $R \leqslant \dfrac{Nd}{\lambda}$。

　　光栅所衍射的光能量中,对不同波长不是均匀分配的,这由光栅刻槽线的微观形状决定。某个波长的光如果在刻槽工作面上的反射方向与它从光栅上衍射的方向相同,这个波长称为"闪跃波长",相应谱线的相对强度比其他所有波长都大。

　　3) WP1 型一米平面光栅摄谱仪

　　(1) 光学系统。其光学系统采用 Ebert-Fastie 装置,如图 2-3 所示。由于光路对称,谱面中央的慧差和像散都可以减小到忽略不计的程度。使用同一球面反射镜作为准直物镜和摄谱物镜,不产生色差,谱面平直。光栅绕通过光栅刻画面的垂直轴转动,可方便地改变摄谱范围,使用方便。

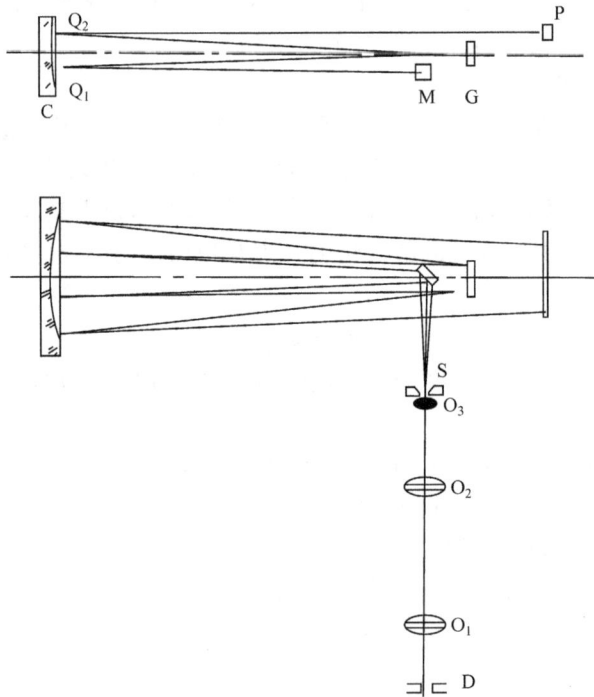

图 2-3　WP1 型一米平面光栅光学系统

D—电极;O_1—第一聚光镜;O_2—第二聚光镜;O_3—第三聚光镜;S—狭缝;M—平面反光镜;C—凹面反射镜;G—光栅;P—谱面;Q_1—准直镜光阑;Q_2—照相物镜光阑

（2）主要技术参数。

工作波段：200.0～600.0 nm；摄谱仪焦距：1050 nm；光栅：1200 条/mm；刻划面积 30 mm×60 mm；闪耀波长：300.0 nm；线色散率：0.8 nm/mm；一次摄谱范围：190.0 nm（清晰范围 140.0 nm）；理论分辨率：60000；狭缝：对称开启式，宽度 0.003～0.3 mm，宽度分度值 0.001 mm，有效高度 10 mm，暗盒尺寸：90 mm×240 mm。

（3）仪器操作。

（a）光栅转角和光谱板中心波长 λ 关系由专门名牌载出，在仪器前方暗盒下。根据摄谱需用的波段中心波长，调节读数鼓轮。

（b）狭缝调节。通过狭缝上方手轮调节狭缝宽度，选用不同中心波长时，谱线倾斜度不同，通过调节测微器改变狭缝的倾角，使谱线平行板移方向。调节狭缝焦距，得到清晰、均匀的谱线。

（c）哈特曼光阑调节。通过调节所需的光阑以限制光谱的高度，通过盘右的观察窗，可以知道进入光路的不同符号的光阑。

（d）暗盒位置调节。用偏心轮固定暗盒，用板移手轮移动暗盒位置至合适处。

（e）自动曝光控制器的使用。选择预燃和曝光时间；按光谱高度选择板移步进距离；打开电源开关，电极架对光灯亮，进行电极安装和调节，并观察遮光板上电极成像的位置；按下工作按钮，预燃开始（对光灯熄，光源激发，预燃指示灯亮）；一定时间后，预燃结束，曝光开始（快门打开，曝光指示灯亮）；再经一定时间，曝光结束，光源停止激发，快门关闭，板移自动步进一次，一次摄谱结束。

3. 摄谱仪附件

1）照明系统

照明系统的作用是使光源发出的光较多地进入狭缝，使狭缝的各点照度均匀，还要使入射光束充满准直镜。通常采用三透镜照明系统，如图 2-4 所示。光源 A 被第一聚光镜 L_{c1} 成一放大像 A' 于靠近第二聚光镜 L_{c2} 前面的中间光阑 D（遮光

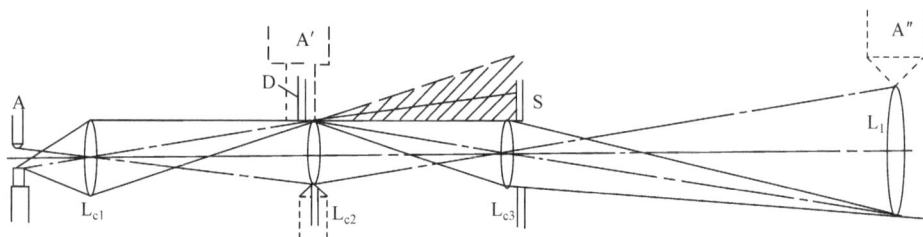

图 2-4　三透镜照明系统光路示意图

A、A'、A''—光源、光源一次像、光源二次像；L_{c1}、L_{c2}、L_{c3}—第一、二、三聚光镜；D—中间光阑；
S—摄谱仪狭缝；L_1—摄谱仪准直镜

板)上,再由狭缝前第三透镜 L_{c3} 成一放大像 A'' 于准直镜上,由于光源在光阑上成一放大像,因此利用中间光阑对光或截取光源的某一部分是很方便的,并可以遮挡灼热电极头投影。由于光源第二次成像于准直镜上,因此可以在狭缝上得到均匀照明。L_{c2} 可以消除狭缝前的渐晕现象。第三透镜可以消除仪器内的渐晕现象。L_{c1} 前面安有一石英片,以免燃弧时熔融物飞溅到透镜上,使光谱底片上出现横的纹路。

2) 狭缝

谱线是狭缝的单色像,为了得到轮廓清晰、强度均匀的谱线,狭缝是重要的。狭缝采用对称开启式,由两片不锈钢颚片组成,其边缘呈锐利的刀刃。狭缝宽度用手轮调节。在 0~0.3 mm 变化,读数精度可达 0.001 mm。为了防止碰伤刀刃,狭缝调节不允许使其小于零。狭缝封闭在壳体内,防止灰尘进入。狭缝上若有灰尘,光谱底片上会出现白道,此时可开大狭缝,用削尖的柳条棒或火柴棒沿一个方向擦拭,以清除缝口的污物。不摄谱时盖好狭缝盖,避免灰尘沾污。

3) 哈特曼光阑

哈特曼光阑位于第三透镜和狭缝之间,用于控制狭缝,在光谱板上得到不同高度、不同位置的光谱。图 2-5 为光栅摄谱仪上的哈特曼光阑盒的正面图。哈特曼光阑刻制在圆形薄板上,与阶梯减光器、照明系统的第三透镜一起密封在狭缝前的圆盒内。

拍摄并列光谱的光阑(A 部)有对应于狭缝不同位置的 1 mm 高的 9 个孔。拍摄比较光谱的光阑(B 部)也有 9 个孔,其中 2、5、8 三个孔拍摄铁光谱,其余各孔分别拍摄试样光谱。定性分析时,每个试样光谱旁都有一条铁光谱可供查谱。拍摄不同高度光谱的光阑(C 部)有 0.5、1、2、4、6、8、10 等 7 个孔。

定性分析时,每摄一次谱,移动一次光阑位置。定量分析时,每更换一个样品,应移动暗盒位置。

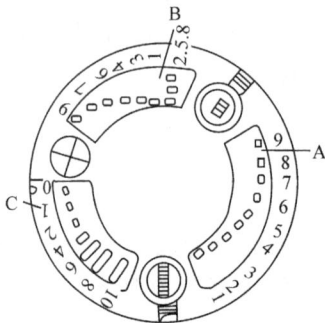

图 2-5　哈特曼光阑盒圆片
A—拍摄并列光谱的光阑;
B—拍摄比较光谱的光阑;
C—拍摄不同高度光谱的光阑

哈特曼光阑转盘上还装有阶梯减光板,由在石英基片上用真空镀膜法蒸镀成三阶或九阶透明度不同的区域构成。其作用是使进入光谱仪的光能量按一定比例减弱,逐渐改变底板的曝光量,以便制作光谱底板的乳剂特性曲线。

中型石英摄谱仪使用的哈特曼光阑如图 2-6 所示。它由金属片制成,置于狭缝前的导槽内。当光阑在导槽间移动到不同部位时,光阑上不同小孔截取狭缝的不同位置,使摄得的光谱落在感光板的不同位置上。右边 9 个小方孔是进行定性分析的。中间的孔是限制高度的,左半边 1 mm 高,右半边 2 mm 高。

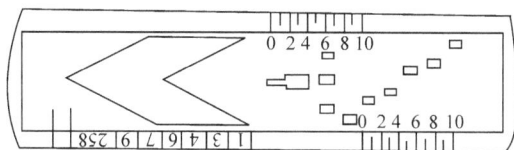

图 2-6　哈特曼光阑

4) 电极架

试样激发在电极间进行,电极用金属夹固定在电极架上,电极架固定在摄谱仪导轨上,电极夹与电极架主体之间用陶瓷绝缘棒相连。电极的位置可以上下、前后、左右移动。

5) 暗盒

暗盒是放置感光板的,它可装的感光板最大尺寸为 90 mm×240 mm,打开暗盒盖,可装入感光板,然后盖上盖子,将暗盒装到摄谱仪上,用偏心轮夹紧。摄谱前,抽出暗盒挡板,光谱底板的乳剂面朝向光路。

2.2.3　光谱观测设备

1. 光谱投影仪

摄谱仪拍摄的光谱底板放在光谱投影仪上,放大 20 倍,与已知物质光谱或标准光谱图比较,是进行光谱定性和半定量分析的主要工具。常用的是国产 WTY 型光谱投影仪。

1) 光学系统

WTY 型光谱投影仪光学系统如图 2-7 所示。

光源的光线通过非球面聚光镜,经反射镜将光线转折 55°,由聚光镜组射向光谱底板,使光谱底板上直径为 15 mm 的面积得到均匀照明。投影物镜组使被均匀照明的光谱线经过棱镜的转向,再由平面反射镜反射,最后投影于白色投影屏上。投影物镜组中调倍透镜能上、下移动,使仪器的放大倍数可在 19.75~20.25 进行调整。

2) 仪器结构

仪器结构如图 2-8 所示。白色投影屏装在仪器底座的一个向外延伸的平面上,底座后半部装一个三角座架,上面架有工作台。工作台的纵向、横向移动由底片移动手轮来完成。调整透镜及标记设备安装在固定于平面反射镜支架上的镜座上。照明灯泡插在一个能使灯泡作前、后、左、右、上、下调节的灯座内,仪器的上面有一个遮光罩,并在其周围挂有黑布帘,使仪器能在光线明亮的房间工作。

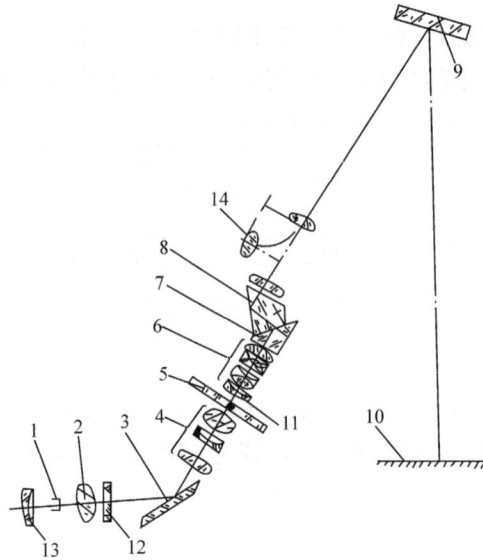

图 2-7　WTY 型光谱投影仪光学系统

1—光源；2—非球面聚光镜；3—反射镜；4—聚光镜组；5—光谱底板；6—投影物镜组；7、8—转向棱镜；
9—平面反射镜；10—白色投影屏；11—调倍透镜；12—隔热玻璃；13—球面反射镜；14—调光透镜

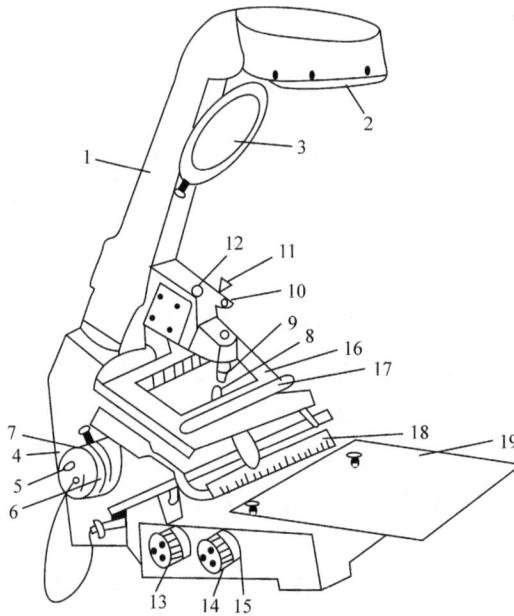

图 2-8　WTY 型光谱投影仪

1—平面反射镜支架；2—平面反射镜；3—平面反射镜盖；4—灯座；5—灯丝上下移动调节；6—灯丝清晰度
调节；7—灯座固定螺丝；8、9—调节透镜；10—辅助透镜；11—标记设备；12、13—谱线清晰度手轮；14—底
片左右移动手轮；15—底片上下移动手轮；16—工作台；17—垫板；18—标尺；19—白色投影屏

3）使用方法

（1）灯泡更换。12 V、20 W 的白炽灯作光源，安装在灯座内，换灯泡时，先把灯头螺丝松开，取出灯架，把插口灯泡向内压，左旋取出，然后把新灯泡插入。

（2）照明调节。开启电源及反射镜保护盖，打开辅助透镜，投影屏上可以观察到两个放大的灯丝像。如果两个像不重合，大小和清晰度不一致。用灯丝调节螺丝调节，或移动灯座，直至两个像完全重合并中心对称。

（3）光谱板的安装和调整。谱板放在工作台上，乳胶面向上，长波在左边。用弹簧片夹住，用谱线清晰度手轮调节谱线的清晰度。通过纵向和横向驱动底片移动手轮，寻找需要的谱线。

（4）谱线定位和打印。光谱底板上所测定的谱线，用底片移动手轮移到投影屏的中心红线，然后按下标记设备，打出长形记号，以便进行测定。

（5）使用完毕，关闭电源，盖上反射镜盖。

2.3 光谱底板的选择和暗室处理

2.3.1 光谱底板的选择

光谱底板是摄谱法进行光谱分析的主要材料之一。它是将感光乳剂涂布在玻璃片基上做成的，用来记录试样光谱。

感光板的分类以乳剂的性能为基础，即灵敏度、反衬度和分辨率。灵敏度指乳剂感光能力的大小；反衬度反映黑度随曝光量变化的快慢；分辨率用感光片上每毫米能分辨开等距离、等宽度的平行线像的条数来表示。国产感光板的型号与性能如表 2-1 所示。

表 2-1 天津光谱感光片的型号与性能

型　号	灵敏度 $S_{S_0+0.2}$	反衬度	雾　翳	感光范围(nm)
紫外Ⅰ型	12±5	3.0±0.2	<0.06	250.0~500.0
紫外Ⅱ型	20±5	2.0±0.2	<0.06	250.0~500.0
紫外Ⅲ型	20±5	2.8±0.2	<0.06	200.0~400.0
蓝快型	40±15	1.0±0.2	<0.08	250.0~500.0
蓝硬型	20±5	2.0±0.2	<0.06	250.0~500.0
蓝特硬型	12±3	2.8±0.2	<0.06	250.0~500.0
蓝超硬型	1~2	4.0±0.5	<0.06	250.0~500.0
黄快型	45±15	1.0±0.2	<0.08	300.0~600.0
黄特硬型	13±5	2.5±0.2	<0.08	300.0~600.0
红快型	50±20	1.0±0.2	<0.08	300.0~700.0
红特硬型	13±5	2.5±0.2	<0.08	300.0~700.0
红外Ⅰ型(750)				750.0
红外Ⅱ型(800)				800.0
红外Ⅲ型(840)				840.0

　　光谱分析中,根据分析要求和试样性质选择合适的感光板。定性和半定量分析选择灵敏度高而反衬度低的板,以增加分析的灵敏度。定量分析则要求反衬度高的底板,灵敏度可较低,以保证分析结果的准确度。

2.3.2　暗室处理

　　显影的实质是还原作用,即将曝光的卤化银还原成金属银。一般显影液由显影剂、促进剂、保护剂和抑制剂组成。米吐尔和对苯二酚(俗称几奴尼)为常用的显像剂。无水亚硫酸钠保护显影液不被氧化。无水碳酸钠可调节氢离子浓度,促进显影。溴化钾能抑制雾翳产生。

　　定影的作用是将未还原的卤化银溶解。硫代硫酸钠(海波)可与卤化银形成可溶性的硫代硫酸银配离子而溶解卤化银。明矾是坚膜剂,乙酸用来中和从显影液中带来的碱,抑制继续显影。

　　推荐感光板的显影液和定影液配方如下:

　　显影液:水(35～45 ℃)700 mL;米吐尔1 g;无水亚硫酸钠26 g;对苯二酚5 g;无水碳酸钠20 g;溴化钾1 g,加水至1000 mL。

　　定影液:水(35～45 ℃)650 mL;海波240 g;无水亚硫酸钠15 g;冰醋酸(98%)15 mL;硼酸7.5 g;钾明矾15 g,加水至1000 mL。

　　各种试剂需按上述顺序先后加入,一种试剂溶解后再加入下一种试剂。

实验一　发射光谱定性分析

一、目的要求

　　(1) 掌握用光谱图片比较法进行光谱定性分析的方法。

　　(2) 学习电极的制作,摄谱仪和光谱投影仪的基本原理、使用方法及暗室处理技术。

二、原理

　　各种元素的原子受激发时发射出特征光谱。这种特征光谱仅由该元素的原子结构而定,与该元素的化合形式和物理状态无关。定性分析就是根据试样光谱中某元素的特征光谱是否出现,来判断试样中该元素存在与否及其大致含量的。

　　确定试样中有何种元素存在,不需要将该元素的所有谱线都找出来,一般只要找出两三条灵敏线。灵敏线也叫最后线,即随着试样中该元素的含量不断降低而最后消失的谱线。它具有较低的激发电位,因而通常是共振线。

　　用发射光谱进行定性分析,是在同一块感光板上并列摄取试样光谱和铁光谱,然后在光谱投影仪上将谱片上的光谱放大20倍,使感光板上的铁光谱与"元素光谱图"上的铁光谱重合,此时,若感光板上的谱线与"元素光谱图"上的某元素的灵敏线相重合,则表示该元素存在。还可以根据该元素所出现的谱线,找出其谱线强度级最小的级次,按表 2 - 2 估计该元素的大概含量。

表 2 - 2　定性分析结果表示方法

谱线强度级	含量估计范围(%)	含量等级
1	100~10	主
2~3	10~1	大
4~5	1~0.1	中
6~7	0.1~0.01	小
8~9	0.01~0.001	微
10	<0.001	痕

三、仪器与试剂

仪器:WP1 一米平面光栅摄谱仪;交流电弧发生器;WTY 型光谱投影仪;秒表。

试剂:天津紫外 Ⅱ 型感光板;光谱纯石墨电极(上电极加工成锥形,下电极有深 4 mm、直径 3 mm 的孔穴);显影液;定影液;已知试样(镁、硅、铝);未知试样;铁电极。

四、实验步骤

1. 摄谱前的准备工作

(1) 加工电极和装样。用车床加工上、下电极,将试样装入下电极孔穴中压紧并编号,插在电极盘上备用。

(2) 装感光板。在暗室红灯下启封感光板,取出一张,其余的随即严密包好。按暗盒大小裁割感光板。裁板前,用手指轻轻触摸感光板边角,确定乳剂面并将其向下,在专门的裁板架上,用金钢刀在玻璃面上划痕、折断。将裁好的感光板乳剂面朝下放入暗盒并盖紧盒盖,检查板盒,切勿漏光。

2. 摄谱

(1) 将暗盒装在摄谱仪上,选好摄谱条件:光源(电弧或火花)、狭缝、板移、光阑、遮光板、电流等(表 2 - 3)。拉开暗盒挡板,准备摄谱。

(2) 将上、下电极装在电极架的电极夹子上,用照明灯使上、下电极成像于遮光板孔的两侧。

(3) 将光阑放在狭缝前导槽内,移动光阑,截取狭缝不同部位,在感光板上摄得不同位置的九条光谱。光阑 1、3、4、6、7、9 位置用于摄取试样光谱,2、5、8 用于拍摄铁光谱,并将摄谱情况记录于表 2-3。

表 2-3　摄谱记录

板　移	光　阑	试样号	狭缝(μm)	遮光板	工作状态	电流(A)	曝光时间(s)
20	1	(1)	10	3.2	电弧	5	30
	3	(2)					
	4	(3)					
	6	(4)					
	7	(5)					
	9	(6)					
	2、5、8	铁				4	10

摄谱完毕,推进暗盒挡板,取下暗盒。

3. 感光板的冲洗

(1) 准备工作。准备好 3 个搪瓷盘,分别倒入显影液、水、定影液。调节显影液温度 18~20 ℃。

(2) 显影及定影。在红灯下将感光板从暗盒中取出,乳剂面朝上放入显影液中,轻轻摇动搪瓷盘,显影 3 min,取出感光板,放在水中漂洗。然后放在定影液中定影 10 min,取出感光板用自来水冲洗 15 min,放在感光板架上,晾干。

4. 译谱

开启光谱投影仪电源开关和反射镜盖,将光谱板放在投影仪的谱片台上,使拍摄的铁谱与"元素光谱图"上的铁光谱重合,从短波到长波逐段查找。

(1) 指定元素分析。根据元素灵敏线表,找出两三条试样光谱中被分析元素的灵敏线,说明该元素存在试样中。否则,试样中未发现该元素。

(2) 全分析。首先观察全光谱,找出强度最大的谱线,确定试样中的主要元素。然后从短波向长波方向查找出现的谱线,并与"元素光谱图"对照,记录下谱线的波长、元素及谱线的强度级。最后根据出现的灵敏线并排除可能产生的干扰,即可报出结果。

译谱完毕,关上电源及反射镜盖,收好光谱底板。

五、结果处理

根据译谱结果,列出未知试样中的组分及其含量范围。

六、注意事项

(1) 激发光源为高电压、高电流装置,实验时应遵守操作规程,注意安全。

（2）实验中使用的光学仪器不能用手或布擦拭光学表面，室内应保持干燥、清洁。

（3）开始摄谱前，先打开通风设备，使金属蒸气排出室外。

七、思考题

（1）在光谱定性分析中，拍摄铁光谱和试样光谱时，为什么要固定暗盒的位置而移动光阑，而不能固定光阑而移动暗盒？

（2）光谱定性分析时采用何种光源较好？为什么？

实验二　发射光谱半定量分析

一、目的要求

掌握谱线强度比较法进行发射光谱半定量分析的方法。

二、原理

试样中元素的含量不同，谱线的强度也不同，将试样中某元素的谱线强度与已知的参考强度进行比较，就可以确定该元素的含量，这就是谱线强度比较法。根据所采用的参考强度不同，有标准光谱比较法、标准黑度纸比较法和内标光谱比较法。其中常用的是标样光谱比较法。

在同一块感光板上摄取标样光谱和试样光谱，将试样光谱与标样光谱的某元素同一分析线的黑度进行比较，然后估计试样中该元素的大致含量。例如，分析试样中 Zn，可用分析线 334.57 nm 或 307.21 nm 进行比较，若试样中的分析线与标样中 Zn 含量为 1% 的同一波长谱线的黑度相近，则试样中 Zn 含量约为 1%。若试样的分析线的黑度介于标样 0.5% 和 1% 同一波长谱线的黑度之间，则试样中 Zn 含量约为 0.7%。

标准光谱比较法的特点是简单易行。但若所用谱线黑度超过乳剂特性曲线正常黑度范围时，必须更换分析线，而且每块谱板都要拍摄标样光谱，所用的标样组成与试样的组成必须相似。

三、仪器与试剂

仪器：WP1 一米平面光栅摄谱仪；交流电弧发生器；WTY 型光谱投影仪；秒表。

试剂：一套含杂质 CuO、PbO、ZnO 分别为 3%、1%、0.5% 和 0.1% 的粉状模拟铁矿标样和试样；光谱纯石墨电极；铁电极。

四、实验步骤

(1) 准备好上、下电极,将粉末状的标样和试样装入下电极孔穴中。装样时,将样品适当压紧,并且每个样压紧的情况尽可能相同。每个样品装三个电极,加一滴蒸馏水于电极孔内的试样上,在红外灯下烘干。

(2) 安装感光板于暗盒内(详见实验一)。

(3) 摄谱。将暗盒装在摄谱仪上,调好板移位置,将光阑 1 mm 孔放在狭缝前,选好实验条件(参照实验一),将装好样品的电极置于电极架上,拉开暗盒挡板,先摄标准样品,再摄未知样品,并记录于表 2 - 4。

表 2 - 4　摄谱记录

板　移	试样号	狭缝(μm)	遮光板	工作状态	电流(A)	曝光时间(s)
40	标样 1	10	3.2	电弧	5	30
41	标样 1					
42	标样 1					
43	标样 2					
44	标样 2					
45	标样 2					
46	标样 3					
47	标样 3					
48	标样 3					
49	标样 4					
50	标样 4					
51	标样 4					
52	未知样					
53	未知样					
54	未知样					
55	Fe	10	3.2	电弧	4	10

摄谱完毕,推进暗盒挡板,关好电源。

(4) 冲洗感光板。

(5) 查谱。将感光板放在投影仪的工作台上,找出 Cu、Pb、Zn 的分析线,将试样光谱与标样光谱进行比较。

分析线(可选择其中黑度适中的任一条线):

Cu　282.44 nm,307.4 nm,327.4 nm;

Pb　283.3 nm,287.3 nm,266.3 nm,257.73 nm;

Zn　334.50 nm,334.57 nm,307.21 nm。

五、结果处理

根据查谱结果,估计试样中 Cu、Pb、Zn 的含量。

六、思考题

光谱半定量分析方法有几种? 各有什么优缺点?

实验三　电感耦合等离子发射光谱法测定人发中微量铜、铅、锌

一、目的要求

(1) 了解 ICP 光源的原理及与光电直读光谱仪联用进行定量分析的优越性。
(2) 学习生化样品的处理方法。

二、原理

ICP 发射光谱(ICP-AES)分析是将试样在等离子体光源中激发,使待测元素发射出特征波长的辐射,经过分光,测量其强度而进行定量分析的方法。ICP 光电直读光谱仪用 ICP 作光源,光电检测器(光电倍增管、光电二级管阵列、硅靶光导摄像管、折像管等)检测,并配备计算机自动控制和数据处理。它具有分析速度快,灵敏度高,稳定性好,线性范围广,基体干扰小,可多元素同时分析等优点。

用 ICP 光电直读光谱仪测定人发中微量元素,可先将头发样品用浓 HNO_3 + H_2O_2 消化处理,这种湿法处理样品,Pb 损失少。将处理好的样品上机测试,2 min 内即可得出结果。

三、仪器与试剂

仪器:JY28S 单道扫描电感耦合等离子直读光谱仪;1000 mL、100 mL 容量瓶各 3 个,25 mL 容量瓶 2 个;10 mL 吸管 3 支;5 mL 吸量管 3 支;石英坩埚;量筒;烧杯。

试剂:铜储备液:溶解 1.0000 g 光谱纯铜于少量 6 mol/L HNO_3,移入 1000 mL 容量瓶,用去离子水稀释至刻度,摇匀,含 Cu^{2+} 1.000 mg/mL;铅储备液:称取光谱纯铅 1.0000 g,溶于 20 mL 6 mol/L HNO_3 中,移入 1000 mL 容量瓶,用去离子水稀释至刻度,摇匀,含 Pb^{2+} 1.000 mg/mL;锌储备液:称取光谱纯锌 1.0000 g,溶于 20 mL 6 mol/L 盐酸,移入 1000 mL 容量瓶,用去离子水稀释至刻度,摇匀,含 Zn^{2+} 1.000 mg/mL;HNO_3;HCl;H_2O_2。

四、实验步骤

1. 配制标准溶液

铜标准溶液:用 10 mL 吸管取 1.000 mg/mL 铜储备液至 100 mL 容量瓶中,用去离子水稀至刻度,摇匀,此溶液含铜 100.0 μg/mL。

用上述方法配制 100.0 μg/mL 铅和锌标准溶液。

2. 配制 Cu^{2+}、Pb^{2+}、Zn^{2+} 混合标准溶液

取 2 个 25 mL 容量瓶,在一个容量瓶中分别加入 100.0 μg/mL Cu^{2+}、Pb^{2+}、Zn^{2+} 标准溶液 2.50 mL,加 6 mol/L HNO_3 3 mL,用去离子水稀释至刻度,摇匀。此溶液含 Cu^{2+}、Pb^{2+}、Zn^{2+} 的浓度均为 10.0 μg/mL。

在另一个 25 mL 容量瓶中加入上述 10.0 μg/mL Cu^{2+}、Pb^{2+}、Zn^{2+} 混合标准溶液 2.50 mL,加 6 mol/L HNO_3 3 mL,用去离子水稀释至刻度,摇匀。此溶液含 Cu^{2+}、Pb^{2+}、Zn^{2+} 均为 1.00 μg/mL。

3. 试样溶液的制备

用不锈钢剪刀从后颈部剪取头发试样,将其剪成长约 1 cm 发段,用洗发香波洗涤,再用自来水清洗多次,将其移入布氏漏斗中,用 1 L 去离子水淋洗,于 110 ℃ 下烘干。准确称取试样 0.3 g,置于石英坩埚内,加 5 mL 浓 HNO_3 和 0.5 mL H_2O_2,放置数小时,在电热板上加热,稍冷后滴加 H_2O_2,加热至近干,再加少量浓 HNO_3 和 H_2O_2,加热,溶液澄清,浓缩至 1~2 mL,加少量去离子水稀释,转移至 25 mL 容量瓶中,用去离子水稀至刻度,摇匀,待测定。

4. 测定

将配制的 1.00 μg/mL 和 10.0 μg/mL Cu^{2+}、Pb^{2+}、Zn^{2+} 标准溶液和试样溶液上机测试。测试条件:
分析线:Cu 324.754 nm,Pb 216.999 nm,Zn 213.856 nm;
冷却气流量:12 L/min;
载气流量:0.3 L/min;
护套气:0.2 L/min。

五、结果处理

计算发样中铜、铅、锌含量(μg/g)。

六、注意事项

溶样过程中加 H_2O_2 时,要将试样稍冷,且要慢慢滴加,以免 H_2O_2 剧烈分解,将试样溅出。

七、思考题

(1)人发样品为什么通常用湿法处理? 若用干法处理,会有什么问题?

(2)通过实验,总结 ICP-AES 分析法的优点。

第3章 原子吸收光谱法与原子荧光光谱法

3.1 原子吸收光谱法

3.1.1 基本原理

原子吸收光谱法基于从光源发出的被测元素的特征辐射通过样品蒸气时,被待测元素基态原子吸收,由辐射的减弱程度求得样品中被测元素含量。图 3-1 是原子吸收光谱分析示意图。

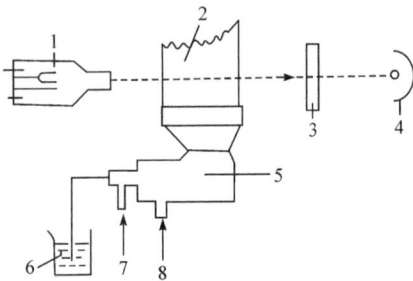

图 3-1 原子吸收光谱分析示意图
1—空心阴极灯;2—火焰;3—单色器;
4—光电检测器;5—原子化系统;6—试液;
7—助燃气;8—燃气

在光源发射线的半宽度小于吸收线的半宽度(锐线光源)的条件下,光源的发射线通过一定厚度的原子蒸气,并被基态原子所吸收,吸光度与原子蒸气中待测元素的基态原子数的关系遵循朗伯-比尔定律:

$$A = \lg \frac{I_0}{I} = K'N_0L \qquad (3-1)$$

式中,I_0 和 I 分别为入射光和透射光的强度;N_0 为单位体积基态原子数;L 为光程长度;K' 为与实验条件有关的常数。

式(3-1)表示吸光度与蒸气中基态原子数呈线性关系。常用的火焰温度低于 3000 K,火焰中基态原子占绝大多数,因此可以用基态原子数 N_0 代表吸收辐射的原子总数。

实际工作中,要求测定的是试样中待测元素的浓度 c_0,在确定的实验条件下,试样中待测元素浓度与蒸气中原子总数有确定的关系:

$$N = \alpha c \qquad (3-2)$$

式中,α 为比例常数。将式(3-2)代入式(3-1)得

$$A = KcL \qquad (3-3)$$

这就是原子吸收光谱法的基本公式。它表示在确定实验条件下,吸光度与试样中待测元素浓度呈线性关系。

原子吸收和原子发射是相互联系的两种相反的过程。由于原子的吸收线比发射线的数目少得多,因此吸收光谱干扰少,选择性高。又由于原子蒸气中基态原子比激发态原子多得多(例如,在 2000 K 的火焰中,基态与激发态 Ca 原子数之比为

1.2×10^7),因此原子吸收光谱法灵敏度高。火焰原子吸收法的灵敏度是 $10^{-9}\sim$ 10^{-6}。石墨炉原子吸收法绝对灵敏度可达 $10^{-14}\sim10^{-12}$ g。又由于激发态原子数的温度系数明显大于基态原子,因此原子吸收法比发射光谱法具有更佳的信噪比。原子吸收光谱法是特效性、准确度和灵敏度都好的一种定量分析方法。

3.1.2　原子吸收分光光度计

原子吸收分光光度计型号繁多,自动化程度也各不相同,有单光束型和双光束型两大类。其主要组成部分均包括光源、原子化装置、分光系统和检测系统。单光束型和双光束型仪器的光路图如图 3-2 所示。

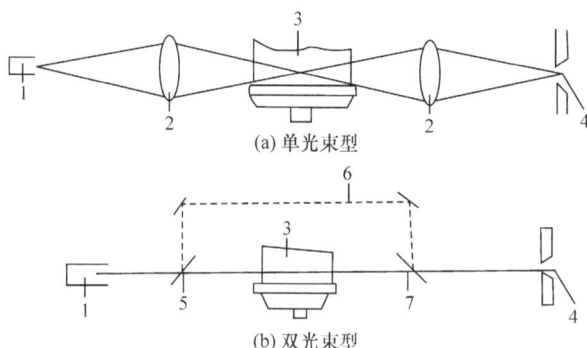

(a) 单光束型

(b) 双光束型

图 3-2　单光束型和双光束型原子吸收分光光度计光路图
1—光源;2—透镜;3—火焰;4—单色器入射狭缝;5—斩光器;6—参比光束;7—试样光束

1. 光源

光源的作用是辐射待测元素的特征光谱。它应满足能发射出比吸收线窄得多的锐线;有足够的辐射强度、稳定、背景小等条件。目前应用广泛的是空心阴极灯,结构如图 3-3 所示。它由封在玻璃管中的一个钨丝阳极和一个由被测元素的金属或合金制成的圆筒状阴极组成,内充低压的氖气或氩气。

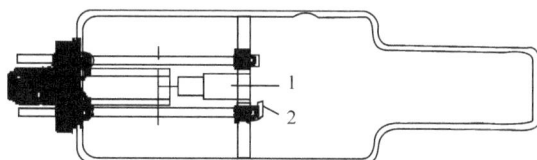

图 3-3　空心阴极灯
1—空心阴极;2—阳极

当在阴、阳两极间加上电压时,气体发生电离,带正电荷的气体离子在电场作用下轰击阴极,使阴极表面的金属原子溅射出来,金属原子与电子、惰性气体原子及离子碰撞激发而发出辐射。最后,金属原子又扩散回阴极表面而重新淀积下来。

空心阴极灯有单元素灯和多元素灯。单元素灯只能用于该元素测定,如果要测定另外一种元素,就要更换相应的元素灯。多元素灯(如六元素的空心阴极灯)可以测定六种元素而不必换灯,使用较为方便。

当灯内有杂质气体时,辐射强度减弱,噪声增大,测定灵敏度下降。将灯的正、负极反接加热 30~60 min,杂质气体可被吸收,灯恢复到原来的性能。

2. 原子化装置

原子化装置的作用是将试样中待测元素变成基态原子蒸气。原子化方法有火焰原子化和无火焰原子化两种方法。

1) 火焰原子化器

火焰原子化器包括雾化器和燃烧器两部分。常用的燃烧器为预混合型,如图 3-4 所示。雾化器将试液雾化,喷出的雾滴碰在撞击球上,进一步分散成细雾。雾化器效率除与雾化器的结构有关外,还取决于溶液的表面张力、黏度、助燃气的压力、流速和温度。

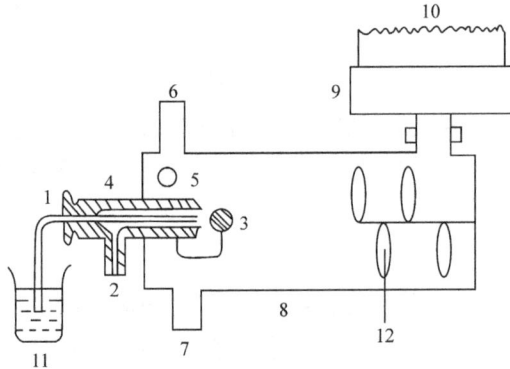

图 3-4　预混合型燃烧器

1—毛细管;2—空气入口;3—撞击球;4—雾化器;5—空气补充口;6—燃气入口;
7—排液口;8—预混合室;9—燃烧器(灯头);10—火焰;11—试液;12—扰流器

试液经雾化后,进入预混合室,与燃气混合,较大的雾滴凝聚后经废液管排出,较细的雾滴进入燃烧器。常用的缝式燃烧器,缝长 100~110 mm,缝宽 0.5~0.6 mm,适用于空气-乙炔焰。另一种缝长 50 mm,缝宽 0.46 mm,适用于氧化亚氮-乙炔火焰。

这种原子化器火焰噪声小,稳定性好,易于操作。缺点是试样利用率大约只有10%,大部分试液由废液管排出。

气路系统是火焰原子化器的供气部分。气路系统中,用压力表、流量计及调节阀门控制、测量气流量。燃气乙炔由钢瓶供给,乙炔管道及接头严禁使用铜及银质材料,因为乙炔与银、铜能生成易爆的乙炔铜或乙炔银。乙炔为易燃易爆气体,故乙炔钢瓶应远离明火,通风良好。

2) 石墨炉原子化器

石墨炉原子化器是一种无火焰原子化装置,如图 3-5 所示。它是用电加热方法使试样干燥、灰化、原子化。试样用量只需几微升。为了防止试样及石墨管氧化,在加热时通入氮气或氩气。在这种气氛中有石墨提供大量碳,故能得到较好的原子化效率,特别是易形成耐熔氧

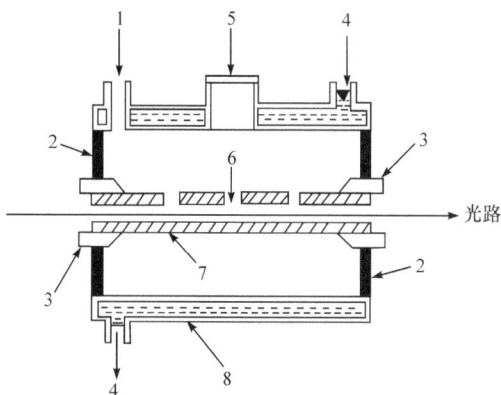

图 3-5　石墨炉原子化器的结构

1—惰性气体;2—绝缘材料;3—电接头;4—冷却水;
5—可卸式窗;6—样品;7—石墨管;8—金属套

化物的元素。这种原子化法的最大优点是注入的试样几乎完全原子化,故灵敏度高。缺点是基体干扰及背景吸收较大,测定重现性较火焰原子化法差。

3) 其他原子化法

应用化学反应进行原子化也是常用的方法。砷、硒、碲、锡等元素通过化学反应,生成易挥发的氢化物,送入空气-乙炔焰或电加热的石英管中使之原子化。

汞原子化可将试样中汞盐用 $SnCl_2$ 还原为金属汞。由于汞的挥发性,用 N_2 气或 Ar 气将汞蒸气带入气体吸收管进行测定。

3. 光学系统

光学系统分外光路和分光系统(单色器)两部分。光学系统示意图如图 3-6 所示。

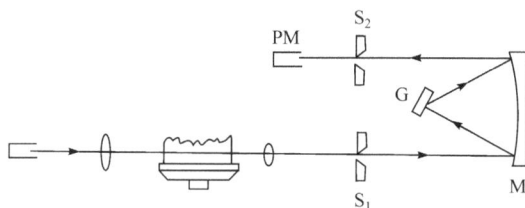

图 3-6　光学系统示意图

G—光栅;M—反射镜;S_1—入射狭缝;S_2—出射狭缝;PM—检测器

外光路系统使空心阴极灯发出的共振线准确通过燃烧器上方的被测试样的原子蒸气,再射到单色器的狭缝上。分光系统主要由色散元件(光栅或棱镜)、反射

镜、狭缝等组成。分光系统的作用是将待测元素的共振线与邻近的谱线分开。通常是根据谱线的结构和欲测共振线附近是否有干扰线来决定单色器狭缝的宽度。若待测元素光谱比较复杂(如铁族元素、稀土元素等)或有连续背景,则狭缝宜小。若待测元素的谱线简单,共振线附近没有干扰线(如碱金属和碱土金属),则狭缝可较大,以提高信噪比,降低检测限。

4. 检测系统

检测系统由检测器、放大器、对数转换器、显示或打印装置组成。光信号检测是由光电倍增管将光信号变成电信号,经放大器放大,再将由放大器输出的信号进行对数转换,使指示仪表上显示出与试样浓度呈线性关系的数值。测定结果由仪表显示、记录器记录或用计算机处理数据,并打印或在屏幕上显示。

光电倍增管是由光阴极和若干个二次发射极(又称打拿极)组成,其示意图如图3-7所示。在光照射下,阴极发射出光电子,在高真空中被电场加速,并向第一打拿极运动,每一个光电子平均使打拿极表面发射几个电子,这就是二次发射。二次发射的电子又被加速向第二打拿极运动,此过程多次重复,最后电子被阳极收集。从光阴极上

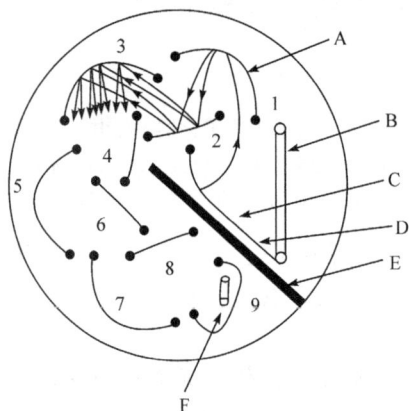

图3-7　光电倍增管示意图

A—打拿极(图中1~9即为打拿极);B—栅极;C—入射光;D—阴极;E—屏蔽;F—阳极

产生的每一个光电子最后可使阳极上收集到 $10^6 \sim 10^7$ 个电子。光电倍增管的放大倍数主要取决于电极间的电压和打拿极的数目。

5. 原子吸收分光光度计

火焰原子吸收分光光度计技术成熟,国内产品性价比高。现在,原子吸收分光光度计的参数设置、控制、数据记录和处理等都通过计算机实现。计算机工作站的设计和使用大同小异,现以澳大利亚GBC932plus火焰原子吸收分光光度计为例说明操作步骤:

(1) 根据所测元素,安装该元素灯。

(2) 打开计算机主机,启动原子吸收分光光度计工作站。工作站主要包含仪器硬件配置设置(Instrument)、仪器方法参数设置(Method)、样品测定顺序设置(Samples)、分析(Analysis)和结果(Results)、报告格式(Report)等模块程序。点击"仪器硬件配置设置"模块程序,核对仪器实际的硬件配置与模块程序中的硬件

配置设置是否一致。如果不一致(如仪器的元素灯由锌灯换为镁灯,但模块程序中的设置还是锌灯),则打开原子吸收分光光度计主机电源后,仪器自检时就会出错,导致程序无法继续运行。通常,该模块程序中只有元素灯及其所在灯架的位置需要经常变动设置,其他因仪器配置不变,所以也不需要改变。

(3) 当确证仪器所配置的硬件与模块程序中设置的硬件相符后,再点开"Method"模块程序,输入待测元素、灯电流、测定波长、狭缝宽度、数据采集和处理、工作曲线校正方法、输入标准浓度等基本操作参数。

(4) 打开原子吸收分光光度计主机电源,稍等片刻,元素灯自动开启,并按照步骤(3)输入的波长自动调节。

(5) 对光。当灯更换后,灯的位置可能变动,使空心阴极灯发出的入射线偏离单色器的入射狭缝,导致没有信号或信号降低。点击窗口顶部的"Instrument"图标,跳出显示当前空心阴极灯光强的窗口,当改变空心阴极灯位置时,可以看到窗口中入射光强度"指示表"指针随之变化。反复调整灯的位置,使空心阴极灯样品光束、参比光束强度达到最大。关闭该窗口。

(6) 将空压机通电,等待气压达到 0.35～0.4 MPa;打开乙炔钢瓶,调节出口压力为 0.4 MPa。待检查气路无误后,先打开仪器助燃气开关,再打开燃气,用仪器自动点火或电子点火枪在燃烧器缝口点火。

(7) 用吸样管先吸入去离子水(空白),点击窗口顶部的"Status"(状态)图标,跳出显示吸光度状态的窗口,点击"zero"(零调)按钮,完成仪器零调。将吸样管放入最高浓度的标准溶液中,通过调节燃助比、燃烧器高度和燃烧器的前后位置,使吸光度达到最大(注意:吸光度不要超过 1),将仪器调整到最佳工作状态。

(8) 试样测定顺序设置。点击"Samples"(样品)图标,对样品测定顺序进行设置,以便仪器自动处理。在设置测定顺序时,首先应将"Calibration"(标准样品测定)放在第一位置,再设定待测样品顺序。如果测定样品数量很多,则每间隔 15 个样品,应插入一个"Re-scale"(重校标准曲线斜率)。

(9) 测样。将吸液管插入去离子水,点击"Start"(测样开始)图标,按照程序自动提示的样品序号进行测量。计算机可以自动完成标准曲线和样品测试报告。

(10) 测试完毕后,将吸液管插入去离子水中,用 250～500 mL 蒸馏水清洗原子化器。最后按照与开机相反的顺序关机。

3.2　原子荧光光谱法

3.2.1　基本原理

原子荧光光谱法是通过测量待测元素的原子蒸气在辐射能激发下产生的荧光发射强度来确定待测元素含量的方法。

气态自由原子吸收特征波长辐射后,原子的外层电子从基态或低能级跃迁到高能级,经过约 10^{-8} s,又跃迁至基态或低能级,同时发射出与原激发波长相同或不同的辐射,称为原子荧光。原子荧光分为共振荧光、直跃荧光、阶跃荧光等,如图 3-8 所示。

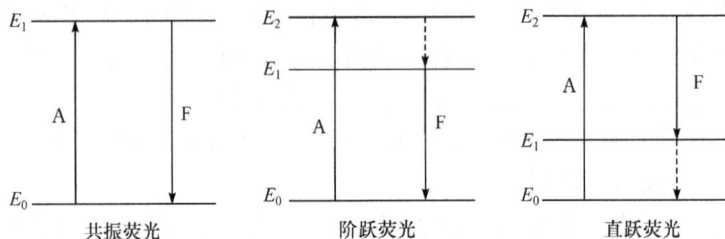

图 3-8　原子荧光的主要类型

A—吸收;F—荧光; ---表示非辐射跃迁

发射的荧光强度与原子化器中单位体积该元素基态原子数成正比,即

$$I_f = \varphi I_0 A \varepsilon L N \tag{3-4}$$

式中,I_f 为荧光强度;φ 为荧光量子效率,表示单位时间内发射荧光光子数与吸收激发光光子数的比值,一般小于 1;I_0 为激发光强度;A 为荧光照射在检测器上的有效面积;L 为吸收光程长度;ε 为峰值摩尔吸光系数;N 为单位体积内的基态原子数。

原子荧光发射中,由于部分能量转变成热能或其他形式能量,荧光强度减小甚至消失,该现象称为荧光猝灭。

3.2.2　原子荧光光度计

原子荧光光度计分为色散型和非色散型,它们结构相似,区别在于单色器。主要组成包括光源、原子化器(火焰和非火焰)、单色器(色散型的仪器有)、检测器、放大器和读出装置。原子荧光光度计与原子吸收分光光度计基本相同,但为了检测荧光信号,避免发射光谱的干扰,将光源和原子化器与检测器处于直角位置。其示意图如图 3-9 所示。

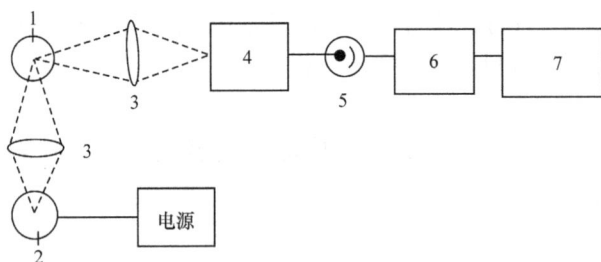

图 3-9　色散型原子荧光光度计

1—火焰(顶视);2—光源(调制);3—透镜;4—单色器;5—光电倍增管;6—放大器;7—读出装置

1. 光源

用锐线光源或连续光源,如高强度空心阴极灯、无极放电灯、氙弧灯、激光或ICP 等。

2. 原子化器

与原子吸收分光光度计相同,有火焰原子化器和无火焰原子化器两类。

3. 色散元件

色散型仪器用光栅,非色散型仪器用干涉滤光片或吸收滤光片。

4. 检测器

色散型仪器用光电倍增管,非色散型仪器用日盲光电倍增管。

5. 冷原子荧光测汞仪

由低压汞灯发出的光经过透镜,照射到汞蒸气上,汞原子被激发产生荧光,通过测量荧光强度求出试样中汞含量。采用化学原子化法在常温下产生汞蒸气,故称为冷原子荧光法。

1) 仪器开关、按钮的名称和功能

YYG-3S 型冷原子荧光测汞仪面板开关、按键、旋钮位置如图 3-10 所示。

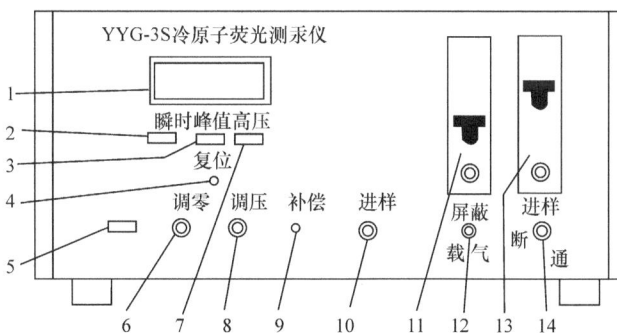

图 3-10　YYG-3S 型冷原子荧光测汞仪面板示意图

1—显示表;2—"连续"按键(瞬时);3—"保持"按键(峰值);4—复位("保持"回零按钮);5—电源开关;6—调零电位器;7—"高压"指示按键;8—调压电位器;9—线性补偿开关;10—进样接头;11—屏蔽气流量计;12—载气接头;13—载气流量计;14—三通进样阀控制旋钮

2) 操作方法

(1) 打开电源开关、关闭仪器后面的排污泵开关,预热 30 min。

(2) 打开气体钢瓶,调节减压阀出口压力约 20 kPa。将"三通阀进样控制"钮旋至"通",调节屏蔽气流量为 0.2 L/min,进样载气流量为 0.4 L/min。

(3) 清洗还原瓶。向还原瓶中加 10% $SnCl_2$ 1 mL 和 5% HNO_3 4 mL,盖好瓶盖,将"三通阀进样控制"钮旋至"通",调节载气流量,使还原瓶内气泡适中,通载气 1.5 min,将"三通阀进样控制"钮旋至"断",倒掉还原瓶中溶液。

(4) 测量。在还原瓶中加 10% $SnCl_2$ 1 mL 和 5% HNO_3 4 mL,将"三通阀进样控制"钮旋至"通",通载气 1.5 min,关闭三通阀,用微量注射器注入一定体积试液,盖好瓶盖,在摇瓶器上摇(或手摇)40 s,打开三通阀,记录峰值。

(5) 结束。打开排污泵,排污 20 min,并用 $KMnO_4 + H_2SO_4$ 混合液吸收。关闭排污泵及气源。松开"瞬时"按钮,调低高压,关闭主机电源。

注意事项:实验结束后,将还原瓶及微量注射器清洗干净。

实验四　原子吸收光谱法测定最佳实验条件的选择

一、目的要求

(1) 了解原子吸收分光光度计的结构、性能及操作方法。

(2) 了解实验条件对测定的灵敏度、准确度和干扰情况的影响及最佳实验条件的选择。

二、原理

在原子吸收分析中,测定条件的选择对测定的灵敏度、准确度和干扰情况均有很大影响。

通常选择共振线作分析线,使测定有较高的灵敏度。但为了消除干扰,可选择灵敏度较低的谱线。例如,测定 Pb 时,为了避开短波区分子吸收的影响,不用 217.0 nm 的共振线,而常选用 283.3 nm 的次灵敏线。分析高浓度样品时,也采用灵敏度较低的谱线,以便得到适中的吸光度。

使用空心阴极灯时,灯电流不能超过允许的最大工作电流值。灯的工作电流过大,易产生自吸(蚀)作用,多普勒效应增强,谱线变宽,测定灵敏度降低,工作曲线弯曲,灯的寿命减少。灯电流低,谱线变宽小,灵敏度高。但灯电流过低,发光强度减弱,发光不稳定,信噪比下降。在保证稳定和适当光强输出情况下,尽可能选用较低的灯电流。

燃气和助燃气流量的改变直接影响测定的灵敏度和干扰情况。燃助比小于 1∶6 的贫燃焰,燃烧充分,温度较高,还原性差,适合测定不易氧化的元素。燃助比大于 1∶3 的富燃焰,温度较前者低,噪声较大,火焰呈强还原气氛,适合测定易形成难熔氧化物的元素。燃助比为 1∶4 的化学计量焰,温度较高,火焰稳定,背景低,噪声小,多数元素分析常用这种火焰。

随火焰高度不同,被测元素基态原子的浓度分布是不均匀的。因为火焰高度不同,火焰温度和还原气氛不同,基态原子浓度也不同。

原子吸收测定中,光谱干扰较小,测定时可以使用较宽的狭缝,增加光强,提高信噪比。对谱线复杂的元素(如铁族、稀土等),要采用较小的狭缝,否则工作曲线弯曲。过小的狭缝使光强减弱,信噪比变差。

三、仪器与试剂

仪器:GBC932plus 火焰原子吸收分光光度计;镁空心阴极灯;空气压缩机;乙炔钢瓶;100 mL 烧杯 1 个;100 mL 容量瓶 3 个;5 mL、10 mL 吸管各 1 支;10 mL 吸量管 1 支。

试剂:镁储备液:准确称取于 800 ℃ 灼烧至恒量的氧化镁(A. R.)1.6583 g,加入 1 mol/L 盐酸至完全溶解,移入 1000 mL 容量瓶中,稀释至刻度,摇匀。溶液中含镁 1.000 mg/mL。

四、实验步骤

1. 试验溶液的配制

(1) 用吸管吸取 1.000 mg/mL Mg 储备液 10 mL 至 100 mL 容量瓶中,用蒸馏水稀释至刻度。溶液含 Mg 0.1000 mg/mL。

(2) 准确吸取 0.1000 mg/mL Mg 标准溶液 5 mL 至 100 mL 容量瓶中,稀释至刻度,此标液含 Mg 0.00500 mg/mL。

(3) 用 0.00500 mg/mL Mg 标准溶液配制 100 mL 0.300 μg/mL 镁标准溶液。

2. 仪器的调节

(1) 按照 3.1.2 GBC932plus 火焰原子吸收分光光度计操作步骤(1)~(4)开机,设置分析波长 285.2 nm,调整空心阴极灯高低、前后、左右位置,对好光路。将空压机通电,等待气压达到 0.35~0.4 MPa;打开乙炔钢瓶,调节出口压力为 0.4 MPa。待检查气路无误后,先打开仪器助燃气开关,再打开燃气,用仪器自动点火或电子点火枪在燃烧器缝口点火。

(2) 用吸样管先吸入去离子水(空白),点击"零调"按钮完成仪器零调。将吸样管放入镁标准溶液中。

3. 最佳实验条件选择

(1) 分析线。根据对试样分析灵敏度的要求、干扰的情况,选择合适的分析线。试液浓度低时,选择灵敏线;试液浓度较高时,选择次灵敏线,并选择没有干扰的谱线。

（2）空心阴极灯的工作电流选择。喷雾所配制的试验溶液,每改变一次灯电流,记录对应的吸光度信号。每测定一个数值前,必须先喷入蒸馏水调零(以下实验均相同)。

（3）燃助比选择。固定其他实验条件和助燃气流量,喷入试验溶液,改变燃气流量,记录吸光度。

（4）燃烧器高度选择。喷入试验溶液,改变燃烧器的高度,逐一记录对应的吸光度。

（5）光谱通带选择。一般元素的光谱通带为 0.5～4.0 nm,对谱线复杂的元素(如 Fe、Co、Ni 等),采用小于 0.2 nm 的通带,可将共振线与非共振线分开。通带过小使光强减弱,信噪比降低。

4. 结束实验

实验结束后,按照 3.1.2 GBC932plus 火焰原子吸收分光光度计操作步骤(10)关机。清理实验台面,盖好仪器罩,填写仪器使用登记卡。

五、结果处理

（1）绘制吸光度-灯电流曲线,找出最佳灯电流。
（2）绘制吸光度-燃气流量曲线,找出最佳燃助比。
（3）绘制吸光度-燃烧器高度曲线,找出燃烧器最佳高度。

六、注意事项

（1）乙炔钢瓶阀门旋开不超过 1.5 转,否则丙酮逸出。
（2）实验时要打开通风设备,使金属蒸气及时排出室外。
（3）点火时,先开空气,后开乙炔气。熄火时,先关乙炔气,后关空气。室内若有乙炔气味,应立即关闭乙炔气源,通风,排除问题后再继续进行实验。

七、思考题

（1）如何选择最佳实验条件? 实验时,若条件发生变化,对结果有什么影响?
（2）在原子吸收分光光度计中,为什么单色器位于火焰之后,而紫外-可见分光光度计单色器位于试样室之前?

实验五　原子吸收光谱法测定的干扰及其消除

一、目的要求

(1) 掌握原子吸收光谱法化学干扰及其消除方法。
(2) 掌握原子吸收光谱法电离干扰及其消除方法。

二、原理

总的来说，原子吸收光谱法干扰较少，因为参与吸收的基态原子数目受温度影响较小。一般地说，基态原子数近似等于原子总数。使用锐线光源，且吸收线的数目比发射线的数目少得多，谱线重叠和相互干扰的概率小。仪器采用调制光源和交流放大，可消除火焰中直流发射的影响。但是在实际工作中仍不可忽视干扰问题。

化学干扰是指在溶液或气相中被测组分与其他组分之间的化学作用而引起的干扰效应。它影响被测元素化合物的离解和原子化，使火焰中基态原子数目减少，降低原子吸收信号。化学干扰是原子吸收分析中的主要干扰。在试液中加入一种试剂，它会优先与干扰组分反应，释放出待测元素，这种试剂称为释放剂。它可以有效地消除化学干扰。

被测元素在火焰中形成自由原子之后继续电离，使基态原子数减少，吸收信号降低，这就是电离干扰。若火焰中存在能提供自由电子的其他易电离的元素，可使已电离的待测元素的离子回到基态，使被测元素基态原子数增加，从而达到消除电离干扰的目的。

三、仪器与试剂

仪器：GBC932plus 火焰原子吸收分光光度计；镁和钙空心阴极灯；空气压缩机；乙炔钢瓶；100 mL 烧杯 2 个；100 mL 容量瓶 19 个；10 mL、5 mL 吸管各 1 支；10 mL 吸量管 1 支。

试剂：镁储备液（见实验四）；钙储备液：准确称取于 110 ℃ 干燥的碳酸钙（A. R. ）2.498 g，加入 100 mL 蒸馏水，滴加少量盐酸，使其全部溶解，移入 1000 mL 容量瓶，用蒸馏水稀释至刻度，此溶液含钙 1.000 mg/mL；铝储备液：溶解 1.0000 g 纯铝丝于少量 6 mol/L 盐酸中，移入 1000 mL 容量瓶，用 1% 盐酸稀释至刻度，此溶液含铝 1.000 mg/mL；钾溶液：溶解 2.3 g KCl（A. R. ）于蒸馏水中，稀释至 100 mL，此溶液含钾 12 mg/mL；镧溶液：称取 La(NO$_3$)$_3$ · 6H$_2$O(A. R.)15.6 g，溶于少量蒸馏水中，稀释至 100 mL，此溶液含镧为 50 mg/mL。

四、实验步骤

1. 化学干扰及其消除

(1) 在 6 个 100 mL 容量瓶中将镁和铝储备液适当稀释,配制一系列溶液,其中含 Mg 均为 0.20 $\mu g/mL$,含 Al 分别为 0 $\mu g/mL$、1.00 $\mu g/mL$、10.0 $\mu g/mL$、50.0 $\mu g/mL$、100.0 $\mu g/mL$、500.0 $\mu g/mL$,逐一测量其吸光度,测量条件参照实验四。

(2) 在 5 个 100 mL 容量瓶中配制一系列溶液,其中含 Mg 均为 0.20 $\mu g/mL$,含 Al 分别为 0 $\mu g/mL$、1.00 $\mu g/mL$、10.0 $\mu g/mL$、50.0 $\mu g/mL$、100.0 $\mu g/mL$、500.0 $\mu g/mL$,含 La 均为 1 mg/mL,分别测量其吸光度(测量条件同上)。

2. 电离干扰及其消除

(1) 测量条件:分析线 422.7 nm;灯电流 5 mA;燃烧器高度 9 mm;狭缝宽度 0.2 mm。

(2) 在 8 个 100 mL 容量瓶中配制一系列溶液,其中含 Ca 均为 8.0 $\mu g/mL$,含 K 分别为 0 $\mu g/mL$、1.00 $\mu g/mL$、10.0 $\mu g/mL$、100.0 $\mu g/mL$、500.0 $\mu g/mL$、1000 $\mu g/mL$、2000 $\mu g/mL$、3000 $\mu g/mL$,逐一测量其吸光度。

五、结果处理

(1) 绘制未加 La 和加 La 后测得的吸光度对所加 Al 的浓度曲线。

(2) 绘制吸光度对所加 K 的浓度曲线。由图确定本实验中克服电离干扰所需 K 的最小量。

六、注意事项

(1) 全部测定均先喷蒸馏水,待记录仪基线平稳后再喷试液。

(2) 乙炔关闭后,检查乙炔钢瓶上压力表指针是否回零,否则乙炔钢瓶总开关未关紧。

七、思考题

(1) 试解释 Al 对 Mg 的干扰和加 La 消除干扰的机理。是否还有其他方法消除这种干扰?

(2) 消除电离干扰除了加入钾盐外,还可加哪些金属盐?

实验六　原子吸收光谱法测定自来水中钙和镁

一、目的要求

（1）通过自来水中钙和镁的测定,掌握标准曲线法在实际样品分析中的应用。
（2）进一步熟悉原子吸收分光光度计的使用。

二、原理

在使用锐线光源条件下,基态原子蒸气对共振线的吸收符合朗伯-比尔定律:

$$A = \lg \frac{I_0}{I} = KLN_0$$

在试样原子化时,火焰温度低于 3000 K 时,对大多数元素来说,原子蒸气中基态原子的数目实际上接近原子总数。在固定的实验条件下,待测元素的原子总数与该元素在试样中的浓度 c 成正比。因此,上式可以表示为

$$A = K'c$$

这就是原子吸收定量分析的依据。

对组成简单的试样,用标准曲线法进行定量分析较方便。

三、仪器与试剂

仪器:GBC932plus 火焰原子吸收分光光度计;乙炔钢瓶;空气压缩机;镁和钙空心阴极灯;50 mL 烧杯 3 个;100 mL 容量瓶 17 个;2 mL、5 mL、10 mL 吸管各 1 支;10 mL 吸量管 1 支。

试剂:镁标准溶液:0.00500 mg/mL(见实验四);钙标准溶液 0.1000 mg/mL:用吸管吸取 10 mL1.000 mg/mL Ca 储备液(见实验五)于 100 mL 容量瓶中,用蒸馏水稀释至刻度,此溶液含 Ca 0.100 mg/mL。

四、实验步骤

1. 钙、镁系列标准溶液的配制

用 10 mL 吸量管分别吸取 2 mL、4 mL、6 mL、8 mL、10 mL 0.1000 mg/mL Ca 标准溶液于 5 个 100 mL 容量瓶中。再用 10 mL 吸量管分别吸取 2 mL、4 mL、6 mL、8 mL、10 mL 0.00500 mg/mL Mg 标准溶液于上述 5 个 100 mL 容量瓶中,用蒸馏水稀释至刻度,摇匀。此系列标准溶液含 Ca 分别为 2.00 μg/mL、4.00 μg/mL、6.00 μg/mL、8.00 μg/mL、10.00 μg/mL;含 Mg 分别为 0.10 μg/mL、0.20 μg/mL、0.30 μg/mL、0.40 μg/mL、0.50 μg/mL。

2. 钙的测定

(1) 自来水样的制备。用 10 mL 吸管吸取自来水样于 100 mL 容量瓶中,用蒸馏水稀释至刻度,摇匀。

(2) 测定。参照实验五的测量条件,按照浓度由小到大逐一测量系列标准溶液的吸光度,最后测量自来水样的吸光度。

3. 镁的测定

(1) 自来水样的制备。用 2 mL 吸管吸取自来水样于 100 mL 容量瓶中,用蒸馏水稀释至刻度,摇匀。

(2) 测定。参照实验四的测量条件,测定系列标准溶液和自来水样的吸光度。

五、结果处理

在坐标纸上绘制 Ca 和 Mg 的标准曲线,由未知试样的吸光度求自来水中 Ca、Mg 的含量。

六、注意事项

试样的吸光度应在标准曲线的中部,否则可改变取样的体积。

七、思考题

(1) 试述标准曲线法的特点及适用范围。
(2) 如果试样成分比较复杂,应该怎样进行测定?

实验七   原子吸收光谱法测定豆乳粉中铁、铜、钙

一、目的要求

(1) 掌握原子吸收光谱法测定食品中微量元素的方法。
(2) 学习食品试样的处理方法。

二、原理

原子吸收光谱法是测定多种试样中金属元素的常用方法。测定食品中的微量金属元素,首先要处理试样,使其中的金属元素以可溶的状态存在。试样可以用湿法处理,即试样在酸中消解制成溶液;也可以用干法灰化处理,即将试样置于马弗炉中,在 400～500 ℃ 高温下灰化,再将灰分溶解在盐酸或硝酸中制成溶液。

本实验采用干法灰化处理样品,然后测定其中 Fe、Cu、Ca 等营养元素。此法

也可用于其他食品(如豆类、水果、蔬菜、牛奶)中微量元素的测定。

三、仪器与试剂

仪器:GBC932plus 火焰原子吸收分光光度计;铁、铜和钙空心阴极灯;1000 mL、100 mL、50 mL 容量瓶各 2 个;10 mL 吸管 3 支;5 mL 吸量管 3 支;马弗炉;瓷坩埚;50 mL 烧杯 4 个。

试剂:铜储备液:准确称取 1 g 纯金属铜溶于少量 6 mol/L 硝酸中,移入 1000 mL 容量瓶,用 0.1 mol/L 硝酸稀释至刻度,此溶液含 Cu 1.000 mg/mL;铁储备液:准确称取 1 g 纯铁丝,溶于 50 mL 6 mol/L 盐酸中,移入 1000 mL 容量瓶,用蒸馏水稀释至刻度,此溶液含 Fe 1.000 mg/mL。钙储备液:1.000 mg/mL;镧溶液:50 mg/mL(见实验五)。

四、实验步骤

1. 试样的制备

准确称取 2 g 试样置于瓷坩埚中,放入马弗炉,500 ℃灰化 2～3 h,取出冷却,加 6 mol/L 盐酸 4 mL,加热促使残渣完全溶解。移入 50 mL 容量瓶,用蒸馏水稀释至刻度,摇匀。

2. 铜和铁的测定

(1) 系列标准溶液的配制。用吸管移取铁储备液 10 mL 至 100 mL 容量瓶中,用蒸馏水稀释至刻度。此标准溶液含铁 100.0 μg/mL。

稀释铜储备液,配制 20.00 μg/mL 铜标准溶液。

在 5 个 100 mL 容量瓶中分别加入 100.0 μg/mL Fe 标准溶液 0.50 mL、1.00 mL、3.00 mL、5.00 mL、7.00 mL 和 20.00 μg/mL Cu 标准溶液 0.50 mL、2.50 mL、5.00 mL、7.50 mL、10.00 mL,再加入 8 mL 6 mol/L 盐酸,用蒸馏水稀释至刻度,摇匀。

(2) 标准曲线。铜的分析线为 324.8 nm,铁的分析线为 248.3 nm。其他测量条件通过实验选择。分别测量系列标准溶液的吸光度。铜系列标准溶液的浓度分别为 0.10 μg/mL、0.50 μg/mL、1.00 μg/mL、1.50 μg/mL、2.00 μg/mL。铁系列标准溶液的浓度分别为 0.50 μg/mL、1.00 μg/mL、3.00 μg/mL、5.00 μg/mL、7.00 μg/mL。

(3) 试样溶液的分析。与标准曲线同样条件,测量步骤 1 制备的试样溶液中 Cu 和 Fe 的浓度。

3. 钙的测定

(1) 系列标准溶液的配制。将钙的储备液稀释成 100.0 μg/mL Ca 标准溶液。

用 5 mL 吸量管准确移取该标准溶液 0.5 mL、1 mL、2 mL、3 mL、5 mL 于 5 个 100 mL 容量瓶中,分别加入 8 mL 6 mol/L 盐酸和 20 mL 镧溶液(见实验五),用蒸馏水稀释至刻度,摇匀。

(2) 标准曲线。测量条件参照实验五,逐一测定标准溶液的吸光度,系列 Ca 标准溶液的浓度分别为 0.50 μg/mL、1.00 μg/mL、2.00 μg/mL、3.00 μg/mL、5.00 μg/mL。

(3) 试样溶液的分析。用 10 mL 吸管吸取步骤 1 制备的试样溶液至 50 mL 容量瓶中,加入 4 mL 6 mol/L 盐酸和 10 mL 镧溶液,用蒸馏水稀释至刻度,摇匀,测量其吸光度。

五、结果处理

(1) 在坐标纸上分别绘制 Fe、Cu、Ca 的标准曲线。
(2) 确定豆乳粉中 Fe、Cu、Ca 元素的含量(μg/g)。

六、注意事项

(1) 如果样品中 Fe、Cu、Ca 元素的含量较低,可以增加取样量。
(2) 处理好的试样溶液若混浊,可用定量滤纸干过滤。

七、思考题

(1) 为什么稀释后的标准溶液只能放置较短的时间,而储备液则可以放置较长的时间?
(2) 测定钙时,为什么加入镧溶液?

实验八　石墨炉原子吸收光谱法测定血清中的铬

一、目的要求

(1) 掌握石墨炉原子化器工作原理和使用方法。
(2) 学习生化样品的分析方法。

二、原理

火焰原子吸收法在常规分析中被广泛应用,但雾化效率低,火焰气体的稀释使火焰中原子浓度降低,高速燃烧使基态原子在吸收区停留时间短,因此灵敏度受到限制。火焰法至少需要 0.5~1 mL 试液,对数量较少的样品比较困难。无火焰原子吸收法发展迅速,而高温石墨炉原子化法是目前发展最快、使用最多的一种技术。

高温石墨炉利用高温(~3000 ℃)石墨管,使试样完全蒸发、充分原子化,试样利用率几乎达 100%。自由原子在吸收区停留时间长,故灵敏度比火焰法高 100～1000 倍。试样用量仅 5～100 μL,而且可以分析悬浮液和固体样品。缺点是干扰大,必须进行背景扣除,且操作比火焰法复杂。

用高温石墨炉法测定血清中痕量元素,灵敏度高,用样量少。为了消除基体干扰,采用标准加入法或配制于葡聚糖溶液中的系列标准溶液。

三、仪器与试剂

仪器:GBC932 G plus 原子吸收分光光度计;铬空心阴极灯;氩气钢瓶;乙炔钢瓶;50 μL 微量注射器;1000 mL 容量瓶 1 个,10 mL 容量瓶 10 个;10 mL 吸管 3 支;5 mL 吸量管 1 支。

试剂:0.1000 mg/mL 铬储备液;称取 0.3735 g 在 150 ℃ 干燥的 $K_2Cr_2O_7$ 溶于去离子水中,并定容于 1000 mL 容量瓶。20%(质量分数)葡聚糖溶液。

四、实验步骤

1. 系列标准溶液的配制

(1) 由 0.1000 mg/mL Cr 储备液逐级稀释成 0.100 μg/mL Cr 标准溶液。

(2) 在 5 个 100 mL 容量瓶中分别加入 0.100 μg/mL Cr 标准溶液 0.0 mL、0.50 mL、1.00 mL、1.50 mL、2.00 mL 和葡聚糖溶液 15 mL,用去离子水稀释至刻度,摇匀。

2. 仪器实验条件的选择

按仪器操作方法启动仪器,并预热 20 min,开启冷却水和保护气体开关。

实验条件如下:波长:357.9 nm;缝宽:0.7 nm;灯电流:5 mA;干燥温度:100～130 ℃;干燥时间:100 s;灰化温度:1100 ℃;灰化时间:240 s;斜坡升温灰化时间:120 s;原子化温度:2700 ℃;原子化时间:10 s。进行背景校正,进样量 50 μL。

3. 测量

(1) 标准溶液和试剂空白。调好仪器的实验参数,自动升温空烧石墨管调零。然后按照浓度由小到大逐一测量空白溶液和系列标准溶液,进样量 50 μL,每个溶液测定 3 次,取平均值。

(2) 血清样品。在同样实验条件下测量血清样品 3 次,取平均值。每次取样 50 μL。

4. 结束

实验结束时,按操作要求关闭气源和电源,并将仪器开关、旋钮置于初始位置。

五、结果处理

(1) 绘制标准曲线,根据血清试样的吸光度从标准曲线上查得样品溶液中 Cr 的浓度。

(2) 计算血清中 Cr 的含量($\mu g/mL$)。

六、注意事项

(1) 实验前应仔细了解仪器的构造及操作,以便实验能顺利进行。

(2) 实验前应检查通风是否良好,确保实验中产生的废气排出室外。

(3) 使用微量注射器时,要严格按教师指导进行,防止损坏。

七、思考题

(1) 在实验中通氩气的作用是什么? 为什么要用氩气?

(2) 配制标准溶液时,加入葡聚糖溶液的作用是什么? 若不加葡聚糖溶液,还可采用什么方法?

实验九　冷原子荧光法测定废水中痕量汞

一、目的要求

(1) 掌握冷原子荧光法测定汞的基本原理和方法。

(2) 掌握冷原子荧光测汞仪的构造和操作。

二、原理

用 $SnCl_2$ 将试样中汞盐还原为汞原子,由于汞的挥发性,用氮气或氩气将汞蒸气带入吸收管进行测定。由于它实际上也是一种分离技术,因此没有基体干扰。

低压汞灯发出的光束照射在汞蒸气上,使汞原子激发而产生荧光,荧光强度与试样中汞含量呈线性关系。

三、仪器与试剂

仪器:YYG-3S 型冷原子荧光测汞仪;50 μL 微量注射器。

试剂:汞储备液:准确称取 0.01352 g $HgCl_2$ 溶于去离子水中,定容于 100 mL 容量瓶,该溶液汞浓度为 0.1000 mg/mL;汞标准溶液:用吸管准确吸取汞储备液

5 mL 置于 100 mL 容量瓶中,加入 1∶1(体积比)H_2SO_4 8 mL 和 2% 无汞 $KMnO_4$ 溶液 0.5 mL,用去离子水稀释至刻度,摇匀。该溶液汞浓度为 5.00 $\mu g/mL$。再将此溶液照上述方法稀释 10 倍,得 0.500 $\mu g/mL$ 汞标准溶液;10% $SnCl_2$ 溶液:称取 $SnCl_2$ 10 g,加 10 mL 浓 HCl,加热溶解,用去离子水稀释至 100 mL;5%(体积分数)HNO_3;浓 H_2SO_4;2%(质量分数)$KMnO_4$ 溶液。

四、实验步骤

1. 准备工作

按仪器操作方法开启仪器,预热 30 min,用空白溶液清洗还原瓶。

2. 标准曲线的测定

在还原瓶中加入 10% $SnCl_2$ 溶液 1 mL 和 5% HNO_3 4 mL,用微量注射器注入 0.500 $\mu g/mL$ 汞标准溶液(分别为 10.0 μL、20.0 μL、30.0 μL、40.0 μL、50.0 μL),按操作方法进行测量。

3. 样品溶液的制备和测定

将水样滤去悬浮物,取 50 mL 于锥形瓶中,加 1∶1 H_2SO_4 10 mL 和 2% $KMnO_4$ 溶液 1 mL,加热至微沸进行消解,加热过程中若 $KMnO_4$ 颜色褪去,应补加 $KMnO_4$ 溶液 1 mL,直至不褪色。冷却,转移至 100 mL 容量瓶中,用去离子水稀释至刻度,摇匀。取 50 μL 溶液在相同条件下测定样品溶液的荧光强度。

五、结果处理

(1) 绘制汞的标准曲线。

(2) 根据样品溶液的荧光强度,从标准曲线上查出试液中汞的浓度,并计算废水中汞含量。

六、注意事项

(1) 仪器工作的温度为 10~30 ℃,室温过高或过低均影响仪器正常工作。

(2) 每个数据可平行测定两三次,取其平均值。

七、思考题

(1) 比较原子吸收分光光度计和原子荧光光度计在结构上的异同点,并解释其原因。

(2) 每次实验,还原瓶中各种溶液总体积是否要严格相同? 为什么?

第4章 紫外-可见分光光度法

4.1 基本原理

4.1.1 吸收光谱的产生

紫外-可见吸收光谱属于分子吸收光谱,是由分子的外层价电子跃迁产生的,也称电子光谱。它与原子光谱的窄吸收带不同。每种电子能级的跃迁伴随若干振动和转动能级的跃迁,使分子光谱呈现出比原子光谱复杂得多的宽带吸收。

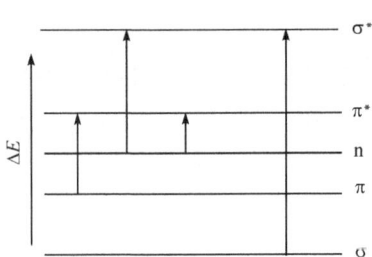

图4-1 电子跃迁能级示意图

当分子吸收紫外-可见区的辐射后,产生价电子跃迁。这种跃迁有三种形式:①形成单键的 σ 电子跃迁;②形成双键的 π 电子跃迁;③未成键的 n 电子跃迁。

分子内的电子跃迁能级图如图4-1所示。由图可见,电子跃迁有 $n \rightarrow \pi^*$、$n \rightarrow \sigma^*$、$\sigma \rightarrow \sigma^*$ 和 $\pi \rightarrow \pi^*$ 四类。各种跃迁所需能量不同,其大小顺序为

$$\sigma \rightarrow \sigma^* > n \rightarrow \sigma^* \geqslant \pi \rightarrow \pi^* > n \rightarrow \pi^*$$

通常,未成键的孤对电子较易激发,成键电子中 π 电子比相应的 σ 电子具有较高的能量,反键电子则相反。故简单分子中 $n \rightarrow \pi^*$ 跃迁需能量最小,吸收带出现在长波方向;$n \rightarrow \sigma^*$ 及 $\pi \rightarrow \pi^*$ 跃迁的吸收带出现在较短波段;$\sigma \rightarrow \sigma^*$ 跃迁吸收带则出现在远紫外区(图4-2)。

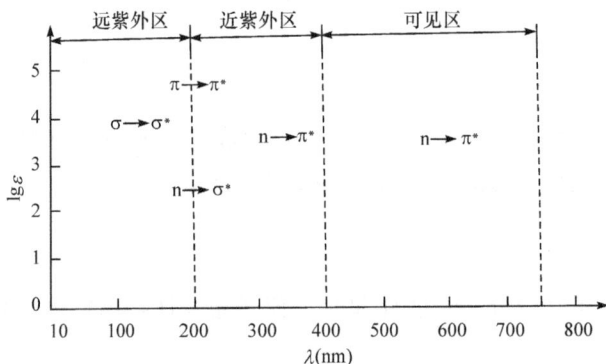

图4-2 常见电子跃迁所处的波长范围及强度

4.1.2　紫外吸收光谱与分子结构的关系

有机化合物的紫外吸收光谱常用作结构分析的依据,因为有机化合物的紫外吸收光谱的产生与它的结构密切相关。

1. 饱和有机化合物

甲烷、乙烷等饱和有机化合物只有 σ 电子,只产生 σ→σ* 跃迁,吸收带在远紫外区。当这类化合物的氢原子被电负性大的 O、N、S、X 等取代后,由于孤对 n 电子比 σ 电子易激发,吸收带向长波移动,故含有—OH、—NH$_2$、—NR$_2$、—OR、—SR、—Cl、—Br 等基团时有红移现象。

2. 不饱和脂肪族有机化合物

此类化合物中含有 π 电子,产生 π→π* 跃迁,在 175~200 nm 处有吸收。若存在—NR$_2$、—OR、—SR、—Cl、—CH$_3$ 等基团,也产生红移并使吸收强度增大。含共轭双键的化合物、多烯共轭化合物由于大 π 键的形成,吸收带红移更多。

3. 芳香化合物

苯环有 π→π* 跃迁及振动跃迁,其特征吸收带在 250 nm 附近有 4 个强吸收峰。当有取代基时 λ_{max} 产生红移。此外芳环还有 180 nm 和 200 nm 处的 E 带吸收。

4. 不饱和杂环化合物

不饱和杂环化合物也有紫外吸收。

5. 溶剂的影响

n→π* 跃迁吸收带随溶剂极性加大向短波移动,而 π→π* 跃迁随溶剂极性加大向长波移动。

6. 无机化合物

无机化合物除利用本身颜色或紫外区有吸收的特性外,为提高灵敏度,常采用三元配合的方法。金属离子配位数高,配体体积小,加上另一多齿配体,可得到灵敏度增高、吸收值红移的效果。

利用紫外-可见吸收光谱对物质进行定性和定量分析的方法就是紫外-可见分光光度法。它不但可对能直接吸收紫外、可见光的物质进行定性、定量分析,同时也可利用化学反应使不吸收紫外或可见光的物质转化成可吸收紫外、可见光的物质进行测定。所以,此方法应用十分广泛。

4.1.3　光的吸收定律

物质对光的吸收遵循比尔定律,即当一定波长的光通过某物质的溶液时,入射光强度 I_0 与透过光强度 I_t 之比的对数与该物质的浓度及液层厚度成正比。其数学表达式为

$$A = \lg \frac{I_0}{I_t} = \varepsilon bc \qquad\qquad (4-1)$$

式中,A 为吸光度;b 为液层厚度,cm;c 为被测物质浓度,mol/L;ε 称为摩尔吸光系数。当被测物浓度单位是 g/L 时,ε 就以 a 表示,称为吸光系数。此时有

$$A = abc \qquad\qquad (4-2)$$

在特定波长和溶剂情况下,摩尔吸光系数 ε 是吸光分子(或离子)的特征常数,在数值上等于单位物质的量浓度在单位光程中所测得的溶液的吸光度。它是物质吸光能力的量度,可作定性分析的参数。

在化合物成分不明的情况下,相对分子质量无从知道,因而物质的量浓度也无法确定,此时无法使用 ε。一般常采用 $a_{1\,cm}^{1\%}$(比吸光系数),定义为某物质的百分之一溶液于 1 cm 比色皿中的吸光度,1% 指 1 g/100 mL。

比尔定律是紫外-可见分光光度定量分析的依据。当比色皿及入射光强度一定时,吸光度正比于被测物浓度。

4.2　紫外-可见分光光度计及分析技术

4.2.1　仪器结构原理

紫外-可见吸收光谱(分光光度)法使用的仪器称为紫外-可见吸收光谱仪或紫外-可见分光光度计,主要由光源、单色器、样品吸收池、检测系统、信号处理系统及计算机组成,其结构框图如图 4-3 所示。

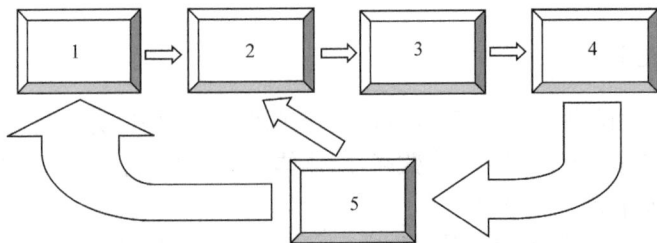

图 4-3　紫外-可见吸收光谱仪(分光光度计)结构简图
1—光源;2—单色器;3—样品池;4—检测器;5—计算机

1. 光源

紫外-可见分光光度计常用的光源有热光源和气体放电灯两种。

热光源有钨灯和卤钨灯。钨灯是可见区和近红外区最常用的光源,它适用的波长范围为 320～2500 nm。钨灯靠电能加热发光。钨灯中常充有一些惰性气体,可提高其使用寿命。钨灯发射的是连续光谱。钨灯的工作温度与它的光谱分布有关,一般为 2400～2800 K。可见光区钨灯的能量输出波动为电源电压波动的 4 次方倍。因此,要使钨灯光源稳定,必须对钨灯电源电压严加控制。需要采用稳压变压器或电子电压调制器来稳定电源电压,也可用 6 V 直流电源供电。

卤钨灯即在钨灯中加入适量的卤化物或卤素,灯泡用石英制成。卤钨灯具有较长的寿命和高的发光效率。不少分光光度计已采用这种光源代替钨灯。

另一种属紫外区的光源为气体放电灯。这类光源有氢灯、氘灯、汞灯等。这类灯在接通电路时会放电发光。常用的是氢灯及其同位素氘灯,适用的波长范围是 165～375 nm。氘灯的光谱分布与氢灯相同,但其光强度比同功率氢灯要大 3～5 倍,寿命比氢灯长。

低压汞灯发射的是一些分立的线光谱,主要能量集中在紫外区,以 253.7 nm 线最强。低压汞灯在紫外区(200～400 nm)有 24 条谱线,可专门用作校正分光光度计单色器的波长标尺。

2. 单色器

单色器的作用是使光源发出的光变成所需的单色光。通常由入射狭缝、准直镜、色散元件、物镜和出射狭缝构成,如图 4-4 所示。入射狭缝用于限制杂散光进入单色器,准直镜将入射光束变为平行光束后进入色散元件。后者将复合光分解成单色光,然后通过物镜将出自色散元件的平行光聚焦于出口狭缝。出射狭缝用于限制通带宽度。

常用的色散元件有棱镜和光栅两种,目前主要以光栅为主。来自光源的混合光束经凹面镜反射至光栅,经光栅分光后形成以角度分布

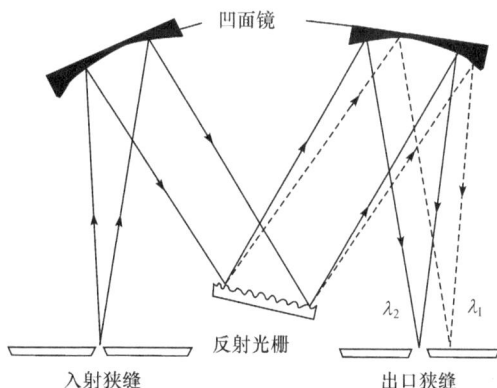

图 4-4　单色器(光栅)工作原理

的连续单色光,通过旋转光栅角度使特定波长的单色光经另一凹面镜聚焦到出口狭缝。

3. 样品吸收池

样品吸收池用于盛放试液。石英池用于紫外-可见区的测量,玻璃池只用于可见区。

4. 检测器

简易分光光度计使用光电管作为检测器。目前最常见的检测器是光电倍增管,在紫外-可见区的灵敏度高,响应快。但强光照射会引起不可逆损害,因此不宜做高能量检测,需避光。当要求高精度时,可在光电倍增管输出端安装前置放大器。光敏二极管阵列也作为紫外-可见检测器,二极管阵列检测器不使用出口狭缝,在其位置上放一系列二极管组成的线形阵列,则分光后不同波长的单色光同时被检测,响应速度快,在毫秒时间内即可完成一次光谱记录,但灵敏度不如光电倍增管。另一种新型的检测器是采用光电耦合器件(CCD)阵列,与二极管阵列工作原理类似,感光性能更好。

5. 信号转换与处理系统

检测器上的响应信号经滤波、放大等电子线路处理后,一般都经模/数转化线路转化成数字信号传输至计算机,并显示输出光谱曲线或吸光度值。简易的仪器不需要和计算机联机也可工作,采用液晶显示吸光度值或打印光谱曲线。

4.2.2　仪器类型和使用方法

目前使用的紫外-可见光谱仪(分光光度计)主要有单波长和双波长两种类型(图 4-5),尤以单波长双光路型最为常用,这类仪器将同一波长的单色光分成两束,分别通过样品池和参比池,以实现空白吸收的自动校正,同时还可校正光源在不同波长时的能量差异。双波长型紫外-可见吸收光谱仪采用两个单色器产生两束不同波长的单色光,并经过斩光器调制使两束光轮流通过样品池和参比池。双波长分析在混合物分析及消除干扰等方面有明显的优势。

紫外-可见光谱仪使用较为简单,仪器主机通电预热 10~30 min 后即可启动计算机软件开始工作,大多数型号的仪器可参考以下使用原则:

(1) 开机。打开仪器电源开关,等待仪器自检通过,自检过程中禁止打开样品室。

(2) 使用。仪器自检结束后,从主菜单选择某个功能项,如定量运算、波长扫描模式、时间曲线扫描、系统校正、光度直接测量模式,即可进入该选项的下一级子菜单。

(3) 为了保证仪器在整个波段范围内基线的平直度及测光准确性,每次测量

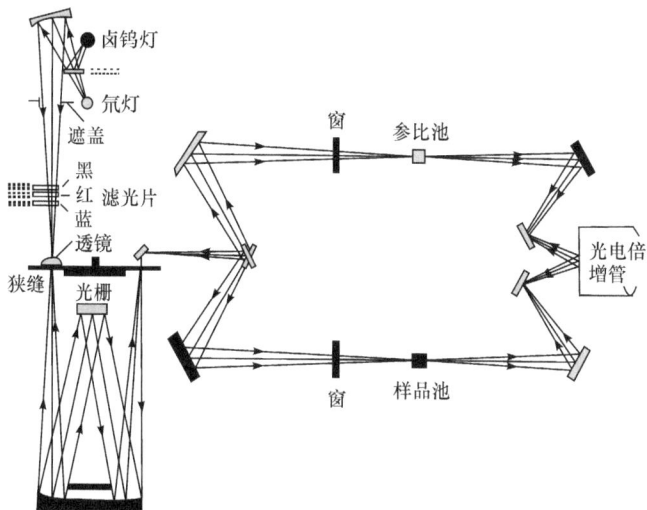

(a) 单波长双光路型

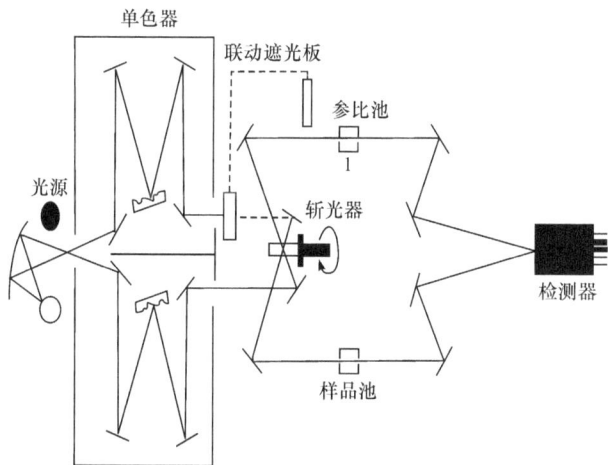

(b) 双波长双光路型

图 4-5　紫外-可见光谱仪常见结构

前需进行基线校正或自动校零。方法如下：使样品和参比光束侧均为空白，用波长扫描模式按默认测定参数进行基线校正，考察曲线是否平直。

（4）定量运算模式有以下几种：

（a）在该子菜单下，选中所需的测定方式：①$T\%/A$（透过率/吸光度测定模式）；②比例测定模式；③浓度测定模式或标准曲线模式。

（b）选定测定方式后，可设定测定条件，如设定测试波长的数目、设定测试波长具体数值等，将盛有空白溶液和待测溶液的比色皿放入样品室中，按启动键进行测量,计算机自动给出对应波长的相应测定数值。

（c）在标准曲线模式下,将标准溶液置于光路中,按照浓度从低到高顺序依次按启动键进行测量,测量完毕后仪器将自动给出标准曲线,并进入样品的测量并计算结果。

（5）波长扫描模式。

（a）在波长扫描模式子菜单下,修改扫描的起止波长、测量模式、图谱坐标的上下限、扫描速率、波长带宽、采样间隔等。

（b）分别将两个比色皿装上空白溶液和样品溶液,放入比色槽中,按启动键进行谱图扫描,测试完毕后有扫描图谱出现,并可以进行数据处理,如读取波长、吸光度、导数处理等。

（6）时间曲线扫描的操作与上述操作类似。

（7）系统校正一般不做。

（8）光度直接测量模式。在菜单中选中该选项并设置参数,按上述步骤操作。

（9）退出计算机程序,关机。

4.2.3 常用分析技术

1. 示差法

吸光度值为 0.2～0.8 时测量误差较小,超出此范围（如高浓度或低浓度溶液的测量）,误差较大。在此种情况下,可应用示差法测量,即选用一已知浓度的溶液作参比。如当测定高浓度溶液时,选用比待测溶液浓度稍低的已知浓度溶液作参比溶液,调节透光率为 100%；当测定低浓度溶液时,选用比待测液浓度稍高的已知浓度溶液作参比溶液,调节透光率为 0。

2. 双波长及三波长法

通过两个单色器分别将光源发出的光分成 λ_1、λ_2 两束单色光,经斩光器并束后交替通过同一吸收池,因此检测的是试样溶液对两波长光吸收后的吸光度差。两束光通过吸收池后的吸光度差与待测组分浓度成正比,一般有等吸收法和系数倍率法。

三波长分光光度法也是对多组分混合物进行定量的一种方法。三个波长在干扰物质的吸收光谱上应为一条直线,在三波长处分别测定混合物的吸光度,根据相似三角形的等比特性,ΔA 只与待测组分浓度有关,可有效消除干扰组分对待测组分测定的干扰,尤其适用于混浊样品分析。

3. 胶束增溶分光光度法

胶束增溶分光光度法是利用表面活性剂胶束的增溶、增敏、增稳、褪色、析相等作用,提高显色反应的灵敏度、对比度或选择性,改善显色反应条件,并在水相中直接进行光度测量的光度分析方法。表面活性剂的存在提高了分光光度法测定的灵敏度。

4. 导数分光光度法

用吸光度对波长求一阶或高阶导数并对波长 λ 作图,可以得到导数光谱。对朗伯-比尔定律 $A = \varepsilon b c$ 求导得

$$\frac{\mathrm{d}^n A}{\mathrm{d}\lambda^n} = \frac{\mathrm{d}^n \varepsilon}{\mathrm{d}\lambda^n} b c$$

可见吸光度 A 的导数值与浓度 c 成比例。随着导数阶数的增加,谱带变得尖锐,分辨率提高。导数光谱的特点在于灵敏度高,可减小光谱干扰,因而在分辨多组分混合物的谱带重叠、增强次要光谱(如肩峰)的清晰度以及消除混浊样品散射的影响时有利。

实验十　分光光度法测定水中总铁

一、目的要求

(1) 掌握选择分光光度分析的条件及分光光度测定铁的方法。
(2) 掌握分光光度计的性能、结构及其使用方法。

二、原理

1,10-二氮菲是测定铁的一种很好的显色剂,在 pH=2~9(一般维持 pH=5~6)时,与二价铁生成稳定的红色配合物:

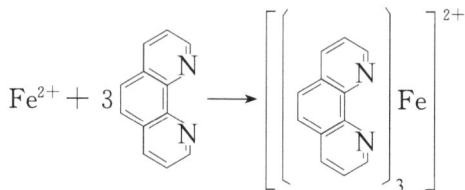

其中 $\lg K_稳 = 21.3$,在 510 nm 下摩尔吸光系数 $\varepsilon = 1.1 \times 10^4$ L/(mol·cm)。

用盐酸羟胺将 Fe(Ⅲ)还原为 Fe(Ⅱ),用 1,10-二氮菲作显色剂,可测定试样中总铁。

本法选择性高,相当于铁量 40 倍的锡(Ⅱ)、铝(Ⅲ)、钙(Ⅱ)、镁(Ⅱ)、锌(Ⅱ)、硅(Ⅱ),20 倍的铬(Ⅵ)、钒(Ⅴ)、磷(Ⅴ),5 倍的钴(Ⅱ)、镍(Ⅱ)、铜(Ⅱ)不干扰测定。

　　为了使测定结果有较高的灵敏度和准确度,必须选择适宜的测量条件,主要包括入射光波长、显色剂用量、有色溶液的稳定性、溶液酸度等。

1. 入射光波长

　　为了使测定结果有较高的灵敏度,应选择被测物质的最大吸收波长的光作为入射光。这样,不仅灵敏度高,准确度也好。当有干扰物质存在时,不能选择最大吸收波长,可根据"吸收最大,干扰最小"的原则来选择测定波长。

2. 显色剂用量

　　加入过量显色剂,能保证显色反应进行完全,但过量太多,也会带来副反应,如增加空白溶液的颜色、改变组成等。显色剂的合适用量可通过实验来确定。由一系列被测元素浓度相同、不同显色剂用量的溶液分别测其吸光度,作吸光度-显色剂用量曲线,找出曲线平坦部分,选择一个合适用量即可。

3. 有色配合物的稳定性

　　有色配合物的颜色应当稳定足够的时间,至少应保证在测定过程中吸收度基本不变,以保证测定结果的准确度。

4. 溶液酸度

　　许多有色物质的颜色随溶液的 pH 而改变,如酸碱指示剂的颜色与 pH 有关。某些金属离子在酸度较低时会水解,影响测定;另一些显色剂阴离子在较高 H^+ 浓度下,会与 H^+ 结合而降低显色剂浓度等。选择合适的酸度,可以在不同 pH 缓冲溶液中加入等量被测离子和显色剂,测其吸光度 A,在 A-pH 图中寻找合适的 pH 范围。

5. 干扰的排除

　　当被测组分与其他干扰组分共存时,必须采取适当措施排除干扰。一般采取以下几种措施:
　　(1) 利用被测组分与干扰物化学性质的差异,可通过控制酸度、加掩蔽剂、氧化剂等办法消除干扰。
　　(2) 选择合适的入射光波长,避免干扰物引入的吸光度误差。
　　(3) 采取合适的参比溶液来抵消其他组分或试剂在测定波长下的吸收。

三、仪器与试剂

　　仪器:光栅分光光度计;250 mL 容量瓶 1 个,100 mL 容量瓶 1 个,50 mL 容量瓶 17 个;25 mL、10 mL、5 mL 吸管各 1 支;10 mL 吸量管 1 支;烧杯;量筒。

试剂:100.0 μg/mL Fe^{3+} 标准溶液:吸取 1.000 mg/mL Fe^{3+} 储备液 10.00 mL 于 100 mL 容量瓶中,用蒸馏水稀释至刻度,摇匀;10.00 μg/mL Fe^{3+} 标准溶液:吸取 100.0 μg/mL Fe^{3+} 标准溶液 25.00 mL 于 250 mL 容量瓶中,用蒸馏水稀释至刻度,摇匀;0.15% 1,10-二氮菲水溶液;10% 盐酸羟胺水溶液(新鲜配制);1 mol/L 乙酸钠溶液。

四、实验步骤

1. 吸收曲线的绘制和测量波长的选择

用吸管吸取 10.00 μg/mL 铁标准溶液 10 mL 于 50 mL 容量瓶中,加入1 mL 10% 盐酸羟胺溶液,摇匀。加入 2 mL 0.15% 1,10-二氮菲溶液和 5 mL 乙酸钠溶液,用蒸馏水稀释至刻度,摇匀。用 1 cm 比色皿,以试剂空白为参比,在400～600 nm 测量记录吸收光谱曲线,并确定最大吸收波长 λ_{max}。

2. 显色剂用量的影响

取 5 个 50 mL 容量瓶,各加入 10.00 μg/mL 铁标准溶液 10.00 mL 和 1 mL 10% 盐酸羟胺溶液,摇匀。分别加入 0.5 mL、1.0 mL、2.0 mL、3.0 mL、4.0 mL 0.15% 1,10-二氮菲溶液和 5 mL 乙酸钠溶液,用蒸馏水稀释至刻度,摇匀。用 1 cm 比色皿,在适宜波长(从吸收曲线上确定)下,以试剂空白为参比,测定各溶液的吸光度。以 1,10-二氮菲体积(mL)为横坐标,相应的吸光度为纵坐标,绘制吸光度-显色剂用量曲线,确定加入显色剂的体积(mL)。

3. 有色溶液的稳定性

在 50 mL 容量瓶中加入 10.00 μg/mL 铁标准溶液 10.00 mL 和 1 mL 10% 盐酸羟胺溶液,摇匀。再加入 2 mL 0.15% 1,10-二氮菲溶液和 5 mL 乙酸钠溶液,加蒸馏水稀释至刻度,摇匀。立即在选定波长下,用 1 cm 比色皿,以试剂空白为参比,测定吸光度,以后隔 10 min、20 min、30 min、60 min、120 min 测定一次吸光度,绘制吸光度-时间曲线。

4. 溶液 pH 的影响

在 5 个 50 mL 容量瓶中各加入 10.00 μg/mL 铁标准溶液 10.00 mL 和1 mL 10% 盐酸羟胺溶液,摇匀。再分别加入 2 mL 0.15% 1,10-二氮菲溶液,摇匀,用吸量管分别加入 1 mol/L NaOH 溶液 0.5 mL、1.0 mL、1.5 mL、2.0 mL、3.0 mL,用蒸馏水稀释至刻度,摇匀。用 pH 计测定各溶液的 pH。然后,在选定波长下,用

1 cm 比色皿,以试剂空白为参比,测定各溶液吸光度。绘制吸光度-pH 曲线,确定测定铁的适宜 pH 范围。

5. 标准曲线的绘制

取 5 个 50 mL 容量瓶,用吸量管分别加入 10.00 μg/mL 铁标准溶液 2.00 mL、4.00 mL、6.00 mL、8.00 mL、10.00 mL,1 mL 10% 盐酸羟胺溶液,2 mL 0.15% 1,10-二氮菲溶液,5 mL 乙酸钠溶液,用蒸馏水稀释至刻度,摇匀。在选定波长下,用 1 cm 比色皿,以试剂空白为参比,测定各溶液吸光度。绘制 A-c 标准曲线。

6. 铁含量的测定

取澄清自来水样 10.00 mL 于 50 mL 容量瓶中,加入 1 mL 10% 盐酸羟胺溶液、2 mL 0.15% 1,10-二氮菲溶液和 5 mL 乙酸钠溶液,用蒸馏水稀释至刻度,摇匀。在与标准曲线同样条件下测量其吸光度。

五、结果处理

(1) 根据条件实验的数据分别绘制各种变化的曲线,得出最佳的实验条件。
(2) 绘制标准曲线。
(3) 由未知试样测定结果求出试样中铁含量。

六、注意事项

(1) 试样和工作曲线测定的实验条件应保持一致,所以最好两者同时测定。
(2) 盐酸羟胺易氧化,不能久置。

七、思考题

(1) 分光光度计由哪些部件组成? 为什么用光栅作色散元件? 光电管的作用是什么? 使用该仪器时要注意哪些问题?
(2) 实验中为什么要进行各种条件试验?
(3) 如果试样中有某种干扰离子,此离子在测定波长处也有吸收,应如何处理?

实验十一　　光化学还原-分光光度法连续测定 Fe(Ⅱ)和 Fe(Ⅲ)

一、目的要求

(1) 通过分光光度法测定铁的条件实验,学习如何选择分光光度分析的条件。
(2) 掌握分光光度计的性能、结构及其使用方法。

（3）掌握光化学反应及其应用。

二、原理

将 Fe(Ⅲ)还原为 Fe(Ⅱ),可以用还原剂,也可以通过光化学反应实现。在光照箱中,用光照代替还原剂(盐酸羟胺等)可将 Fe(Ⅲ)还原为 Fe(Ⅱ),则在一份溶液中可以连续测定 Fe(Ⅱ)和 Fe(Ⅲ)的量,即先在避光条件下,溶液中的 Fe(Ⅱ)与 1,10-二氮菲生成稳定的红色配合物,用分光光度法测定其吸光度。然后将溶液放入光照箱中进行光照,其中 Fe(Ⅲ)被还原为 Fe(Ⅱ),再测其吸光度。两次测得的吸光度分别从工作曲线上查得 Fe(Ⅱ)和总 Fe 的量,再计算出 Fe(Ⅲ)的量。加入适量的柠檬酸三钠溶液,可促进光化学还原反应的进行。

本法选择性很高,相当于铁量 40 倍的锡(Ⅱ)、铝(Ⅲ)、钙(Ⅱ)、镁(Ⅱ)、锌(Ⅱ)、硅(Ⅱ),20 倍的铬(Ⅵ)、钒(Ⅴ)、磷(Ⅴ),5 倍的钴(Ⅱ)、镍(Ⅱ)、铜(Ⅱ)不干扰测定。

实验中,为了得到有一定灵敏度及重现性的结果,也必须选择适宜的测定条件,包括入射光波长、光照时间、有色溶液稳定性等(见实验十)。

三、仪器与试剂

仪器:光栅分光光度计;光照箱;250 mL、100 mL 容量瓶各 1 个,50 mL 容量瓶 17 个;50 mL 棕色容量瓶 1 个;25 mL 吸管 1 支,10 mL 吸管 3 支,5 mL 吸管 2 支;10 mL 吸量管 1 支;烧杯;量筒。

试剂:100.0 $\mu g/mL$ Fe^{3+} 标准溶液:吸取 1.000 mg/mL Fe^{3+} 储备液 10.00 mL 于 100 mL 容量瓶中,并用蒸馏水稀释至刻度,摇匀;10.00 $\mu g/mL$ Fe^{3+} 标准溶液:吸取 100.0 $\mu g/mL$ Fe^{3+} 标准溶液 25.00 mL 于 250 mL 容量瓶中,用蒸馏水稀释至刻度,摇匀;0.15% 1,10-二氮菲水溶液;5%柠檬酸三钠水溶液;1 mol/L 乙酸钠溶液。

四、实验步骤

1. 吸收曲线的绘制和测量波长的选择

用吸管吸取 10.00 $\mu g/mL$ 铁标准溶液 10.00 mL 于 50 mL 容量瓶中,依次加入 2 mL 0.15% 1,10-二氮菲、3 mL 柠檬酸三钠溶液和 5 mL 乙酸钠溶液,加蒸馏水稀释至刻度,摇匀。将此容量瓶置于光照箱中 15 min,取出冷却,用 1 cm 比色皿,在 440~540 nm 以下列溶液作参比测定吸收曲线,根据吸收曲线确定测量的适宜波长。

参比溶液:于 50 mL 容量瓶中加入除铁标准溶液以外的所有试剂,用水稀释至刻度,摇匀(此参比溶液可留作整个实验中使用)。

2. 显色剂用量的影响

取 5 个 50 mL 容量瓶,各加入 10.00 μg/mL 铁标准溶液 10.00 mL,再分别加入 0.5 mL、1.0 mL、2.0 mL、3.0 mL、4.0 mL 1,10-二氮菲溶液、3 mL 柠檬酸三钠溶液和 5 mL 乙酸钠溶液于瓶中,用蒸馏水稀释至刻度,摇匀。放入光照箱中15 min,取出冷却,用1 cm 比色皿在选定波长下,以试剂空白作参比,测定各溶液的吸光度。以 1,10-二氮菲的体积(mL)为横坐标,相应的吸光度为纵坐标,绘出吸光度-显色剂用量曲线,确定加入显色剂的体积(mL)。

3. 光照时间试验

在 4 个 50 mL 容量瓶中各加入 10.00 μg/mL 铁标准溶液 10.00 mL、2 mL 1,10-二氮菲、3 mL 柠檬酸三钠和 5 mL 乙酸钠溶液,用蒸馏水稀释至刻度,摇匀。放入光照箱中光照 5 min、10 min、15 min、20 min 时,分别测量其吸光度。

4. 有色溶液稳定性试验

在 50 mL 容量瓶中加入 10.00 μg/mL 铁标准溶液 10.00 mL、2 mL1,10-二氮菲溶液、3 mL 柠檬酸三钠溶液和 5 mL 乙酸钠溶液,加水稀释至刻度,摇匀。将容量瓶置于光照箱中 15 min,取出冷却,在 10 min、20 min、30 min、60 min、120 min 各测量一次吸光度。以时间为横坐标,吸光度为纵坐标,绘出 A-t 曲线。

5. 标准曲线的绘制

取 5 个 50 mL 容量瓶,用吸量管分别加入 2.00 mL、4.00 mL、6.00 mL、8.00 mL、10.00 mL 10.00 μg/mL 铁标准溶液、2 mL 1,10-二氮菲溶液、3 mL 柠檬酸三钠溶液和 5 mL 乙酸钠溶液,用蒸馏水稀释至刻度,摇匀,放入光照箱中 15 min,取出冷却,以试剂空白为参比,用 1 cm 比色皿测定各溶液的吸光度,以浓度为横坐标,吸光度为纵坐标,绘出 A-c 标准曲线。

6. 未知试液中 Fe(Ⅱ) 和 Fe(Ⅲ) 的测定

取 1 个 50 mL 棕色容量瓶,加 5.00 mL 未知试液、2 mL1,10-二氮菲溶液、3 mL 柠檬酸三钠溶液及 5 mL 乙酸钠溶液,用蒸馏水稀释至刻度,摇匀。用 1 cm 比色皿,以试剂空白为参比,测得吸光度 A_1。将棕色瓶中溶液倒入一干净的 25 mL 容量瓶中(容量瓶用上述溶液荡洗三次),放入光照箱中 15 min,取出冷却,测得吸光度 A_2。从标准曲线上分别查得其对应的浓度。

五、结果处理

（1）按条件试验的数据,分别用作图法绘出各类变化曲线,并得出实验的最佳条件。

（2）绘制标准曲线。

（3）由试样测定结果分别求出 Fe(Ⅱ)、Fe(Ⅲ)的含量(μg/mL)。

六、注意事项

试液和标准溶液的测定条件应保持一致。

七、思考题

（1）实验中哪些试剂要准确配制? 哪些不需配制? 它们是否均应准确加入? 为什么?

（2）实验中为什么要先进行各种条件试验?

（3）光照的目的是什么? 不用光照还有其他方法吗?

实验十二　分光光度法测定铬和钴的混合物

一、目的要求

学习用分光光度法测定有色混合物组分的原理和方法。

二、原理

当混合物两组分 M 及 N 的吸收光谱互不重叠时,只要分别在波长 λ_1 和 λ_2 处测定试样溶液中的 M 和 N 的吸光度,就可以得到其相应含量。若 M 及 N 的吸收光谱互相重叠,如图 4-6 所示,则可根据吸光度的加和性质,在 M 和 N 的最大吸收波长 λ_1 和 λ_2 处测量总吸光度 $A_{\lambda_1}^{M+N}$ 及 $A_{\lambda_2}^{M+N}$。假如采用 1 cm 比色皿,则可由下列方程式求出 M 及 N 组分含量:

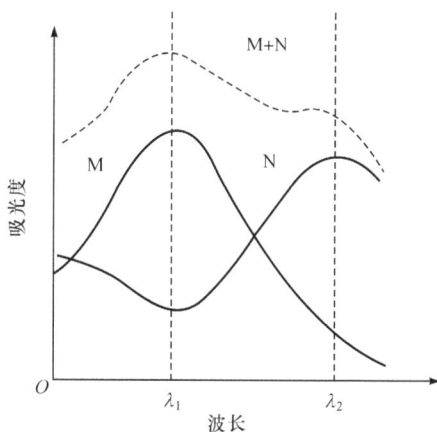

图 4-6　两组分混合物的吸收光谱

$$A_{\lambda_1}^{M+N} = A_{\lambda_1}^{M} + A_{\lambda_1}^{N} = \varepsilon_{\lambda_1}^{M} c_M + \varepsilon_{\lambda_1}^{N} c_N$$
$$A_{\lambda_2}^{M+N} = A_{\lambda_2}^{M} + A_{\lambda_2}^{N} = \varepsilon_{\lambda_2}^{M} c_M + \varepsilon_{\lambda_2}^{N} c_N$$

解此联立方程式,得

$$c_{\mathrm{M}} = \frac{A_{\lambda_1}^{\mathrm{M+N}} \varepsilon_{\lambda_2}^{\mathrm{N}} - A_{\lambda_2}^{\mathrm{M+N}} \varepsilon_{\lambda_1}^{\mathrm{N}}}{\varepsilon_{\lambda_1}^{\mathrm{M}} \varepsilon_{\lambda_2}^{\mathrm{N}} - \varepsilon_{\lambda_2}^{\mathrm{M}} \varepsilon_{\lambda_1}^{\mathrm{N}}} \tag{4-3}$$

$$c_{\mathrm{N}} = \frac{A_{\lambda_1}^{\mathrm{M+N}} - \varepsilon_{\lambda_1}^{\mathrm{M}} c_{\mathrm{M}}}{\varepsilon_{\lambda_1}^{\mathrm{N}}} \tag{4-4}$$

式中，$\varepsilon_{\lambda_1}^{\mathrm{N}}$、$\varepsilon_{\lambda_2}^{\mathrm{N}}$、$\varepsilon_{\lambda_1}^{\mathrm{M}}$、$\varepsilon_{\lambda_2}^{\mathrm{M}}$ 分别为组分 N 及 M 在 λ_1 与 λ_2 处的摩尔吸光系数。

本实验中测 Cr 和 Co 的混合物。分别配制 Cr 和 Co 的系列标准溶液，在 λ_1 和 λ_2 分别测量 Cr 和 Co 系列标准溶液的吸光度，并绘制标准曲线，两标准曲线的斜率即为 Cr 和 Co 在 λ_1 和 λ_2 处的摩尔吸光系数，代入式(4-3)和式(4-4)即可求出 Cr 和 Co 的浓度。

三、仪器与试剂

仪器：分光光度计；50 mL 容量瓶 9 个；10 mL 吸量管 2 支；5 mL 吸管 1 支。
试剂：0.700 mol/L Co(NO$_3$)$_2$ 溶液；0.200 mol/L Cr(NO$_3$)$_3$ 溶液。

四、实验步骤

1. 溶液的配制

取 4 个 50 mL 容量瓶，分别加入 2.50 mL、5.00 mL、7.50 mL、10.00 mL 0.700 mol/L Co(NO$_3$)$_2$ 溶液。另取 4 个 50 mL 容量瓶，分别加入 2.50 mL、5.00 mL、7.50 mL、10.00 mL 0.200 mol/L Cr(NO$_3$)$_3$ 溶液，均用蒸馏水稀释至刻度，摇匀。

2. 测量 Co(NO$_3$)$_2$ 和 Cr(NO$_3$)$_3$ 溶液的吸收光谱

取步骤 1 配制的 Cr(NO$_3$)$_3$ 和 Co(NO$_3$)$_2$ 溶液各一份，以蒸馏水为参比，在 420～700 nm 分别测定 Cr^{3+} 和 Co^{2+} 的吸收曲线，并由曲线上找出 λ_1 和 λ_2。

3. 标准曲线的绘制

以蒸馏水为参比，在 λ_1 和 λ_2 处分别测定步骤 1 配制的 Cr(NO$_3$)$_3$ 和 Co(NO$_3$)$_2$ 系列标准溶液的吸光度，并分别绘制二者的标准曲线。

4. 未知试液的测定

取 1 个 50 mL 容量瓶，加入 5.00 mL 未知试液，用蒸馏水稀释至刻度，摇匀。在波长 λ_1 和 λ_2 处测量试液的吸光度 $A_{\lambda_1}^{\mathrm{Cr+Co}}$ 和 $A_{\lambda_2}^{\mathrm{Cr+Co}}$。

五、结果处理

(1) 绘制 Cr^{3+} 和 Co^{2+} 的吸收曲线，并确定 λ_1 和 λ_2。

（2）分别绘制 Cr^{3+} 和 Co^{2+} 在 λ_1 和 λ_2 下 4 条标准曲线，并求出 $\varepsilon_{\lambda_1}^{Co}$、$\varepsilon_{\lambda_2}^{Co}$、$\varepsilon_{\lambda_1}^{Cr}$、$\varepsilon_{\lambda_2}^{Cr}$。

（3）由测得的未知试液 $A_{\lambda_1}^{Cr+Co}$ 和 $A_{\lambda_2}^{Cr+Co}$，用式（4-3）和式（4-4）求未知试样中 Cr 和 Co 的浓度。

六、思考题

（1）分光光度法同时测定两组分混合液时，如何选择吸收波长？

（2）分光光度法如何同时测定三组分混合液？

实验十三　分光光度法同时测定维生素 C 和维生素 E

一、目的要求

掌握在紫外光谱区同时测定双组分体系——维生素 C 和维生素 E。

二、原理

维生素 C（抗坏血酸）和维生素 E（α-生育酚）起抗氧剂作用，即它们在一定时间内能防止油酯变酸。两者结合在一起比单独使用的效果更佳，因为它们在抗氧剂性能方面是"协同的"。因此，它们作为一种有用的组合试剂用于各种食品中。

抗坏血酸是水溶性的，α-生育酚是脂溶性的，但它们都能溶于无水乙醇，因此能用在同一溶液中测定双组分的原理测定。

三、仪器与试剂

仪器：紫外-可见分光光度计；石英比色皿；50 mL 容量瓶 9 个；10 mL 吸量管 2 支。

试剂：抗坏血酸（7.50×10^{-5} mol/L）：准确称取 0.0132 g 抗坏血酸溶于无水乙醇中，并用无水乙醇定容于 1000 mL；α-生育酚（1.13×10^{-4} mol/L）：准确称取 0.0488 g α-生育酚溶于无水乙醇中，并用无水乙醇定容于 1000 mL；无水乙醇。

四、实验步骤

1. 配制标准溶液

（1）分别取抗坏血酸储备液 4.00 mL、6.00 mL、8.00 mL、10.00 mL 于 4 个 50 mL 容量瓶中，用无水乙醇稀释至刻度，摇匀。

（2）分别取 α-生育酚储备液 4.00 mL、6.00 mL、8.00 mL、10.00 mL 于 4 个 50 mL 容量瓶中，用无水乙醇稀释至刻度，摇匀。

2. 绘制吸收光谱

以无水乙醇为参比,在 $320\sim220$ nm 测定抗坏血酸和 α-生育酚的吸收光谱,并确定 λ_1 和 λ_2。

3. 绘制标准曲线

以无水乙醇为参比,在波长 λ_1 和 λ_2 分别测定步骤 1 配制的 8 个标准溶液的吸光度。

4. 未知液的测定

取未知液 5.00 mL 于 50 mL 容量瓶中,用无水乙醇稀释至刻度,摇匀。在 λ_1 和 λ_2 分别测其吸光度。

五、数据处理

(1) 绘制抗坏血酸和 α-生育酚的吸收光谱,确定 λ_1 和 λ_2。

(2) 分别绘制抗坏血酸和 α-生育酚在 λ_1 和 λ_2 时的 4 条标准曲线,求出 4 条直线的斜率,即 $\varepsilon_{\lambda_1}^{C}$、$\varepsilon_{\lambda_2}^{C}$、$\varepsilon_{\lambda_1}^{E}$ 和 $\varepsilon_{\lambda_2}^{E}$。

(3) 计算未知液中抗坏血酸和 α-生育酚的浓度。

六、注意事项

抗坏血酸会缓慢地氧化成脱氢抗坏血酸,所以必须每次实验时配制新鲜溶液。

七、思考题

(1) 写出抗坏血酸和 α-生育酚的结构式,并解释一个是"水溶性"、一个是"脂溶性"的原因。

(2) 使用本方法测定抗坏血酸和 α-生育酚是否灵敏? 解释其原因。

实验十四　分光光度法测定酸碱指示剂的 pK_a

一、目的要求

掌握分光光度法测定酸碱指示剂 pK_a 的方法。

二、原理

酸碱指示剂 HIn 本身是弱酸,电离平衡如下:

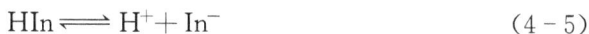

$$\text{HIn} \rightleftharpoons \text{H}^+ + \text{In}^- \qquad\qquad (4-5)$$

其 pK_a 与 pH 的关系为

$$pH = pK_a - \lg\frac{[\text{HIn}]}{[\text{In}^-]} \qquad\qquad (4-6)$$

或写成

$$\lg\frac{[\text{In}^-]}{[\text{HIn}]} = pH - pK_a \qquad\qquad (4-7)$$

pH 对 $\lg\dfrac{[\text{In}^-]}{[\text{HIn}]}$ 作图得一直线,其截距(当$[\text{In}^-]=[\text{HIn}]$时)等于 pK_a。实验中,$\dfrac{[\text{In}^-]}{[\text{HIn}]}$可由分光光度法求得。在低 pH 下配制指示剂溶液(主要以 HIn 形式存在),测绘其吸收曲线。然后在高 pH 下配制指示剂溶液(主要以 In⁻ 形式存在),测绘其吸收曲线。由两条吸收曲线求出两个 λ_{max} 值,然后配制一系列不同 pH 的指示剂溶液,在两个 λ_{max} 处测量吸光度。A_{HIn} 为强酸介质中的吸光度,A_{In^-} 为强碱介质中的吸光度,A 为中间 pH 介质中的吸光度,它们均可由实验测得,与$\dfrac{[\text{In}^-]}{[\text{HIn}]}$的关系为

$$\frac{[\text{In}^-]}{[\text{HIn}]} = \frac{A - A_{\text{HIn}}}{A_{\text{In}^-} - A} \qquad\qquad (4-8)$$

因此,pK_a 可以根据式(4-7)和式(4-8)计算求得。

以 pH 为横坐标,吸光度为纵坐标作图,可以得到两条 S 形曲线,该曲线中间所对应的 pH 即为 pK_a,如图 4-7 所示。

三、仪器与试剂

仪器:分光光度计;pH 计;50 mL 容量瓶 9 个;2 mL 吸管 1 支;10 mL 量筒 1 个。

试剂:0.20 mol/L NaH₂PO₄ 溶液:2.4 g NaH₂PO₄ 溶于 100 mL 蒸馏水中;0.20 mol/L K₂HPO₄ 溶液:

图 4-7　溴百里酚兰的 A-pH 曲线

3.4 g K₂HPO₄ 溶于 100 mL 蒸馏水中;浓 HCl;4 mol/L NaOH 溶液;0.1% 溴百里酚兰溶液:在 20% 乙醇中。

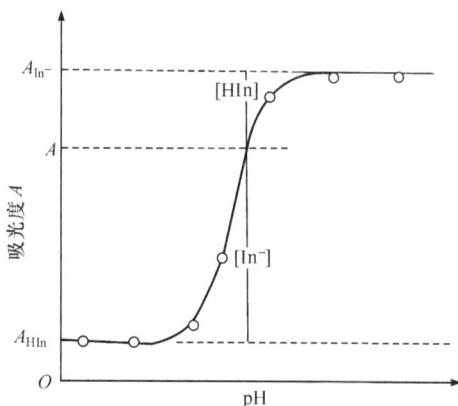

四、实验步骤

(1) 在 9 个 50 mL 容量瓶中分别加入 2.00 mL 溴百里酚兰溶液,再分别加入如下体积的磷酸盐溶液:在第 1 瓶中加 4 滴浓 HCl,第 9 瓶中加 10 滴 NaOH 溶液,分别用蒸馏水稀释至刻度,摇匀。用 pH 计分别测量 pH。

(2) 吸收曲线。在波长 400~650 nm(以水为参比)分别测定溶液 1 和 9 的吸收曲线,并确定两者的最大吸收波长。

(3) 在两个最大吸收波长下分别测定 9 个溶液的吸光度(表 4-1)。

表 4-1　吸光度记录表

瓶　号	指示剂/mL	NaH_2PO_4/mL	K_2HPO_4/mL	pH	A
1	2.00	0	0		
2	2.00	5	0		
3	2.00	5	1		
4	2.00	10	5		
5	2.00	5	10		
6	2.00	1	5		
7	2.00	1	10		
8	2.00	0	5		
9	2.00	0	0		

五、结果处理

(1) 绘制 HIn 和 In^- 的吸收光谱,确定 λ_a 和 λ_b。

(2) 将所配溶液分别以在 λ_a 和 λ_b 处测得的吸光度对 pH 作图,求出两个 pK_a。

(3) 由式(4-8)计算某一波长时的 $\dfrac{[In^-]}{[HIn]}$,以 $\lg\dfrac{[In^-]}{[HIn]}$ 对 pH 作图,由图求得 pK_a。

(4) 对比所求 pK_a 并与标准值比较。

六、注意事项

溴百里酚兰在酸性溶液中不稳定,因此溶液配好后应立即测定。

七、思考题

(1) 为什么溶液 1 和 9 可用来选择两个最大的吸收波长?

（2）若吸光度大于 0.8 应如何处理？

实验十五　分光光度法测定磺基水杨酸合铁的组成和稳定常数

一、目的要求

掌握连续变化法（又称等摩尔系列法）测定配合物组成和稳定常数的原理和方法。

二、原理

连续变化法是测定配合物组成及其稳定常数最常用的方法之一。它将相同物质的量浓度的金属离子和配体以不同的体积比混合至一定的总体积，在配合物最大吸收波长处测量其吸光度。当溶液中配合物的浓度最大时，配位数 n 为

$$n = \frac{c_L}{c_M} = \frac{1-f}{f} \qquad (4-9)$$

式中，c_M 和 c_L 分别为金属离子和配体的浓度；f 为金属离子在总浓度中所占分数。

$$c_M + c_L = c = 常数$$

$$f = \frac{c_M}{c} \qquad (4-10)$$

以吸光度对 f 作图（图 4-8）。当 $f=0$ 或 1 时，配合物的浓度为零。图 4-8 中吸光度值最大处的 f 值即为配合物浓度达最大时的 f 值。1：1 型配合物，吸光度值最大处的 f 值为 0.5；1：2 型的 f 值为 0.34 等。

若配合物为 ML，从图 4-8 可知，测得的最大吸光度为 A，它略低于延长线交点的吸光度 A'，这是因为配合物有一定程度的离解。A' 为配合物完全不离解时的吸光度值，A' 与 A 之间差别越小，说明配合物越稳定。由此可计算出配合物的稳定常数：

$$K = \frac{[ML]}{[M][L]} \qquad (4-11)$$

配合物溶液的吸光度与配合物的浓度成正比，故

$$\frac{A}{A'} = \frac{[ML]}{c'} \qquad (4-12)$$

式中，c' 为配合物完全不离解时的浓度，其值为

$$c' = c_M = c_L$$

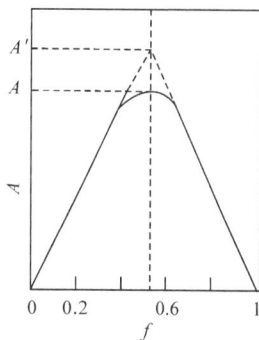

图 4-8　连续变化法测定配合物的组成和不稳定常数

而

$$[M] = [L] = c' - [ML] = c' - c'\frac{A}{A'} = c'\left(1 - \frac{A}{A'}\right) \qquad (4-13)$$

将式(4-12)和式(4-13)代入式(4-11),整理后得

$$K = \frac{A/A'}{(1 - A/A')^2 c'} \qquad (4-14)$$

三、仪器与试剂

仪器:分光光度计;50 mL 容量瓶 5 个;10 mL 吸量管 2 支。

试剂:0.0100 mol/L 磺基水杨酸在 0.1 mol/L HClO₄ 中;0.0100 mol/L 硝酸铁在 0.1 mol/L HClO₄ 中;0.1 mol/L HClO₄。

四、实验步骤

1. 系列溶液的配制

取 5 个 50 mL 容量瓶,按表 4-2 加入 0.0100 mol/L 磺基水杨酸和铁溶液;用 0.1 mol/L HClO₄ 稀释至刻度,摇匀。

表 4-2　系列溶液配制

瓶　号	0.0100 mol/L 磺基水杨酸(mL)	0.0100 mol/L 铁溶液(mL)
1	1.00	9.00
2	3.00	7.00
3	5.00	5.00
4	7.00	3.00
5	9.00	1.00

2. 配合物吸收曲线的测绘

以蒸馏水为参比,用步骤 1 中 3 号溶液在波长 400~700nm 测量吸收光谱。

3. 系列溶液的测量

以蒸馏水为参比,将步骤 1 配制的溶液在配合物最大吸收波长测其吸光度。

五、结果处理

(1)绘制配合物的吸收光谱,并确定其 λ_{max}。

(2)以金属离子物质的量浓度与总物质的量浓度之比为横坐标,吸光度为纵

坐标作图,求配合物组成。

（3）求磺基水杨酸合铁的稳定常数。

六、注意事项

（1）溶液配好之后,必须静置 30 min 才能进行测定。

（2）当溶液的 pH 不同时,磺基水杨酸与 Fe^{3+} 形成三种不同配合物:pH<4 时,形成紫色配合物[FeR];pH 为 4～10 时,形成红色配离子$[FeR_2]^{3-}$;在 pH＝10 附近,形成黄色配离子$[FeR_3]^{6-}$。

七、思考题

连续变化法测定配合物的稳定常数的适用范围是什么?

实验十六　有机化合物的吸收光谱及溶剂的影响

一、目的要求

（1）学习紫外吸收光谱的绘制方法,利用吸收光谱进行化合物的鉴定。

（2）了解溶剂的性质对吸收光谱的影响。

（3）掌握紫外-可见分光光度计的使用。

二、原理

紫外吸收光谱带宽而平坦,数目不多,虽然不少化合物结构差别很大,但只要分子中含有相同的发色团,其吸收光谱的形状就大体相似。因此,依靠紫外吸收光谱很难独立解决化合物结构的问题。但紫外光谱对共轭体系的研究有独到之处。可以利用紫外光谱的经验规则——伍德沃德-费塞尔(Woodward-Fieser)规则进行分子结构的推导验证。

利用紫外吸收光谱进行定性分析,是将未知化合物与已知纯样品在相同的溶剂中配制成相同浓度,在相同条件下分别绘制吸收光谱,比较两者是否一致。或者是将未知物的吸收光谱与标准谱图(如萨特勒紫外光谱图)比较。两种光谱图的 λ_{max} 和 ϵ_{max} 相同,表明它们是同一有机化合物。

极性溶剂对紫外吸收光谱吸收峰的波长、强度及形状可能产生影响。极性溶剂有助于 n→π^* 跃迁向短波移动,而使 π→π^* 跃迁向长波移动。

此外,在没有紫外吸收的物质中检查具有高吸收系数的杂质,也是紫外吸收光谱的重要用途之一。例如,检查乙醇中是否有苯杂质,只需看在 256 nm 处有无苯的吸收峰。

三、仪器与试剂

仪器:紫外-可见分光光度计;石英比色皿;50 mL 容量瓶 7 个。

试剂:异丙叉丙酮;正己烷;氯仿;甲醇;邻甲苯酚;0.1 mol/L HCl;0.1 mol/L NaOH;乙醇。

四、实验步骤

1. 芳香化合物的鉴定

领取未知试样的水溶液,用 1 cm 石英比色皿,以去离子水为参比,在 200～360 nm 测量吸收光谱。

2. 乙醇中杂质苯的检查

用 1 cm 石英比色皿,以纯乙醇为参比液,在 230～280 nm 测量乙醇试样的吸收光谱。

3. 溶剂性质对吸收光谱的影响

(1) 配制浓度为 0.124 g/L 的邻甲苯酚溶液,其溶剂是:①0.1 mol/L HCl;②中性乙醇溶液;③0.1 mol/L NaOH 溶液。

(2) 配制浓度为 5.2 mg/L 的异丙叉丙酮 $\left[CH_3-\overset{\overset{\textstyle O}{\|}}{C}-CH=C\overset{\textstyle CH_3}{\underset{\textstyle CH_3}{<}}\right]$ 溶液,其溶剂分别为正己烷、氯仿、甲醇、去离子水。

(3) 用 1 cm 石英比色皿,以相应的溶剂为参比,测量各溶液在 210～350 nm 的吸收光谱。

五、结果处理

(1) 记录未知化合物的吸收光谱条件,确定峰值波长。计算峰值波长的 $A_{3cm}^{1\%}$ 值,并计算摩尔吸光系数,与标准谱图比较,确定化合物名称。

(2) 记录乙醇试样的吸收光谱及实验条件,根据吸收光谱确定是否有苯吸收峰,峰值波长是多少?

(3) 记录各邻甲苯酚溶液的吸收光谱及实验条件,比较吸收峰的变化,结论如何?

(4) 记录各异丙叉丙酮溶液的吸收光谱及实验条件,比较吸收峰的波长随溶剂极性的变化,结论如何?

六、注意事项

（1）本实验所用试剂均应为光谱纯或经提纯处理。

（2）石英比色皿每换一种溶液或溶剂必须清洗干净,并用被测溶液或参比液荡洗三次。

七、思考题

（1）试样溶液浓度过大或过小对测量有什么影响？应如何调整？

（2）紫外-可见分光光度计狭缝宽度大小对吸收光谱轮廓、波长位置及吸光系数有什么影响？

第 5 章　红外光谱法

5.1　基本原理

红外光谱反映分子的振动情况。当用一定频率的红外光照射某物质分子时，若该物质的分子中某基团的振动频率与其相同,则此物质就能吸收这种红外光,分子由振动基态跃迁到激发态。因此,若用不同频率的红外光依次通过测定分子,就会出现不同强弱的吸收现象。作 $T\%-\lambda$ 图就得到其红外吸收光谱图。红外光谱具有很高的特征性,每种化合物都具有特征的红外光谱,可进行物质的结构分析和定量测定。

5.1.1　分子振动的类型

在分子中,原子的运动方式有三种:①按线性平动方式的运动;②原子绕质量中心的周期性转动;③振动。可以用三个坐标 x、y、z 来描述这种运动。若分子中有 n 个原子,则其运动方式总共有 $3n$ 个坐标。其中,3 个描述分子的平动,另有 3 个描述非线性分子的转动(线性分子转动只需 2 个坐标)。因此,非线性分子的振动有 $3n-6$ 个,而线性分子的振动有 $3n-5$ 个。

实验证明,只有当分子间的振动能产生偶极矩周期性变化的才有红外吸收光谱。并且,若振动方式不同而频率相同,会产生简并作用。

分子的振动类型有如下三种:

1. 伸缩振动

两原子间的距离随时间而改变的伸缩振动又可分为对称和不对称两种。例如,亚甲基的振动:

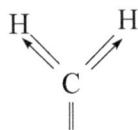

| 对称伸缩振动 | 反对称伸缩振动 |

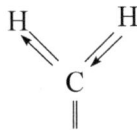

2. 弯曲振动

弯曲振动(或称变形振动)中,两原子间的键角随时间而变动。

3. 整个结构基团的振动

(1) 摆动:结构单元在分子平面内摇摆。
(2) 摆动:结构单元在分子平面外摇摆。
(3) 扭动:结构单元绕分子其余部分相连的键转动。
(4) 剪式或弯曲:如亚甲基的氢原子间的相对运动。

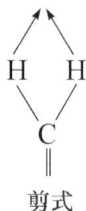

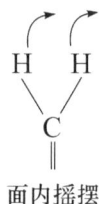

剪式　　　　　　　　　　面内摇摆

5.1.2　基团频率

振动的主要参与者是由化学键连接在一起的两个原子,这样的振动可看作是简振振动。它具有的振动频率主要取决于两振动原子的质量及键的力常数,而与此两个原子相连的其他原子对频率的影响很小。所以,这些振动是分子中基团特有的,对化合物的鉴定非常有用。通常用下式估算这些频率:

$$\sigma = 1307\sqrt{\frac{k}{\mu}} \tag{5-1}$$

式中,k 为力常数,与键合类型有关;μ 为折合质量($1/\mu = 1/m_1 + 1/m_2$,m_1、m_2 为两振动原子的质量)。例如,甲烷的 C—H 键,其 k 和 μ 值分别为 5 N/cm 和 1,则振动频率 $\sigma = 1307 \times \sqrt{\frac{5}{1}} = 2900 (\text{cm}^{-1})$,甲醇中的 C—O 键力常数 k 为 5 N/cm,μ 为 6.85,其振动频率为

$$\sigma_{C-O} = 1307 \times \sqrt{\frac{5}{6.85}} = 1110 (\text{cm}^{-1})$$

在红外光谱中,甲烷吸收峰在 2915 cm^{-1} 处、甲醇在 1034 cm^{-1} 处有强吸收,与推测值基本一致。由此可见,这些估算很有用处。

常见基团的红外光谱吸收区列于表 5-1。共振效应、氢键及环的张力效应等因素对基团频率的影响会导致频率的红移和蓝移。

表5-1　红外光谱中常见基团的特征吸收频率

区 域	基　团	吸收频率 (cm^{-1})	振动 形式	吸收 强度	说　明
第一频率区	—OH(游离)	3650～3580	伸缩	m,sh	判断有无醇类、酚类和有机酸的重要依据
	—OH(缔合)	3400～3200	伸缩	s,b	判断有无醇类、酚类和有机酸的重要依据
	—NH$_2$，—NH(游离)	3500～3300	伸缩	m	
	—NH$_2$，—NH(缔合)	3400～3100	伸缩	s,b	
	—SH	2600～2500	伸缩		
	C—H 伸缩振动				
	不饱和 C—H				不饱和 C—H 伸缩振动出现在 3000cm^{-1} 以上
	≡C—H(叁键)	3300 附近	伸缩	s	
	=C—H(双键)	3010～3040	伸缩	s	末端=C$\binom{H}{H}$ 出现在 3085 cm^{-1} 附近
	苯环中 C—H	3030 附近	伸缩	s	强度上比饱和 C—H 稍弱，但谱带较尖锐
	饱和 C—H				饱和 C—H 伸缩振动出现在 3000 cm^{-1} 以下 (3000～2800 cm^{-1})，取代基影响小
	—CH$_3$	2960±5	反对称伸缩	s	
	—CH$_3$	2870±10	对称伸缩	s	
	—CH$_2$	2930±5	反对称伸缩	s	三元环中的 $\diagdown$CH$_2$ 出现在 3050 cm^{-1}
	—CH$_2$	2850±10	对称伸缩	s	—C—H 出现在 2890 cm^{-1}，很弱
第二频率区	—C≡N	2260～2220	伸缩	s针状	干扰少
	—N≡N	2310～2135	伸缩	m	
	—C≡C—	2260～2100	伸缩	v	R—C≡C—H，2100～2140； R′—C≡C—R，2190～2260； 若 R′=R，对称分子无红外谱带
	—C=C=C—	1950 附近	伸缩	v	
第三频率区	C=C	1680～1620	伸缩	m,w	
	芳环中 C=C	1600,1580 1500,1450	伸缩	v	苯环的骨架振动
	—C=O	1850～1600	伸缩	s	其他吸收带干扰少，是判断羰基(酮类、酸类、酯类、酸酐等)的特征频率，位置变动大
	—NO$_2$	1600～1500	反对称伸缩	s	
	—NO$_2$	1300～1250	对称伸缩	s	
	S=O	1220～1040	伸缩	s	

续表

区　域	基　团	吸收频率 （cm^{-1}）	振动 形式	吸收 强度	说　明
第四频率区	C—O	1300～1000	伸缩	s	C—O 键（酯、醚、醇类）的极性很强，故强度 大，常成为谱图中最强的吸收
	C—O—C	900～1150	伸缩	s	醚类中 C—O—C 的 $\nu_{as}=(1100\pm50)$ cm^{-1}，是 最强的吸收。C—O—C 对称伸缩在 900～ 1000 cm^{-1}，较弱
	—CH$_3$，—CH$_2$	1460±10	CH$_3$ 反对称 变形 CH$_2$ 变形	m	大部分有机化合物都含 CH$_3$、CH$_2$ 基团，因此 此峰经常出现 很少受取代基的影响，且干扰少，是 CH$_3$ 基的 特征吸收
	—CH$_3$	1370～1380	对称变形	s	
	—NH$_2$	1650～1560	变形	m～s	
	C—F	1400～1000	伸缩	s	
	C—Cl	800～600	伸缩	s	
	C—Br	600～500	伸缩	s	
	C—I	500～200	伸缩	s	
	＝CH$_2$	910～890	面外摇摆	s	
	—(CH$_2$)$_n$— $n＞4$	720	面内摇摆	v	

注：s—强吸收，b—宽吸收带，m—中等强度吸收，w—弱吸收，sh—尖锐吸收峰，v—吸收强度可变。

官能团的特征吸收频率可以作为红外光谱定性分析的依据。红外光谱法用于有机化合物的结构测定是目前应用最成功和最广泛的方法之一。

红外光谱吸收区域表可简单分为如下几个部分：

（1）3750～2500 cm^{-1} 区：此区为各类 X—H 单键的伸缩振动区（包括 C—H、O—H、N—H 的吸收带）。3000 cm^{-1} 以上为不饱和 C—H 键的伸缩振动，3000 cm^{-1} 以下为饱和 C—H 键的伸缩振动。

（2）2500～2000 cm^{-1} 区：此区是叁键和累积双键的伸缩振动区，包括 C≡C、C≡N、C≡O、C＝C＝O 等基团以及 X—H 基团化合物的伸缩振动。

（3）2000～1300 cm^{-1} 区：此区是双键伸缩振动区，包括 C＝O、C＝C、C＝N、N＝O 等键的伸缩振动。C＝O 在此区内有一强吸收峰，其位置按酸酐、酯、醛、酮、酰胺等不同而异。在 1650～1550 cm^{-1} 处还有 N—H 的弯曲振动带。

（4）1300～1000 cm^{-1} 区：此区包括 C—C、C—O、C—N、C—F 等单键的伸缩振动和 C＝S、S＝O、P＝O 等双键的伸缩振动，反映结构的微小变化十分灵敏。

（5）1000～667 cm^{-1} 区：此区包括 C—H 的弯曲振动。在鉴别链的长短、烯烃双键取代程度、构型及苯环取代基位置等方面提供有用的信息。

红外光谱不仅可用于官能团定性及结构鉴定,同时也可用于定量测定,其定量依据仍然是比尔定律。

5.2　红外光谱仪

红外光谱仪(红外分光光度计)的发展大体可分为三代,第一代是以棱镜作为分光元件,分辨率较低,操作环境要求恒温恒湿。第二代以衍射光栅作为分光元件,分辨率提高,能量较高。第三代是傅里叶变换红外光谱仪(FT-IR),具有高光通量、低噪声、测量速度快、分辨率高、波数准确、光谱范围宽等特点。傅里叶变换红外光谱不需要分光元件进行分光,而是采用迈克尔逊干涉仪(图 5-1)形成干涉信号,并通过傅里叶变换获取红外吸收光谱。由光源发出的红外光经过干涉仪到达样品,再到检测器,信号经滤波器滤除高频并放大后通过模/数转换成数字信号输入计算机进行傅里叶变换。

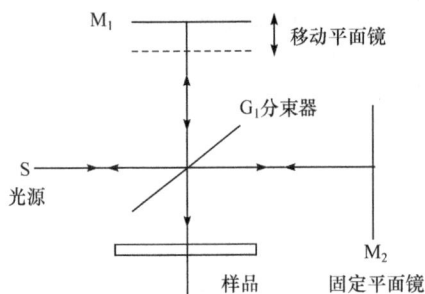

图 5-1　迈克尔逊干涉仪工作原理图

迈克尔逊干涉仪由两个相互垂直的平面镜组成,其中一个平面镜固定,另一平面镜作往复移动。一个半反射膜(分束器)将光源平分成垂直的两束。分束器材料根据测定的波长区域选择,中红外或近红外区可用锗或氧化铁涂上一层无红外吸收的溴化钾或碘化铯,远红外区则用有机薄膜(如聚对苯二甲酸亚乙酯)。波长为 λ 的准直单色光被分成两束,以互相垂直方向到达两个平面镜后反射回分束器处汇集,由于其中一个平面镜位置发生移动导致光程差而发生干涉,以此干涉光作用于样品,通过试样后得到带有样品信息的干涉图,通过检测器获得光电信号后进行傅里叶变换可解析出所需的光谱信息。

傅里叶变换红外光谱仪用硅碳棒或能斯特灯作为中红外区的光源,远红外区则用高压汞灯作光源,近红外区用卤钨灯作光源。中红外区有两种检测器,常用的是封装于耐温的碱金属卤化物窗内的氘代硫酸三甘肽(DTGS)热电检测器。要提高检测的灵敏度,可以使用碲镉汞(MCT),但这要求液氮冷却。在远红外区用锗或铟-锑检测器在液氮温度下工作。近红外区常用硫化铅光电导体作检测器。

红外光谱仪器使用简单,主机开机预热 10~30 min 后即可启动计算机软件开展测试工作,大多数型号的仪器遵循以下操作原则:

（1）启动软件后,点选参数设置,设定测试条件,包括分辨率、扫描次数或扫描时间、光谱测试范围等,没有特殊要求时,可采用默认值。其他的常规设置选项一般也不必修改。

（2）以空气为背景,点击测试背景吸收。

（3）在样品室置入样品,点击测试样品。

（4）显示谱图和谱图处理。在谱图显示窗口中,可进行放大缩小谱图、改变谱图的显示范围、添加标注、改变谱线颜色等操作。

谱图处理功能包括基线校正、标峰位、谱图差减、透射谱和吸收谱之间互相转换、平滑、求导、积分、归一化、气氛补偿等,可根据实验需要在软件界面上点选相应功能键完成。

（5）谱图存储、打印。

（6）退出软件,关机。

5.3　红外光谱分析试样制备

根据样品性质及分析目标的不同,可以选择多种红外测试技术,相应的试样制备技术也随之不同,图 5 - 2 提供了较为完整的参考方案。

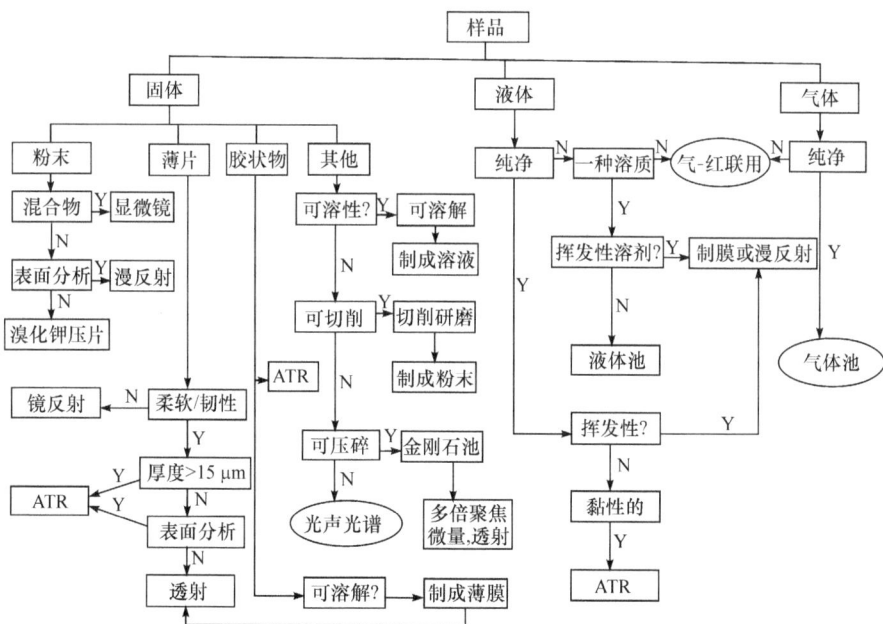

图 5 - 2　红外测试技术与试样制备方案

在此基础上介绍几种常见的试样制备方案。

5.3.1　气体样品

气体样品的红外测试可采用气体池进行。在样品导入前先抽真空,样品池的窗口多用抛光的 NaCl 或 KBr 晶片。常用的样品池长 5 cm 或 10 cm,容积为 50~150 mL。吸收峰强度可通过调整气池内样品的压力调节。对强吸收气体,只要注入 666.6Pa 试样;对弱吸收气体,需注入 66.66 kPa 试样。因为水蒸气在中红外区有强吸收峰,所以气体池一定要干燥。样品测完后,用干燥的氮气流冲洗。

5.3.2　液体样品

低沸点样品可采用固定池(封闭式液体池)。固定池的清洗方法是在红外灯下(带上指套)向池内灌注一些能溶解样品的溶剂浸泡,最后用干燥空气或氮气吹干溶剂。

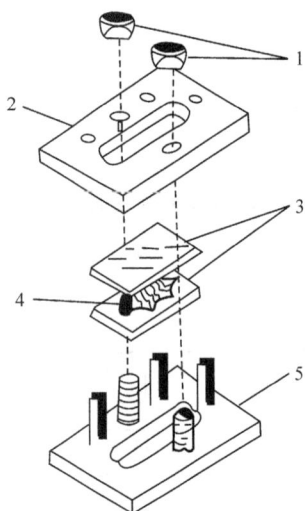

图 5-3　可拆式液体池
1—螺帽;2—面板;3—氯化
钠片;4—液体样品;5—底板

一般常用的是可拆式液体池(图 5-3)。将样品滴在盐片上,再垫上橡皮垫片,将池壁对角用螺丝拧紧,夹紧窗片即可(注意窗片内不能有气泡)。

纯液样可直接放入池中,某些吸收很强的液体或固体可配成溶液后再注入样品池。选用的溶剂应满足以下条件:溶剂对溶质的溶解度大,红外透光性好,不腐蚀窗片,分子简单,极性小,对溶质没有强的溶剂化效应,如 CS_2、CCl_4 及 $CHCl_3$ 等。溶剂本身的吸收峰可通过以溶剂为参比来校正。

5.3.3　固体样品

(1)可采用合适的溶剂将固体配成溶液后,按液体样品处理。

(2)糊状法。大多数的固体试样在研磨中若不发生分解,则可将研细的样品粉末悬浮分散在糊剂(如石蜡油、全氟煤油等)中,将糊状物夹在两块晶片之间即可。糊剂的折射率应与样品相近,且具有简单的红外光谱,不与样品发生化学反应。糊状物在窗片上应分布均匀。测完后,窗片应用无水乙醇冲洗,并用软纸擦净,抛光。

(3)压片法。这是固体样品测试的常用方法。将分析纯的 KBr 与固体样品混合研磨(样品占混合物的 5%)。磨细的混合物(颗粒直径约 2 μm)装在模具中,放于压片机上,加压至 29.4 MPa,1 min 后取出。呈透明的薄片样片再放于样品池上,于红外光谱仪上进行测试。

（4）薄膜法。对可塑性试样,可以直接滚压成薄膜。薄膜也可以是某些熔点低、熔融时不分解、不升华、没有其他化学变化的物质,将其熔融后直接涂在盐片上。大多数聚合物可先将其溶于挥发性溶剂中,然后滴在平滑的玻璃板或金属板上,待溶剂挥发后制成膜,直接揭下使用。也可将溶液直接滴在盐片上成膜。薄膜法在高分子化合物的红外光谱分析中应用广泛。

制备试样时一般要求做到:①选择适当的试样浓度和厚度,使最高谱峰的透光率为 1%～5%,基线为 90%～95%,大多数的吸收峰透光率为 20%～60%;②试样中不含游离水;③多组分试样的红外光谱测量前应预先分离。

5.3.4　红外光谱分析技术

1. 漫反射傅里叶变换红外光谱技术

漫反射傅里叶变换红外光谱技术(DR/FTIR)是对固体粉末样品进行直接测量的光谱方法。当光束入射至粉末状的晶面层时,一部分光在表层晶粒表面发生镜面反射,另一部分光折射入表层晶粒的内部,被部分吸收后再射至晶粒界面,并再次发生反射、折射、吸收,多次重复后最终由粉末表层朝各个方向反射出来,称为漫反射光,其中包含了样品的红外吸收信息。漫反射傅里叶变换红外光谱法不需要制样,不改变样品的形状,不要求样品有足够的透明度或表面光洁度,不会对样品造成任何损坏,可直接将样品放在支架上进行测定,也可同时对多种组分进行测试。

2. 全反射傅里叶变换红外光谱

显微镜技术、傅里叶变换红外光谱技术和计算机多媒体图视功能的联合运用,诞生了全反射傅里叶变换红外光谱技术(ATR/FTIR),实现了非均匀样品和不平整样品表面的微区无损测量,获得了官能团和化合物在微区空间分布的红外图像。该光谱技术不需要测量透过信号,而是通过样品表面的反射信号获得样品表层有机成分的结构信息,具有如下特点:①不破坏样品,不需要进行分离和制样,对样品的大小、形状没有特殊要求,属于表面无损检测;②可测量含水潮湿的样品;③检测灵敏度高,测量区域小;④能得到测量位置处物质分子的结构信息、化合物或官能团空间分布的红外光谱图像;⑤能进行红外光谱库检索以及化学官能团辅助分析,确定物质的种类和性质。

3. 近红外光谱技术

近红外光是指介于可见区和中红外区间的电磁波,美国试验和材料协会(ASTM)规定为 700～2500 nm。近红外光是人类最早发现的非可见光,但由于吸光系数低且谱带宽难以解析,一直未能很好地应用于分析。随着计算机技术和化学计量学的发展,近年来近红外光谱(NIR)发展迅猛,成为分析化学技术发展的重要方向。现代近红外光谱分析是光谱测量技术、计算机技术、化学计量学技术和基础测试技术的有机结合,将近红外光谱所反映的样品基团、组成或物态信息与用标准或认可的参考方法所获得的数据采用化学计量学技术建立校正模型,然后通过对未知样品光谱的测定和建立的校正模型,快速预测其组成或性质,如中草药的近红外指纹谱的研究。近红外光谱能在短时间内完成光谱数据的采集,可同时采集多项性能指标,光谱测量时不需对样品进行前处理,分析过程不破坏样品,不消耗其他材料,分析重现性好,成本低,分析范围几乎可覆盖所有的有机化合物和混合物。

实验十七　　红外光谱法测定有机化合物结构

一、目的要求

(1) 掌握红外光谱法测定样品的制备方法以及由红外光谱鉴别官能团并根据官能团确定未知组分主要结构的方法。

(2) 学习红外分光光度计的使用。

二、原理

红外光谱定性分析一般采用两种方法:①用已知标准物对照;②标准谱图查对法。

已知物对照应由标准品和被检物在完全相同的条件下,分别绘出其红外光谱图进行对照,谱图相同,则肯定为同一化合物。

标准谱图查对法是最直接、可靠的方法。根据待测样品的来源、物理常数、分子式以及谱图中的特征谱带,查对标准谱图来确定化合物。常用标准谱图集为萨特勒红外标准谱图集(Sadtler Catalog of Infrared Standard Spectra)。

在用未知物谱图查对标准谱图时,必须注意以下几点:

(1) 比较所用仪器与绘制的标准谱图在分辨率与精度上的差别,可能导致某些峰的细微结构有差别。

(2) 未知物的测绘条件一致,否则谱图会出现很大差别。当测定溶液样品时,溶剂的影响大,必须要求一致,以免得出错误结论。若只是浓度不同,只会影响峰的强度,而每个峰之间的相对强度是一致的。

(3) 必须注意引入杂质吸收带的影响,如 KBr 压片可能吸水而引入水的吸收带等。应尽可能避免杂质的引入。

一般谱图的解析大致步骤如下:

(1) 先从特征频率区入手,找出化合物所含主要官能团。

（2）指纹区分析，进一步找出官能团存在的依据。因为一个基团常有多种振动形式，所以确定该基团就不能只依靠一个特征吸收，必须找出所有的吸收带。

（3）对指纹区谱带位置、强度和形状仔细分析，确定化合物可能的结构。

（4）对照标准谱图，配合其他鉴定手段进一步验证。

三、仪器与试剂

仪器：红外分光光度计；手压式压片机（包括压模等）；玛瑙研钵；可拆式液体池；盐片。

试剂：KBr(A. R.)；无水乙醇(A. R.)；石蜡油；滑石粉；苯甲酸；对硝基苯甲酸；苯乙酮；苯甲醛等。

四、实验步骤

1. 固体样品苯甲酸红外光谱的测定

取已干燥的苯甲酸（或对硝基苯甲酸）1～2 mg，在玛瑙研钵中充分磨细后，再加入 400 mg 干燥的 KBr，继续研磨至完全混匀。颗粒的直径约为 2 μm，取出约 100 mg 混合物装于干净的压模内（均匀铺洒在压模内），于压片机上在 29.4 MPa 压力下压制 1 min，制成透明薄片。将此薄片装于样品架上，置于分光光度计的样品池处。先粗测透光率是否超过 40%，若达到 40% 以上，即可进行扫谱。从 4000 cm^{-1} 扫至 650 cm^{-1} 为止。若未达 40%，则重新压片。扫谱结束后，取下样品架，取出薄片，按要求将模具、样品架等擦净收好。

2. 纯液体样品苯乙酮（或苯甲醛）红外光谱的测定

（1）可拆式液体样品池的准备。戴上指套，将可拆式液体样品池的两盐片从干燥器中取出，在红外灯下用少量滑石粉混入几滴无水乙醇磨光其表面。用软纸擦净后，滴加无水乙醇 1～2 滴，用吸水纸擦洗干净。反复数次，然后将盐片放于红外灯下烘干备用。

（2）液体样品的测试。在可拆式液体池的金属池板上垫上橡胶圈，在孔中央位置放一盐片，然后滴半滴液体试样于盐片上。将另一盐片平压在上面（注意不能有气泡），再将另一金属片盖上，对角方向旋紧螺丝，将盐片夹紧在其中。将此液体池置于红外分光光度计的样品池处，进行扫谱。

（3）扫谱结束后，取下样品池，松开螺丝，套上指套，小心取出盐片。先用软纸擦净液体，滴上无水乙醇，洗去样品（千万不能用水洗），然后于红外灯下用滑石粉及无水乙醇进行抛光处理，最后用无水乙醇将表面洗干净、擦干、烘干。将两块盐片收入干燥器中保存。

五、结果处理

将扫谱得到的谱图与已知标准谱图进行对照比较,并找出主要吸收峰的归属。

六、注意事项

(1) 固体样品经研磨(在红外灯下)后仍应随时注意防止吸水,否则压出的片子易沾在模具上。

(2) 可拆式液体池的盐片应保持干燥透明,每次测定前后均应反复用无水乙醇及滑石粉抛光(在红外灯下),但切勿用水洗。

七、思考题

(1) 红外分光光度计与紫外-可见分光光度计在光路设计上有什么不同?为什么?

(2) 为什么红外分光光度法要采取特殊的制样方法?

(3) 液体样品若为溶液样品,摄取红外光谱图时应注意什么问题?

实验十八　醛和酮的红外光谱

一、目的要求

(1) 选择醛和酮的羰基吸收频率进行比较,说明取代效应和共轭效应,指出各个醛、酮的主要谱带。

(2) 熟悉压片法及可拆式液体池的制样技术。

二、原理

醛和酮在 $1870 \sim 1540 \ cm^{-1}$ 出现强吸收峰,这是 $C\!\!=\!\!O$ 的伸缩振动吸收带,其位置相对较固定且强度大,很容易识别。而 $C\!\!=\!\!O$ 的伸缩振动受到样品的状态、相邻取代基团、共轭效应、氢键、环张力等因素的影响,其吸收带实际位置有所差别。

脂肪醛在 $1740 \sim 1720 \ cm^{-1}$ 有吸收。α 碳上的电负性取代基会增加 $C\!\!=\!\!O$ 谱带吸收频率。例如,乙醛在 $1730 \ cm^{-1}$ 处吸收,而三氯乙醛在 $1768 \ cm^{-1}$ 处吸收。双键与羰基产生共轭效应,会降低 $C\!\!=\!\!O$ 的吸收频率。芳香醛在低频处吸收。分子内氢键也使吸收向低频方向移动。

酮的羰基比相应醛的羰基在稍低的频率处吸收。饱和脂肪酮在 $1715 \ cm^{-1}$ 左右有吸收。同样,双键的共轭会造成吸收向低频移动。酮与溶剂之间的氢键也将降低羰基的吸收频率。

三、仪器与试剂

仪器:红外分光光度计;压片机;压模;样品架;可拆式液体池;盐片;红外灯;玛瑙研钵。

试剂:苯甲醛;肉桂醛;正丁醛;二苯甲酮;环己酮;苯乙酮;滑石粉;无水乙醇;KBr。

四、实验步骤

参照实验十七的方法。用可拆式液体池将苯甲醛、肉桂醛、正丁醛、环己酮、苯乙酮等分别制成 0.015~0.025 mm 厚的液膜,测定红外光谱。二苯甲酮为固体,可按压片法制成 KBr 片剂测其红外光谱。

五、结果处理

(1) 由红外光谱图确定各化合物的羰基吸收频率,根据各化合物的光谱写出它们的结构式。

(2) 根据苯甲醛的光谱图,指出在 3000 cm^{-1} 左右及 675~750 cm^{-1} 的主要谱带,简述分子中的键或基团构成这些谱带的原因。

(3) 根据环己酮光谱图,指出在 2900 cm^{-1} 和 1460 cm^{-1} 附近的主要谱带。

(4) 比较肉桂醛、苯甲醛与正丁醛的烷基频率,论述共轭效应和芳香性对羰基吸收频率的影响。

(5) 论述共轭效应及芳香性对酮羰基频率的影响。

六、注意事项

同实验十七。注意保护液体池的盐片。

七、思考题

(1) 解释若用氯原子取代烷基,羰基频率会发生位移的原因。

(2) 推测苯乙酮 C=O 伸缩振动的泛频频率。

实验十九　红外光谱的校正——薄膜法聚苯乙烯红外光谱的测定

一、目的要求

(1) 掌握薄膜的制备方法,并用于聚苯乙烯的红外光谱测定。

(2) 利用绘制的谱图进行红外光谱的校正。

二、原理

每作一张谱图,在分光光度计上图纸的实际安放位置是有变化的。为了完全正确地鉴别峰的位置,校正所要分析的谱图是需要的。根据记录在谱图上的已知吸收峰位置的一、二或三个峰校正是容易进行的。聚苯乙烯薄膜就是通常用的校正样品。通常采用的三个峰分别在 $2850 \ cm^{-1}$、$1601.8 \ cm^{-1}$ 及 $906 \ cm^{-1}$ 处。

此外,薄膜法在高分子化合物的红外光谱分析中被广泛应用。

三、仪器与试剂

仪器:红外分光光度计;红外灯;薄膜夹;平板玻璃;玻棒;铅丝等。
试剂:CCl_4(A. R.);聚苯乙烯;氯仿(A. R.)。

四、实验步骤

配制浓度约 12% 的聚苯乙烯四氯化碳溶液,用滴管吸取此溶液于干净的玻璃板上,立即用两端绕有细铅丝的玻棒将溶液推平,使其自然干燥(1~2 h),然后将玻板浸于水中,用镊子小心地揭下薄膜,再用滤纸吸去薄膜上的水,将薄膜置于红外灯下烘干。最后,将薄膜放在薄膜夹上,于分光光度计上测量谱图。

用氯仿为溶剂,同上操作,再扫谱图。

五、结果处理

将两次扫描的谱图与已知标准谱图对照比较,找出主要吸收峰的归属,同时检查 $2850 \ cm^{-1}$、$1601.8 \ cm^{-1}$ 及 $906 \ cm^{-1}$ 的吸收峰位置是否正确,了解仪器图纸位置是否恰当。

六、注意事项

(1) 平板玻璃一定要光滑、干净。
(2) 扫谱前应先调整好仪器图纸的实际位置。

七、思考题

(1) 聚苯乙烯的红外光谱图与苯乙烯的谱图有什么区别?
(2) 为什么在红外光谱制备薄膜样品时必须将溶剂和水分除去?

实验二十 红外光谱法定量测定苯酚类羟基

一、目的要求

掌握红外光谱定量分析的方法。

二、原理

羟基在红外区有强吸收,但是由于羟基化合物本身分子间有氢键作用,或者极性分子间的氢键缔合而影响吸收峰的位置、形状及强度,通常会造成吸光度与浓度间的线性关系被干扰,以致无法用红外光谱法直接定量。为了克服用红外光谱法测定苯酚类时所遇到的干扰,可采用溴化反应使苯酚的羟基的 σ_{OH} 由原来的 $3584\ cm^{-1}$ 移至 $3521\ cm^{-1}$。这种位移可能是邻位 Br 原子与 OH 基团生成分子内氢键所致。如果 2 位及 6 位都被取代的苯酚或由于位阻效应使 Br 原子无法进入酚羟基的邻位,都没有这种 σ_{OH} 的位移现象。有机酸在 $3521\ cm^{-1}$ 处有少量吸收干扰。为了避免这种干扰,可用碳酸氢钠溶液萃取溶有苯酚类试样的四氯化碳溶液,以除去有机酸。

三、仪器与试剂

仪器:红外分光光度计;可拆式液体样品池;盐片;红外灯;分液漏斗等。

试剂:无水乙醇;滑石粉;CCl_4(A. R.);10% $Na_2S_2O_3$ 溶液;2% $NaHCO_3$ 溶液;三溴苯酚(A. R.)。

四、实验步骤

由苯酚溴化制备得到三溴苯酚沉淀。将沉淀过滤,洗涤干净并用红外灯烘干。冷却后,称取样品 0.1 g,加入 10 mL CCl_4 溶液,再加入 5 mL 10% $Na_2S_2O_3$ 溶液于分液漏斗中摇振 15 min,放出四氯化碳层。在另一个分液漏斗中,将四氯化碳萃取液与 50 mL 2% $NaHCO_3$ 溶液摇振 5 min。放出四氯化碳层,经滤纸过滤以除去悬浮的水滴。然后,在红外分光光度计上于 3846～3448 cm^{-1} 扫描记录吸光度。

配制一系列标准 2,4,6-三溴苯酚四氯化碳溶液(如 5%、10%、15%、20%等),在 3521 cm^{-1} 处分别测量各溶液的吸光度。绘制标准曲线。

五、结果处理

为了扣除红外光谱中的背景吸收,A 的测量一般采用基线法,即用基线来表示该待测组分不存在时的背景吸收线,并且用它来代替记录纸上的 $A=0$ 或 $T=100\%$ 的坐标。基线画法如图 5-4 所示,通过吸收峰肩相切的线作基线,通过峰顶点与表示吸光度的纵轴平行的线与这基线的交点至横轴的距离即为背景吸收 A_0,则吸光度为

$$A = A' - A_0$$

若纵轴为透光率,则吸光度为

$$A = \lg \frac{T_0}{T}$$

若干扰峰与吸收峰靠在一起,应避开干扰峰一侧。

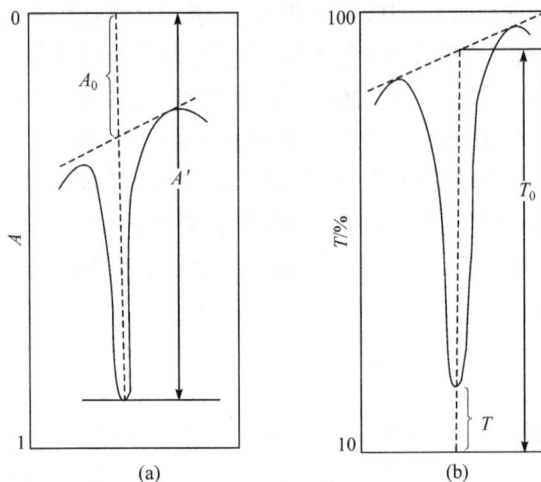

图 5-4　基线法测量吸光度

由实验结果绘制 *A-c* 标准曲线,在曲线上找出被测组分对应的浓度,根据样品量测出其含量。

六、注意事项

(1) 本实验所用的液体样品池池内二盐片间的宽度始终应保持一致,故金属垫片厚度应一致。

(2) 液体样品用注射器注入液体池中。

七、思考题

(1) 如何避免溶剂对红外光谱吸光度的干扰?

(2) 如何保证红外光谱仪器的准确度?

第6章　分子荧光光谱法

6.1　基本原理

分子吸收辐射能成为激发分子,当它由激发态回到基态时发射光,其波长比吸收的入射光波长要长,这种发光方式称为光致发光。分子荧光是常见的光致发光。

6.1.1　荧光的产生

多数分子在常温时处在基态最低振动能级,而基态分子中偶数电子成对地存在各分子轨道中,同一轨道中两电子自旋方向相反,净电子自旋为零($S=0$),多重态 $M=1(M=2S+1)$,这种电子称为基态单重态,以 S_0 表示。当基态分子中的一个电子被激发至较高能级的激发态时,若仍是 $S=0$,这种激发态称为激发单重态。第一、第二激发单重态分别以 S_1、S_2 表示。若电子平行自旋($S=1$),多重态$M=3$,这种激发态称为激发三重态,以 T_1、T_2 表示。

处于激发态的分子通过无辐射去活,将多余的能量转移给其他分子或激发态分子内的振动或转动能级后,回至第一激发单重态的最低振动能级,然后以发射辐射的形式去活,跃迁回至基态各振动能级,发射出荧光。当第一激发单重态与三重态之间发生振动耦合,以无辐射方式去活,回至最低三重态,然后以发射辐射的形式去活,跃迁回至基态时,便发射出磷光,如图 6-1 所示。

6.1.2　激发光谱和荧光光谱

荧光是光致发光,因此必须选择合适的激发光波长,这可以根据它们的激发光谱曲线来确定。若固定荧光最大发射波长(λ_{em}),然后改变激发光波长,所测得的荧光强度与激发光波长的关系即为激发光谱曲线。由激发光谱曲线可选得最大激发波长(λ_{ex})。

如果固定激发光波长为其最大激发波长,然后测定不同发射波长时的荧光强度,即得荧光光谱曲线。

6.1.3　荧光的影响因素

分子结构和化学环境是影响物质发射荧光和荧光强度的重要因素。

至少有一个芳环或多个共轭双键的有机化合物容易产生荧光,稠环化合物也会产生荧光。饱和或只有一个双键的化合物不呈现显著的荧光。最简单的杂环化

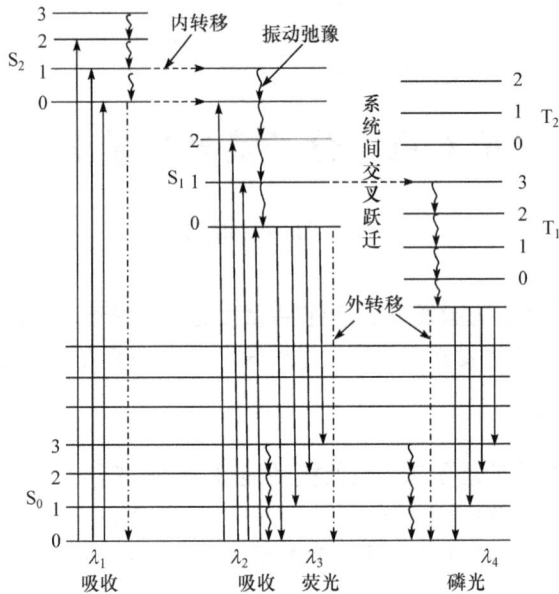

图 6-1　荧光和磷光能级图

合物(如吡啶、呋喃、噻吩和吡咯等)不产生荧光。

取代基的性质对荧光体的荧光特性和强度均有强烈影响。苯环上的取代基会引起最大吸收波长的位移及相应荧光峰的改变。通常给电子基团[如—NH_2、—OH、—OCH_3、—$NHCH_3$和—$N(CH_3)_2$ 等]使荧光增强,吸电子基团(如—Cl、—Br、—I、—$NHCOCH_3$、—NO_2 和—COOH)使荧光减弱。具有刚性结构的分子容易产生荧光。

大多数无机盐类金属离子不能产生荧光,而某些情况下,金属螯合物却能产生很强的荧光。

溶剂的性质、体系的 pH 和温度都会影响荧光的强度。

荧光分子与溶剂或其他溶质分子之间互相作用,使荧光强度减弱的现象称为荧光猝灭。引起荧光强度降低的物质称为猝灭剂。当荧光物质浓度过大时,会产生自猝灭现象。

6.1.4　荧光强度与浓度的关系

荧光强度正比于该体系吸收的激发光的强度,即

$$F = \phi(I_0 - I) \tag{6-1}$$

式中,F 为荧光强度;I_0 为入射光的强度;I 为通过厚度为 b 的介质后的光强度;ϕ 为量子效率,为发射的光子与吸收的光子之比。由比尔定律得

$$F = \phi I_0(1 - 10^{-\varepsilon bc}) \tag{6-2}$$

式中，ε 为荧光分子的摩尔吸光系数；b 为液槽厚度；c 为荧光物质的浓度。将式（6-2）展开，得

$$F = \phi I_0\left[2.303\varepsilon bc - \frac{(2.303\varepsilon bc)^2}{2!} + \frac{(2.303\varepsilon bc)^3}{3!} - \cdots + \frac{(2.303\varepsilon bc)^n}{n!}\right]$$

当 $\varepsilon bc < 0.01$ 时，高次项的值小于 1%，则式（6-2）可近似写成

$$F = 2.303\phi I_0\varepsilon bc \tag{6-3}$$

当入射光强度一定时，有

$$F = Kc \tag{6-4}$$

即在低浓度时，荧光强度与荧光物质的浓度呈线性关系。

荧光分析法灵敏度高（比分光光度法高 $10^3 \sim 10^4$ 倍），选择性好，简便快速，应用广泛。

6.2　荧光分析仪器

荧光分析仪分为目视、光电、分光三种类型。其组成有光源、单色器（滤光片或光栅）、样品池和检测器。光学系统示意图如图 6-2 所示。

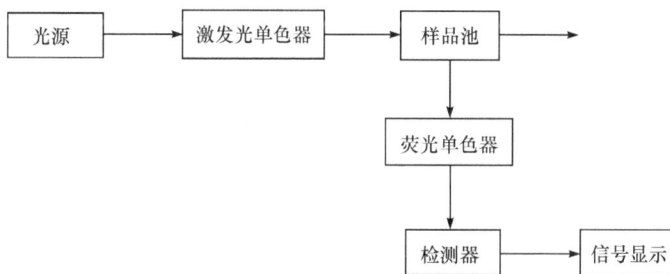

图 6-2　荧光光度计光学系统示意图

光源发出的光经第一单色器（激发光单色器），得到所需要的强度为 I_0 的激发光波长，通过样品池，部分光线被荧光物质吸收，荧光物质被激发后，向各个方向发射荧光，为了消除入射光及杂散光的影响，荧光的测量在与激发光成直角的方向。经过第二单色器（荧光单色器），将所需要的荧光与可能共存的其他干扰光分开。荧光照在检测器上，光讯号变成电讯号，经放大，记录仪记录。

6.2.1　光源

光源要求发射强度大，波长范围宽。常用高压汞灯和氙弧灯。高压汞灯发射的

365 nm、405 nm、436 nm 三条谱线是荧光分析中常用的。氙弧灯发射连续光波长为 200~700 nm。

高功率连续可调染料激光光源是一种单色性好、强度大的新型光源。因脉冲激光的光照时间短，避免被照物质分解。但其设备复杂，应用不广。

6.2.2　滤光片和分光器

用滤光片为单色器时，干涉滤光片性能最好。精密的荧光光度计均用分光器作单色器，分光器多采用光栅。

6.2.3　检测器

简单的荧光计用目视或硒光电池作检测器。精密的荧光光度计则采用光电倍增管。

6.2.4　荧光分光光度计

荧光分光光度计操作较为简单。现以 RF-5301PC 荧光分光光度计为例介绍操作主要步骤：

（1）依次启动计算机、RF-5301PC 主机电源，并检查 RF-5301PC 主机 Xe 灯是否打开。

（2）双击计算机上 RF-5301PC 图标，弹出 RF-5301PC 操作控制程序界面窗口。从该窗口可以看到控制程序对仪器各项硬件配置的自检情况。自检通过后，仪器预热 15 min 即可开始工作。

（3）点击窗口"Acquire Mode"栏，显示出三个选项："Spectrum"（扫描激发光谱或发射光谱模式）、"Quantitative"（定量分析模式）、"Time Course"（用于动力学分析的实时过程模式），根据研究要求选择其一。

（4）点击窗口"Configure"（设定）栏，显示"Parameters"（参数）等许多选项，可以进行如激发波长（Ex）、发射波长（Em）、波长扫描区域（Wavelength Range）、荧光强度记录范围（Recording Range）、狭缝宽度（Slit Width）等分析参数设置。

（5）将待测试样放入样品室，然后点击"Start"（开始）图标（"Spectrum"分析模式）或"Read"（读数）图标（"Quantitative"分析模式），仪器开始工作。计算机窗口显示波长扫描进程及其光谱曲线或分析结果，保存。

（6）点击窗口"Manipulate"（熟练操作）栏，显示"Peak Pick"（峰选择）等许多选项，可以对所得数据、曲线进行处理。

（7）点击窗口"Presentation"（显示）栏，显示"Plot"（绘图）等许多选项，可以对结果进行排版和打印。

（8）退出 RF-5301PC 控制程序，关闭 RF-5301PC 主机电源，最后关闭计算机。登记仪器使用情况。

6.3　荧光分析技术

6.3.1　激光荧光分析

激光荧光法与一般荧光法的主要区别在于使用单色性极好、强度更大的激光作为光源，因而大大提高了荧光分析法的灵敏度和选择性，特别是可调谐激光器用于分子荧光具有很突出的优点。

6.3.2　时间分辨荧光分析

时间分辨荧光分析是利用不同物质的荧光寿命不同，在激发和检测之间延缓的时间不同，以实现分别检测的目的。时间分辨荧光分析采用脉冲激光作为光源。如果选择合适的延缓时间，可测定被测组分的荧光而不受其他组分、杂质的荧光及噪声的干扰。目前已将时间分辨荧光法应用于免疫分析，发展成为时间分辨荧光免疫分析法。

6.3.3　同步荧光分析

同步荧光分析是在同时扫描激发和发射光波长的条件下，保持荧光物质的激发光谱和荧光光谱的波长为一差值，记录荧光强度-激发波长（或发射波长）的曲线称为同步荧光光谱。荧光物质浓度与同步荧光峰峰高呈线性关系，故可用于定量分析。该技术特点如下：①谱带窄化和简化；②光谱重叠现象减少；③减少了散射光的影响。

实验二十一　奎宁的荧光特性和含量测定

一、目的要求

（1）测量奎宁的激发光谱和荧光光谱。
（2）掌握溶液的 pH 和卤化物对奎宁荧光的影响及荧光法测定奎宁的含量。
（3）掌握荧光分光光度计的结构、性能及操作。

二、原理

由于处于基态和激发态的振动能级几乎具有相同的间隔，分子和轨道的对称性都未改变，因此有机化合物的荧光光谱和吸收光谱有镜像关系。

奎宁在稀酸溶液中是强的荧光物质，它有两个激发波长 250 nm 和 350 nm，荧

光发射峰在 450 nm。在低浓度时,荧光强度(F)与荧光物质浓度(c)成正比,即

$$F = Kc \qquad\qquad (6-5)$$

采用标准曲线法,即将已知量的标准物质经过和试样同样处理后,配制一系列标准溶液,测定标准溶液的荧光,用荧光强度对标准溶液浓度绘制标准曲线,再根据试样溶液的荧光强度,在标准曲线上求出试样中荧光物质的含量。

三、仪器与试剂

仪器:RF-5301PC 荧光分光光度计;石英比色皿;1000 mL 容量瓶 2 个,250 mL 容量瓶 1 个,50 mL 容量瓶 10 个;10 mL 吸量管 1 支。

试剂:奎宁储备液(100.0 μg/mL):120.7 mg 硫酸奎宁二水合物用 50 mL 1 mol/L H_2SO_4 溶解,并用去离子水定容至 1000 mL,将此溶液稀释 10 倍,得 10.00 μg/mL 奎宁标准溶液;0.05 mol/L 溴化钠溶液;缓冲溶液(pH 为 1.0、2.0、3.0、4.0、5.0、6.0);0.05 mol/L H_2SO_4。

四、实验步骤

1. 未知液中奎宁含量的测定

1)系列标准溶液的配制

取 6 个 50 mL 容量瓶,分别加入 10.00 μg/mL 奎宁标准溶液 0 mL、2.00 mL、4.00 mL、6.00 mL、8.00 mL、10.00 mL,用 0.05 mol/L H_2SO_4 稀释至刻度,摇匀。

2)绘制激发光谱和荧光光谱

以 $\lambda_{em} = 450$ nm,在 200~400 nm 扫描激发光谱,以 $\lambda_{ex} = 250$ nm 和 350 nm,在 400~600 nm 扫描荧光光谱。

3)绘制标准曲线

将激发波长固定在 350 nm(或 250 nm),发射波长为 450 nm,测量系列标准溶液的荧光强度。

4)未知样的测定

取四五片药片称量,在研钵中研磨,准确称取 0.1 g,用 0.05 mol/L H_2SO_4 溶解,转移至 1000 mL 容量瓶中,用 0.05 mol/L H_2SO_4 稀释至刻度,摇匀。

取上述溶液 5.00 mL 至 50 mL 容量瓶中,用 0.05 mol/L H_2SO_4 溶液稀释至刻度,摇匀。与系列标准溶液同样条件,测量试样溶液的荧光强度。

2. pH 与奎宁荧光强度的关系

取 6 个 50 mL 容量瓶,分别加入 10.00 μg/mL 奎宁溶液 4.00 mL,并分别用 pH 为 1.0、2.0、3.0、4.0、5.0、6.0 的缓冲溶液稀释至刻度,摇匀。测定 6 个溶液的荧光强度。

3. 卤化物猝灭奎宁荧光试验

分别取 10.00 μg/mL 奎宁溶液 4.00 mL 置于 5 个 50 mL 容量瓶中,分别加入 0.05 mol/L NaBr 溶液 1 mL、2 mL、4 mL、8 mL、16 mL,用 0.05 mol/L H_2SO_4 稀释至刻度,摇匀。测量溶液的荧光强度。

五、结果处理

(1) 绘制荧光强度对奎宁溶液浓度的标准曲线,并由标准曲线确定未知试样的浓度,计算药片中的奎宁含量。

(2) 以荧光强度对 pH 作图,并得出奎宁荧光与 pH 关系的结论。

(3) 以荧光强度对溴离子浓度作图,并解释结果。

六、注意事项

奎宁溶液必须新鲜配制并避光保存。

七、思考题

(1) 为什么测量荧光必须和激发光的方向成直角?

(2) 如何绘制激发光谱和荧光光谱?

(3) 能否用 0.05 mol/L 盐酸代替 0.05 mol/L H_2SO_4 稀释溶液? 为什么?

实验二十二　荧光法测定乙酰水杨酸和水杨酸

一、目的要求

(1) 掌握用荧光法测定药物中乙酰水杨酸和水杨酸的方法。

(2) 掌握荧光分光光度计的操作方法。

二、原理

通常称为阿司匹林的乙酰水杨酸(ASA)水解即生成水杨酸(SA),而在阿司匹林中或多或少存在一些水杨酸。以氯仿为溶剂,用荧光法可以分别测定乙酰水杨酸和水杨酸。加少量乙酸可以增加二者的荧光强度。

在 1% 乙酸-氯仿中,乙酰水杨酸和水杨酸的激发光谱和荧光光谱如图 6-3 所示。

为了消除药片之间的差异,可取几片药片一起研磨,然后取部分有代表性的样品进行分析。

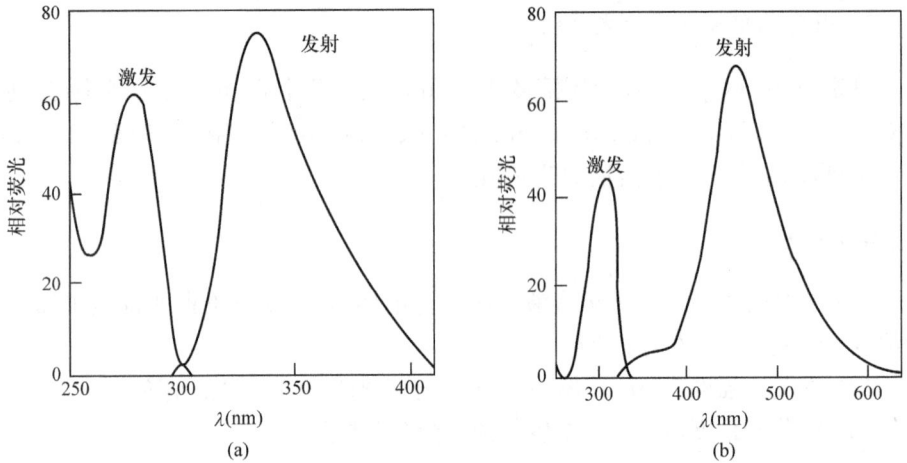

图 6-3 1‰乙酸-氯仿中乙酰水杨酸(a)和水杨酸(b)的激发光谱和荧光光谱

三、仪器与试剂

仪器:RF-5301PC 荧光分光光度计;石英比色皿;1000 mL 容量瓶 2 个,100 mL 容量瓶 8 个,50 mL 容量瓶 10 个;10 mL 吸量管 2 支。

试剂:乙酰水杨酸储备液:称取 0.4000 g 乙酰水杨酸溶于 1‰乙酸-氯仿溶液中,用 1‰乙酸-氯仿溶液定容至 1000 mL;水杨酸储备液:称取 0.7500 g 水杨酸溶于 1‰乙酸-氯仿溶液中,并用其定容至 1000 mL;乙酸;氯仿。

四、实验步骤

1. 绘制 ASA 和 SA 的激发光谱和荧光光谱

将乙酰水杨酸和水杨酸储备液分别稀释 100 倍(每次稀释 10 倍,分两次完成)。用该溶液分别绘制 ASA 和 SA 的激发光谱和荧光光谱曲线,并分别找到最大激发波长和最大发射波长。

2. 绘制标准曲线

(1) 乙酰水杨酸标准曲线。在 5 个 50 mL 容量瓶中,用吸量管分别准确加入 4.00 μg/mL ASA 溶液 2 mL、4 mL、6 mL、8 mL、10 mL,用 1‰乙酸-氯仿溶液稀释至刻度,摇匀。分别测量溶液的荧光强度。

(2) 水杨酸标准曲线。在 5 个 50 mL 容量瓶中,用吸量管分别准确加入 7.50 μg/mL SA 溶液 2 mL、4 mL、6 mL、8 mL、10 mL,用 1‰乙酸-氯仿溶液稀释至刻度,摇匀。分别测量溶液的荧光强度。

3. 阿司匹林药片中乙酰水杨酸和水杨酸的测定

将 5 片阿司匹林药片称量后磨成粉末,称取 400.0 mg 样品,用 1‰乙酸-氯仿溶液溶解,全部转移至 100 mL 容量瓶中,用 1‰乙酸-氯仿溶液稀释至刻度。迅速通过定量滤纸干过滤,用该滤液在与标准溶液同样条件下测量 SA 荧光强度。

将上述滤液稀释 1000 倍(通过三次稀释完成),与标准溶液同样条件测量 ASA 荧光强度。

五、结果处理

(1) 从绘制的激发光谱和荧光光谱曲线上分别确定 ASA 和 SA 的最大激发波长和最大发射波长。

(2) 分别绘制 ASA 和 SA 标准曲线,从标准曲线上确定试样溶液中 ASA 和 SA 的浓度,并计算每片阿司匹林药片中 ASA 和 SA 的含量(mg),将 ASA 测定值与说明书上的值比较。

六、注意事项

阿司匹林药片溶解后,1 h 内要完成测定,否则 ASA 的量将降低。

七、思考题

(1) 标准曲线是直线吗? 若不是,从何处开始弯曲? 并解释原因。

(2) 根据 ASA 和 SA 的激发光谱和发射光谱曲线,解释这种分析方法可行的原因。

第7章 核磁共振波谱法

7.1 基本原理

核自旋量子数 $I \neq 0$ 的原子核在磁场中产生核自旋能量分裂,形成不同的能级,在射频辐射的作用下,可使特定结构环境中的原子核实现共振跃迁。记录发生共振时的信号位置和强度,就可得到核磁共振(NMR)谱。谱上共振信号的位置反映样品分子的局部结构(如官能团);信号的强度往往与有关原子核在分子中存在的量有关。自旋量子数 $I=0$ 的核(如 ^{12}C、^{16}O、^{32}S)没有共振跃迁。$I \neq 0$ 的原子核原则上都可以得到 NMR 信号。但目前有实用价值的仅限于 ^1H、^{13}C、^{19}F、^{31}P 及 ^{15}N 等核磁共振信号,其中氢谱和碳谱应用最广。

$I \neq 0$ 的原子核作自旋运动时产生磁矩 μ_N,在外磁场 H_0 中,核磁矩向量 $\vec{\mu}_N$ 有 $2I+1$ 个不同的空间取向,它们在磁场方向的分量为

$$\mu_z = r_N M_I \frac{2\pi}{h} \tag{7-1}$$

式中,$r_N = \dfrac{2\pi g_N \beta_N}{h}$;$g_N$ 为朗德因子;β_N 为核磁子;h 为普朗克常量;M_I 为核自旋量子数,它的数值为 $I, I-1, \cdots, (-I+1), -I$。若 $I=1/2$,则 $M_I = \pm 1/2$,对应于磁矩的两种取向:沿着磁场方向和逆着磁场方向。当 $I=1$ 时,$M_I = 1$、0、-1,相当于磁矩顺着磁场,垂直于磁场和反磁场的方向排列。在没有外磁场存在时,所有这些取向的核磁矩都是简并的,具有相同的能量。加上外磁场后,核自旋能级发生分裂,简并被解除。图 7-1 为质子的核自旋能级在外磁场中的分裂。

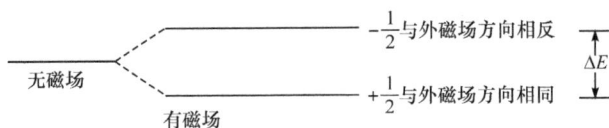

图 7-1 磁场中 $M_I = \pm 1/2$ 态的分裂图

$$\Delta E = E_1 - E_2 = g_N \beta_N H_0 \tag{7-2}$$

当射频辐射的能量 $R_f = \Delta E$,即 $h\nu = g_N \beta_N H_0$ 时,就发生共振跃迁,这就是裸核在磁场中的行为。

实际上,核外有电子绕核运动,电子的屏蔽作用抵消一部分外加磁场。原子核

实际感受到的磁场强度为 $(1-\sigma)H_0$，核磁共振的条件为

$$h\nu = g_N\beta_N(1-\sigma)H_0 \tag{7-3}$$

式中，σ 为屏蔽常数。

　　由于屏蔽作用，原子的共振频率与裸核的共振频率不同，即发生了位移，称为化学位移。化学位移用 δ 表示。若选择某一标准物质，将它的化学位移定为零，则其他各化合物的化学位移都可以与这一标准物质相比较，表示为

$$\delta = \frac{\nu_{试样} - \nu_{标准}}{\nu_{标准}} \times 10^6\,\text{ppm}^* \tag{7-4}$$

式中，$\nu_{试样}$ 为试样中被测定磁核的共振频率；$\nu_{标准}$ 为标准物中磁核的共振频率。

　　δ 是无量纲常数，是一个与磁场强度无关的数值。常选用的标准物质是四甲基硅烷（TMS），在氢谱和碳谱中，把它的化学位移定为零，在图谱的右端。大多数有机化合物核磁吸收信号在谱图上都位于它的左边。表 7-1 列出了常见有机官能团中质子的化学位移。

　　磁性核之间的相互作用使共振峰分裂成多重线，这一现象称为自旋-自旋偶合。偶合强度 J 用多重谱线的间隔（以 Hz 为单位）表示。多重谱线的数目为 $2nI+1$，式中，n 为与被讨论的核相邻的磁性核的数目；I 为相邻磁性核的核自旋量子数。对于质子来说，因为 $I=\dfrac{1}{2}$，所以谱线数目等于 $n+1$，多重线内各峰的强度可以根据简单的统计方法来求出，与二项展开式的系数成比例。也就是说，一个邻近质子使被讨论核的共振峰分裂成双线（1：1），两个邻近质子产生三重线（1：2：1），三个邻近质子产生四重线（1：3：3：1），四个邻近质子产生五重线（1：4：6：4：1）等。例如，CH_3CH_2I 的核磁共振谱图中看到 $\delta=1.6\sim2.0$ 处的—CH_3 峰是三重峰，在 $\delta=3.0\sim3.4$ 处的—CH_2 峰是四重峰，其原因是分子中存在两组质子，即甲基上的质子（H_d）和亚甲基上的质了（H_c），甲基上的质子 H_d 除了受外磁场的作用外，还受到相邻碳原子上质子 H_c 的影响。两个 H_c 的核自旋磁矩可以有四种组合：↑↑、↑↓、↓↑、↓↓，其中↑↓和↓↑是等价的，即形成三类附加磁场，这三类磁场的权重为 1：2：1。这三类附加磁场使 H_d 的共振峰分裂为三重峰，峰的强度正比于磁场的权重，即 1：2：1。同样，次甲基上的质子也受甲基上三个质子的影响，其共振峰分裂为四重峰。

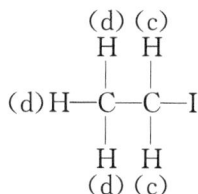

(d) (c)

　　 H 　 H

(d)H—C—C—I

　　 H 　 H

(d) (c)

---

* ppm 现已建议不再使用，1 ppm $= 10^{-6}$。

表 7 - 1　各种不同分子环境中的质子位移表

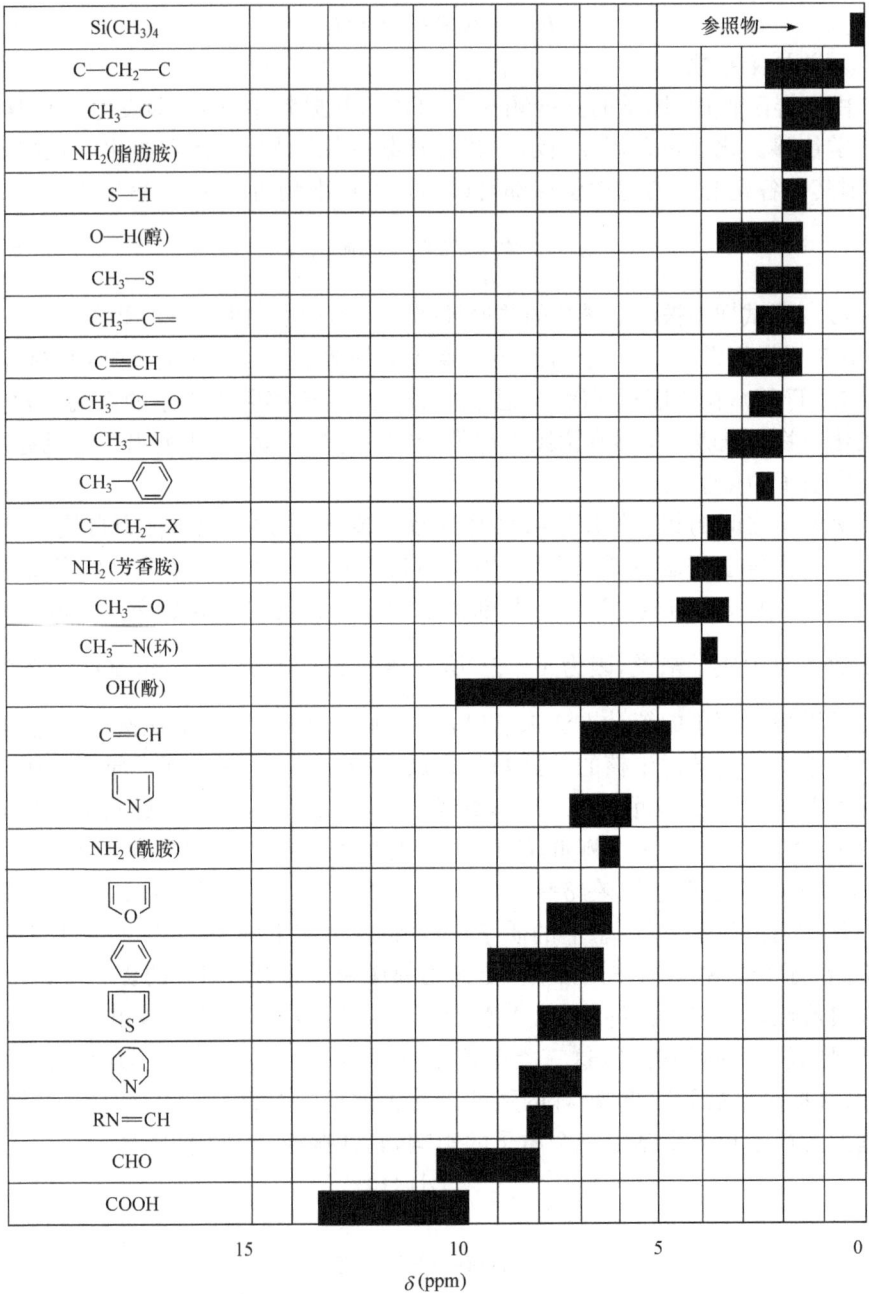

分子环境	δ(ppm) 位移范围
Si(CH₃)₄	参照物→（0 处）
C—CH₂—C	~1.5
CH₃—C	~1.0
NH₂(脂肪胺)	~1.0～2
S—H	~1.3
O—H(醇)	~2～3.5
CH₃—S	~2
CH₃—C≡	~2
C≡CH	~2.5
CH₃—C=O	~2
CH₃—N	~2～3
CH₃—⟨苯环⟩	~2.3
C—CH₂—X	~3.5
NH₂(芳香胺)	~3.5
CH₃—O	~3.5
CH₃—N(环)	~3.8
OH(酚)	~4～10
C=CH	~5～6.5
⟨吡咯 N⟩	~6
NH₂(酰胺)	~6.5
⟨呋喃 O⟩	~7
⟨苯环⟩	~7～8.5
⟨噻吩 S⟩	~7
⟨氮杂环 N⟩	~7～8.5
RN=CH	~8
CHO	~9～10
COOH	~11～13

δ(ppm)　（横坐标自左至右为 15　10　5　0）

吸收带的面积也是提供信息的重要参数，与产生吸收的质子数成比例，而与质子所处的化学环境无关。

7.2　核磁共振波谱仪

高分辨率核磁共振波谱仪分为连续波核磁共振波谱仪和傅里叶变换核磁共振波谱仪。前者主要供教学及日常分析使用,后者由于设备本身及运行成本较高,主要用于研究工作。随着仪器的发展更新以及我国经济实力的不断增加,连续波核磁共振波谱仪逐渐被淘汰,而傅里叶变换核磁共振波谱仪使用越来越普遍。

7.2.1　连续波核磁共振波谱仪

图 7-2 是连续波核磁共振波谱仪的示意图。仪器主要由磁铁、射频发生器、探头、信号接收和记录系统等组成。

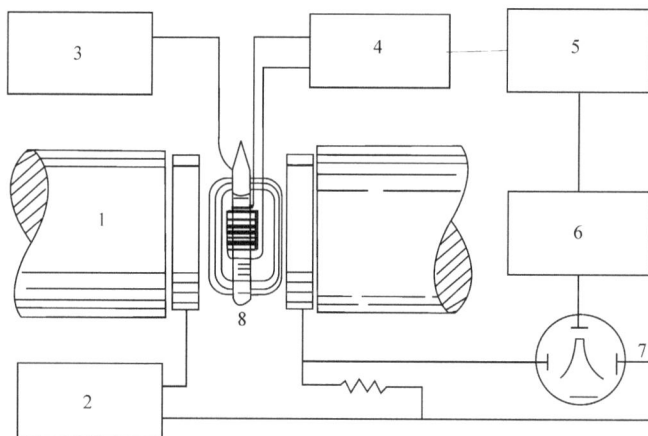

图 7-2　连续波核磁共振波谱仪示意图
1—磁铁;2—扫描线圈和扫描电压发生器;3—射频发生器;4—射频放大器;5—检波器;
6—音频放大器;7—示波器和记录器;8—探头

1. 磁铁

磁铁是核磁共振波谱仪的关键部件,要求能够提供强而稳定、均匀的磁场。磁铁决定核磁共振波谱仪的灵敏度和分辨率。永久磁铁常用于共振频率 60 MHz 的 NMR 波谱仪,电磁体一般提供 60~100 MHz 的共振频率,超导磁体则可以提供更高的磁场,最高可以达到相当于 800 MHz 的共振频率。永久磁铁由于磁极面不平,造成磁力线分布不均匀,仪器采用匀场线圈来补偿磁场分布的非均匀性。此外,为了使磁场的不均匀性产生的影响平均化,样品管将以一定的速率平稳旋转。磁场对温度敏感,仪器虽然采取了精密恒温、保温装置,但由于环境温度变化将会引起磁隙间距微小变化,导致磁场强度变化(磁场漂移),因此仪器设有移场系统,磁场中装有移场线圈,通过控制加到移场线圈电流大小,补偿由于温度变化而导致的磁场变化。在实际操作中,移场旋钮用来找信号,调四甲基硅烷零点。为了能够精确地测量化学位移和偶合常数,精确地积分,在扫场记谱时要求磁场不漂移,仪器采用了频率锁定系统,即对一个参比核连续地以对应于磁场的共振极大的频率进行照射和监控,通过反馈线路保证磁场和频率相对不变而控制磁场。常采用内锁定系统(以样品池外某一种核作参比)来进行场频连锁,消除磁场漂移对测定的影响。

2. 射频发生器与射频接收器

将射频发生器连接到发射线圈上,然后将能量传递给样品,而射频发射方向垂直于磁场。射频接收器连接到一个围绕样品管的线圈上,发射线圈与接受线圈相互垂直,又同时垂直于磁场方向,三者的空间关系如图 7 - 3(a)和图 7 - 3(b)所示。

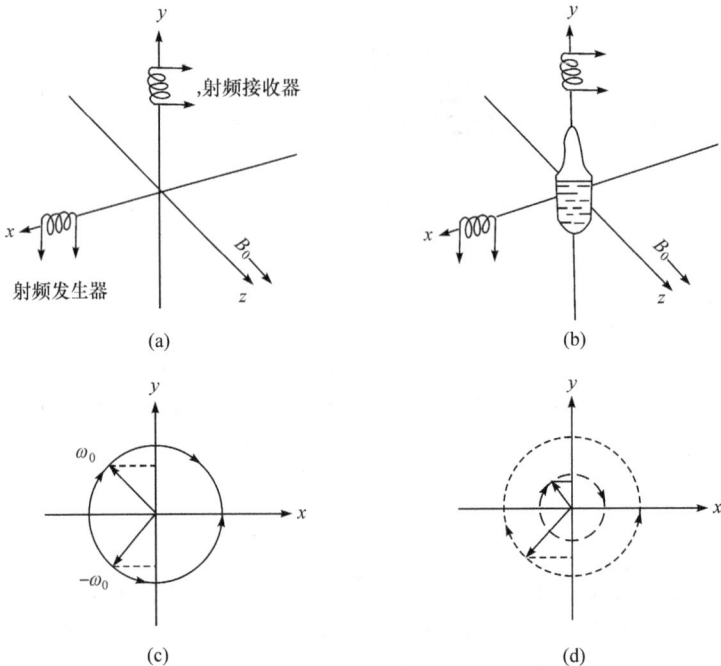

图 7 - 3　核磁共振吸收信号的产生

射频发射器发出平面偏振辐射,此辐射可分解为在 xy 平面上相位相同但旋转方向相反的两个圆偏振辐射矢量,因此在 y 轴上的矢量之和为零,射频接受器接受不到信号。当核的进动频率与射频发射器发出的平面偏振辐射中的某一部分频率相同时,核就会吸收与核进动方向相同的偏振辐射,使与核进动方向不相同的偏振辐射通过样品,结果使 y 轴上的矢量之和不再为零,射频接收器就接受到信号。图 7-3(c)和图 7-3(d)说明了这一点。接受的信号经放大后记录成核磁共振波谱。

3. 扫描线圈

扫描线圈绕在磁铁凸缘上,由扫描电压发生器提供一个可控的周期性变化的锯齿波直流电流,使样品除受磁铁所提供的强磁场之外再加一个可变的附加磁场。这个小的附加磁场通常由弱到强连续变化,称为扫场(场扫描)。在扫描过程中,样品中化学环境不同的同类磁核相继满足共振条件产生吸收信号。扫描电压发生器的锯齿波还加到示波器的水平偏转板上,在示波器上周期性地出现核磁共振信号。记录纸上横坐标自左至右对应于扫描附加磁场由弱变强,故称横坐标的左端为"低场",右端为"高场"。

4. 探头

样品探头不仅用于固定样品管在磁场中的位置,还用来检测核磁共振信号。探头除包括样品管外,还有发射线圈、接收线圈以及预放大器等元件。磁场和频率源通过探头作用于样品。

5. 信号检测及处理系统

共振核产生的共振信号通过探头上的接收线圈送入射频接收器,经一系列处理被放大后由 NMR 记录仪记录,纵坐标为共振吸收信号,横坐标驱动与扫描同步。NMR 仪常配有一套装置,可以在 NMR 波谱上以阶梯的形式显示出积分数据,用以估计各类核的相对数量及含量。

部分连续波 NMR 波谱仪配有多次重复扫描并将信号进行累加的功能以提高其灵敏度。受仪器稳定性影响,一般累加次数在 100 次左右为宜。

7.2.2 傅里叶变换核磁共振波谱仪

傅里叶变换核磁共振波谱仪采用多通道发射机同时发射多种频率,使不同化学环境的核同时共振,再用多通道接收机同时获得所有共振核的信号。这些信号包含很多种频率,是多种频率信号的叠加,且随着时间增长而衰减,称为自由感应衰减(FID)信号。FID 信号称为时域谱,不能直观识别,经过放大等处理后,利用计算机的傅里叶变换算法,经过快速变换,使信号变换为频率,变换成可直观识别的通常的核磁共振谱图。傅里叶变换核磁共振波谱仪灵敏度更高,性能更加全面先进,自 20 世纪 70 年代以来逐渐取代连续波核磁共振波谱仪,成为当今主要的核磁共振波谱仪。

傅里叶变换核磁共振波谱仪的主要部件有磁铁、探头、射频发射系统、接收机、显示器。与连续波核磁共振波谱仪相比,特殊的部件有射频脉冲功率放大器、脉冲程序器、数据处理系统。

1. 磁铁

傅里叶变换核磁共振波谱仪要求磁铁有较高的磁场强度,所产生的静电场高度均匀和稳定。常规分析型傅里叶变换核磁共振波谱仪常用电磁铁,研究型高档傅里叶变换核磁共振波谱仪采用超导磁铁。

2. 射频发射系统

傅里叶变换核磁共振波谱仪具有多个射频通道,每个射频通道均有射频发射机。这些分射频系统并不独立,而是通过频率综合技术把各分频率进行组合调整。现代傅里叶变换核磁共振波谱仪采用直接数字频率合成(DDS)技术,将分频率组合成新的频率,这些按各通道需要合成的新频率更加稳定、精度更高。

3. 探头

傅里叶变换核磁共振波谱仪探头的结构和种类与连续波核磁共振波谱仪相同,其接收线圈感应出的信号是 FID 信号。

4. 接收机与信号处理系统

接收机的工作原理是由探头的接收线圈获得的 FID 信号经前置放大器放大后进入混频电路,混频器将 FID 信号变成中频 FID 信号,经中频放大器放大到适当强度,然后分成两路进入正交检波器或相检波器,进行以中频为参考的第二次混频,混频后获得两个相位差为 $90°$ 的低频 FID 信号。这两个信号分别通过各自的低频放大器及滤波器,使信号的强度达到模/数转换器输入端的要求,信号经模/数转换进入计算机数据处理系统,按程序进行运算处理,最后将运算结果以 NMR 谱显示。

7.2.3　NMR 仪器使用方法

随着仪器的发展和软件的更新换代,NMR 仪器的操作越来越简单。以 DPX-300 NMR 仪器为例,常用的软件之一为 XWIN-NMR version3.1,其使用方法如下:

（1）将样品管装入磁体。

（2）打开 XWIN-NMR 软件,将仪器调节到可做常规氢谱条件。

（3）键入命令"edc",在出现的"current data parameters"(当前数据参数)菜单

中创建一个新的文件名,保存。

（4）键入命令"Lock"（锁场）,在出现的"Solvent"（溶剂）菜单中选择溶剂（如$CDCl_3$）。

（5）点击"Windows"菜单中"Lock",锁场,调节分辨率。

（6）键入命令"eda",在出现的"Acquisition Parameters"（设置参数）菜单中设置采样参数（如更改采样次数）,设置完毕点击"Save"（保存）。

（7）采集信号、生成谱图并打印。①键入"a",进入采样窗口;②键入"rga",自动设置接收机增益;③键入"zg",采集样品信号;④键入"ft",进行傅里叶变换;⑤键入"apk",自动调节相位;⑥确定参考标准:点击"Calibrate"（校准）,在图中 TMS 峰处点击鼠标中健,确定参考标准,出现"CPR"菜单,在"cursor frequency in ppm ＝"的空格处输入"0";⑦积分:点击"Integrate"（积分）进行积分,操作过程如下:点击左键,使鼠标箭头向下,在所需积分峰的两侧各按一次鼠标中键即可;⑧点击"Return",出现菜单"CANCEL/ Save as'intrng'& return/Return",点击"Save as'intrng'& return";⑨设定扫描宽度:点击"dp1",出现"CPR"菜单,在"F1＝"的空格处输入最大化学位移值（如 10）,"F2＝"的空格处输入最小化学位移值（如－0.2）,确认"Change y-scaling on display. according to PSCAL.？"输入 y;⑩定化学位移值:点击"utilities",在出现的菜单中点击"MI",出现红线,按鼠标的中键和左键各一次,点击"Return"即可确定化学位移值;⑪预览:输入"v",点击"Quit"继续（注:点击"Quit"可对以上步骤进行修改）;⑫打印谱图:输入"plot"。

实验二十三　核磁共振波谱法测定化合物的结构

一、目的要求

（1）掌握核磁共振波谱法测定化合物的结构。
（2）掌握核磁共振波谱仪的使用方法。
（3）掌握核磁共振谱图的解析方法。

二、原理

原理见 7.1 节。

三、仪器与试剂

仪器:DPX-300 NMR 仪;外径 5 mm NMR 管 1 支;标准样品管 1 支。
试剂:TMS;氘代氯仿;未知样品。

四、实验步骤

(1) 配制样品溶液。以氘代氯仿为溶剂,将未知试样配制成浓度为 5%～10%(质量分数)的溶液,并加入少量 TMS,使其浓度约为 1%。

(2) 按 7.2.3 操作步骤测试样品,记录 NMR 谱图并扫描积分曲线。

五、结果处理

样品的 NMR 谱图结果填入表 7 - 2。

表 7 - 2　样品 NMR 谱图结果

峰　号	δ(ppm)	积分线高度	质子数	峰分裂数及特征
1				
2				
3				

样品分子式为 $C_4H_8O_2$ 和 C_8H_{10},结合表 7 - 2 推出其结构。

六、注意事项

NMR 波谱仪是大型精密仪器,实验中应特别仔细,防止发生液体外泄、样品管破裂、异物掉入进样通道内等事故,以免造成仪器不能正常工作,发生停机事故,损害仪器。

七、思考题

(1) NMR 中化学位移是否随外加磁场而改变? 为什么?

(2) 核磁共振波谱图的峰高是否能作为质子比的可靠量度? 积分高度和结构有什么关系?

第8章 质 谱 法

质谱(MS)法是将样品气体分子经离子源作用,电离生成分子正离子或碎裂成为碎片正离子后,经电场加速,并在质量分析器中按质荷比(m/z)大小进行分离、记录的分析方法,所得结果即为质谱图。利用质谱图提供的信息,可以对有机物和无机物进行定性和定量分析、复杂化合物的结构分析、样品中各种同位素比的测定以及固体表面的结构和组成分析。质谱法具有分析速度快、灵敏度高、提供的信息直接与其结构相关的特点。质谱法与色谱法联用已成为一种最有力的快速鉴定复杂混合物组成的可靠分析工具,得到了广泛应用。

8.1 基 本 原 理

8.1.1 质谱仪的工作原理

质谱仪是利用电磁学原理,使气体分子产生带正电的运动离子,并按质荷比将其在电磁场中分离,同时记录和显示这些离子流相对强度和质荷比关系的一种仪器。

分子电离后经电场加速,其动能与加速电压及电荷 z 的关系为

$$zeV = \frac{1}{2}mv^2 \tag{8-1}$$

式中,z 为电荷数;e 为元电荷($e = 1.60 \times 10^{-19}$ C);V 为加速电压;m 为离子的质量;v 为离子被加速后的运动速度。当具有初速度 v 的带电粒子垂直进入磁分析器(扇形磁场)后,由于磁场的作用,离子作圆周运动,当离心力与向心力(磁场引力)相等时,则

$$\frac{mv^2}{r} = Bzev \tag{8-2}$$

式中,r 为离子运动的轨道半径;B 为磁感应强度。由式(8-1)和式(8-2)得

$$r = \frac{\sqrt{2V}}{B}\sqrt{\frac{m}{ze}} \tag{8-3}$$

可见,当 V 和 B 不变时,离子在磁场中的运动轨道半径只取决于质荷比。在使用感光板记录的质谱仪中,保持 B、V 不变,记录 r 的变化。而在现代质谱仪中,由于磁场中离子的出射狭缝位置固定不变(r 不变),因此需要通过电磁铁扫描磁场(V、r 保持不变)或扫描电压(B、r 保持不变)获得质谱图。

质量分析器种类不同,各种离子按 m/z 进行分离的原理也不相同。

8.1.2 质谱仪的基本结构

质谱仪的构造框图如图 8-1 所示。

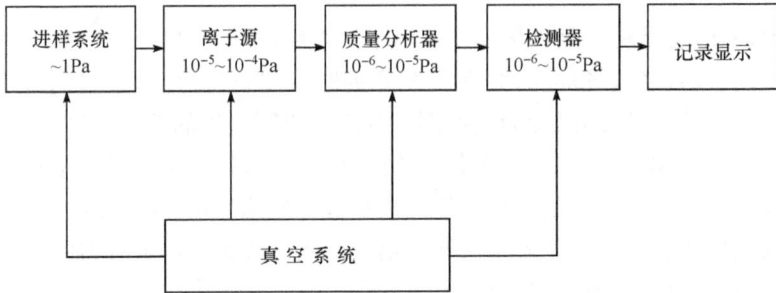

图 8-1 质谱仪构造框图

1. 真空系统

质谱仪除记录和显示系统外,其他部分都必须在不同的高真空度下工作,真空系统是由低真空的机械泵和高真空的扩散泵组成的二级真空系统。若真空度过低,会造成离子源灯丝损坏、本底增高、电离室中加速极发生火花放电等一系列问题,从而使谱图复杂化。

2. 进样系统

常用进样系统有三种类型:间歇式进样系统、直接探针进样及色谱进样系统。间歇式进样系统主要用于气体、低沸点液体和较高蒸气压的固体样品进样,样品通过可拆卸式试样管被引入试样储存器中气化,气化的样品分子通过分子漏隙以分子流的形式扩散进入离子源中。高沸点液体、固体则通过样品探针杆直接送入离子源中气化、电离。气相色谱仪可以通过接口作为质谱仪的进样系统。进样系统设计时要求能够高效地将样品引入电离室中且不能造成电离室真空度降低。

3. 电离源

电离源的作用是将由进样系统引入的气态样品分子转化为离子。常用电离源有电子轰击离子源、化学电离源、快原子轰击源、火花源、ICP 源等。各种电离源能量大小不同,应用的对象也不同。同一种物质,使用不同的电离源,得到的质谱图也不一样。能量高的离子源分子离子少,碎片离子多;能量低的电离源则相反。最常用的电离源是电子轰击源,主要优点是电离效率高、结构简单、操作方便,缺点是分子离子峰弱,有时甚至不出现,故在运用时常将其与低能量的离子源配合使用。

4. 质量分析器

质量分析器的作用是将经电离室电离的气态样品正离子按质荷比 m/z 分开。常用的质量分析器的主要类型有单聚焦磁偏转型、双聚焦型、飞行时间分析器、四极杆滤质器、离子回旋共振分析器等。采用双聚焦质量分析器的质谱仪空间分辨率高,可以用于质量的准确测定,而飞行时间质谱仪则时间分辨率强,可以用于研究快速反应以及与气相色谱(GC)联用。根据质量分析器的工作原理,质谱仪大致分类如图 8 - 2 所示。

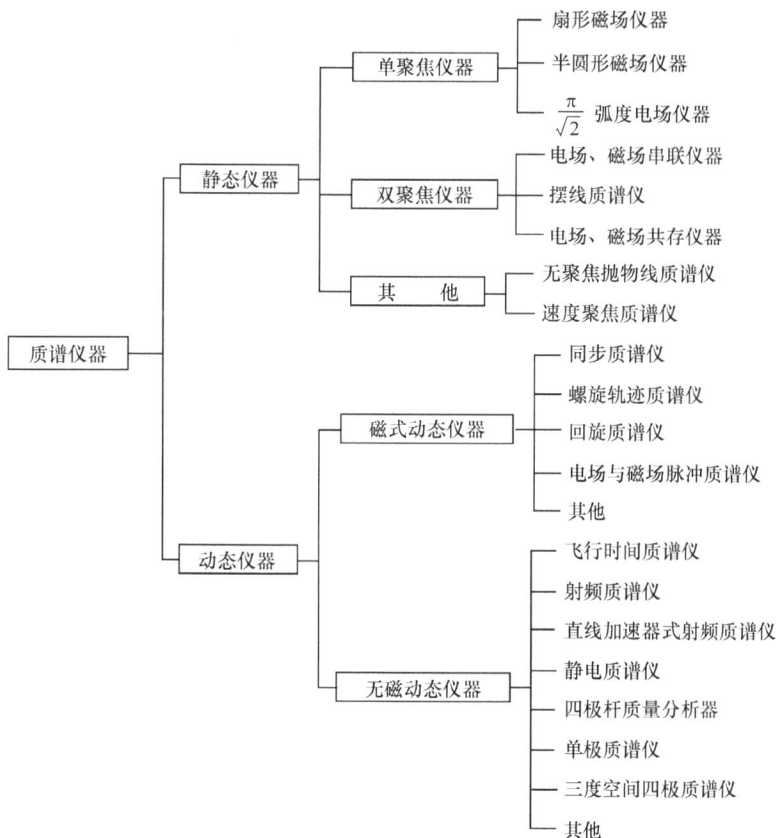

图 8-2 质谱仪分类

5. 质谱检测器和记录器

质谱检测器有三类:法拉第杯、电子倍增器和照相检测。法拉第杯是最简单的一种,方便、廉价,但灵敏度不同,它可以准确测定穿过出射狭缝的离子流。电子倍增器的原理类似于光电倍增管,它可以记录 10^{-18} A 的电流,灵敏度比法拉第杯约高 10^3 倍。照相检测只适用于某些质谱仪,离子流轰击感光板上的乳剂而成像。

现代质谱仪一般都通过计算机对产生的信号进行接收和处理,并能够通过计算机对仪器的运行条件进行严格监控,大大简化了结果处理,提高了分析精度。

8.1.3　质谱仪的主要性能指标

质谱仪的主要性能指标有质量测量范围、分辨率和灵敏度。

质谱仪的质量测定范围表示质谱仪所能够进行分析的样品的相对原子质量(或相对分子质量)范围,通常采用原子质量单位或"质量数"(原子核中所含质子和中子的总数)度量。

分辨率是指质谱仪分开相邻质量数离子的能力,一般定义是:对两个相等强度的相邻峰,当两峰间的峰谷高度不大于其峰高的 10% 时,则认为两峰已经分开,其分辨率为

$$R = \frac{m_1}{m_2 - m_1} = \frac{m_1}{\Delta m} \qquad (8-4)$$

式中,m_1、m_2 分别为两峰的质量数,且 $m_1 < m_2$。但有时很难满足定义的条件,此时可任选一峰,以其峰高 5% 的峰宽($W_{0.05}$)值代替 Δm 值,即

$$R = \frac{m}{W_{0.05}} \qquad (8-5)$$

质谱仪的灵敏度有绝对灵敏度、相对灵敏度和分析灵敏度等表示方法。

8.2　质谱法的应用

质谱仪输出的结果有两种形式:①棒图(质谱图);②表格(质谱表)。质谱图是以质荷比 m/z 为横坐标,相对强度为纵坐标构成。图中最强的离子峰作为基峰,定为相对强度 100%,其他离子峰以基峰的相对百分数表示,如图 8-3 所示。质谱表中的质谱数据分为两项:m/z 和相对强度。

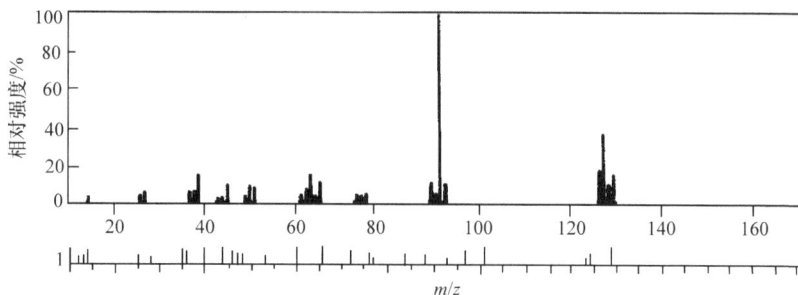

图 8-3 对氯甲苯的质谱图

质谱图中的主要离子峰类型有分子离子峰、同位素离子峰、碎片离子峰、重排离子峰和亚稳离子峰。分子失去一个电子生成的离子称为分子离子或母离子(M^+)。由于 S、Cl、Br 等元素存在较高丰度的同位素,因而在质谱图中分子离子峰右边 1 个或 2 个质量单位处会出现$(M+1)^+$或$(M+2)^+$的同位素离子峰。从$(M+2)^+$或$(M+1)^+$峰的强度可以推断存在的同位素。如果离子源能量过高,分子离子中的某些化学键往往会进一步断裂或从分子离子中脱去一个中性基团而成为碎片离子。分子离子在裂解的同时,还可能通过原子或原子团的重排产生比较稳定的重排离子。亚稳离子峰是指质量$M^* = (M_2^+)^2/M_1^+$的离子峰。这种离子峰中由于部分M_2^+是从M_1^+脱去中性碎片而形成,另一部分在离子源中生成,因此两者能量不等,在质谱图上表现出离子峰宽大(2~5 个质量单位)、相对强度低、m/z 不为整数等特点,很容易从质谱图中辨认出来。以下介绍质谱图的应用。

1. 相对分子质量的测定

用质谱法测定相对分子质量首先要确定质谱图中的分子离子峰。原则上讲,除同位素峰外,分子离子峰应该是质谱图中质荷比最高的峰。但是,某些不稳定化合物被电子轰击后全部成为碎片离子,在质谱图上看不到分子离子峰。下面一些规律有助于确证分子离子峰:

(1) 分子离子峰的质量数必须符合氮律,即在由 C、H、O 组成的有机化合物中,分子离子峰的 m/z 一定是偶数;而在 C、H、O、N 组成的化合物中,含奇数个 N,分子离子峰的 m/z 是奇数,含偶数个 N,分子离子峰的 m/z 是偶数。

(2) 分子离子峰与左侧邻近离子峰的质量差不能等于 4~13 和 21~25 等不合理的质量单位。

(3) 在含 S、Cl、Br 等高丰同位素的化合物中(表 8-1),可以利用 M^+ 和 $(M+1)^+$ 峰的强度比来确认分子离子峰。

（4）在用电子轰击源的质谱图中，分子离子峰强度往往随电子轰击源电压降低而增加。

表 8-1　常见元素同位素的天然丰度和相对丰度

同位素	天然丰度（%）	相对丰度（%）	峰类型	同位素	天然丰度（%）	相对丰度（%）	峰类型
^{1}H	99.985	100	M	^{18}O	0.204	0.20	$M+2$
^{2}H	0.015	0.015	$M+1$	^{32}S	95.0	100	M
^{12}C	98.893	100	M	^{33}S	0.76	0.80	$M+1$
^{13}C	1.107	1.11	$M+1$	^{34}S	4.22	4.44	$M+2$
^{14}N	99.634	100	M	^{35}Cl	75.77	100	M
^{15}N	0.366	0.37	$M+1$	^{37}Cl	24.23	32.5	$M+2$
^{16}O	99.759	100	M	^{79}Br	50.537	100	M
^{17}O	0.037	0.04	$M+1$	^{81}Br	49.463	97.9	$M+2$

双聚焦高分辨率质谱仪测定化合物相对分子质量可以精确到小数点后四位。

2. 分子式的确定

用质谱法确定化合物的分子式有两种方法：①利用化合物精密相对分子质量表；②根据同位素丰度比。

1）利用化合物精密相对分子质量表确定分子式

拜农（Beynon）等编制了由 C、H、O、N 组成的各种分子式的精密相对分子质量表（准确到小数点后 3 位），利用高分辨质谱仪测得精确相对分子质量，查拜农表就可以找出可能的分子式，再配合其他信息，就可能推测出最合理的分子式。

2）由同位素丰度比确定分子式

对于含 C、H、O 和 N 组成的有机化合物，若分子式可以写成 $C_wH_xN_yO_z$，则质谱图中的分子离子峰和同位素离子峰的相对强度可以用下式近似计算：

$$\frac{I_{M+1}}{I_M} \times 100 = 1.08w + 0.02x + 0.37y \qquad (8-6)$$

$$\frac{I_{M+2}}{I_M} \times 100 = \frac{(1.08w + 0.02x)^2}{200} + 0.20z \qquad (8-7)$$

拜农等据此计算了相对分子质量在 500 以内、分子式为 $C_wH_xN_yO_z$ 类型化合物的 I_{M+2} 和 I_{M+1} 与 I_M 的相对强度，编制成表，称为拜农质谱数据表。在求分子式时，只要质谱图上得到的分子离子峰足够强，其高度和 $M+1$、$M+2$ 同位素峰的高度都能准确测定，则通过计算 $M+1$ 和 $M+2$ 峰相对于 M 峰的百分数后，根据拜农质谱数据表，便可确定化合物可能的经验式。

当化合物中含 S、Cl、Br 等高丰度同位素时,利用拜农表求分子式举例如下:
测得某化合物的质谱数据为

m/z	相对强度(%)
$M(104)$	100
$M+1(105)$	6.44
$M+2(106)$	4.55

由 $(M+2)/M = 4.55\%$ 可知,该化合物含有一个 S 原子(因为 $^{34}S/^{32}S$ 丰度比为 4.44%,见表 8-1)。所以,在利用拜农表时应将 M 值扣除 S 的质量,并且 I_{M+2}/I_M 和 I_{M+1}/I_M 值也要相应减去 S 的自然丰度比,即

$$M = 104 - 32 = 72$$
$$(M+1)/M = 6.44 - 0.8 = 5.64$$
$$(M+2)/M = 4.55 - 4.44 = 0.11$$

查拜农表,M 为 72 的分子式有 11 个,其中 $(M+1)/M$ 值接近 5.64 的有 3 个,即

$M(72)$	I_{M+1}/I_M	I_{M+2}/I_M
C_4H_8O	4.49	0.28
$C_4H_{10}N$	4.86	0.09
C_5H_{12}	5.60	0.13

根据氮律,M 等于 72 为偶数,分子式不能含奇数氮,所以 $C_4H_{10}N$ 应剔除。综合考虑 I_{M+1}/I_M 和 I_{M+2}/I_M 值,C_5H_{12} 的 5.60 和 0.13 与测定值最为接近,因此确定该化合物的分子式为 $C_5H_{12}S$。

3. 结构式的确定

各类化合物裂解都具有一定的特征性。例如,饱和脂肪烃裂解时易产生质荷比为 15、29、43 等一系列符合 $C_nH_{2n+1}^+$ 的正离子峰,且 m/z 为 43 和 57 的峰最强;烯烃有明显的一系列 $41+14n$ 峰,基峰 m/z 为 $41(CH_2=CHCH_2^+)$;烷基芳香烃易形成 m/z 为 $91(C_7H_7^+)$ 的基峰;脂肪醇分子离子峰弱,易失去一分子水并伴随失去一分子乙烯,生成 $(M-18)^+$ 和 $(M-46)^+$ 峰;酮类化合物分子离子峰强,易在 α-位断裂产生 $R-C\equiv O^+$ 峰,当存在 γ-氢时,会产生麦克拉弗蒂重排;对于 $C_1\sim C_3$ 醛,能生成稳定的 CHO^+ 基峰,高碳直链醛则形成 $(M-29)^+$ 峰,同时也会产生分子重排峰;醚类主要发生 α- 和 β-断裂并脱去一分子乙烯,生成 $45+14n$ 和 $31+14n$ 一系列碎片;羧酸、酯和酰胺主要发生 α-位断裂,分别产生 $HO-C\equiv O^+$

($m/z=45$)、$R—C≡O^+$和$NH_2—C≡O^+$($m/z=44$),也易出现分子重排峰;胺则发生相对于 N 原子 α-与 β-位碳原子之间的键断裂而产生基峰,对伯胺,基峰离子为 $CH_2=\overset{+}{N}H_2$($m/z=30$)。所以,根据质谱图所提供的分子离子峰、同位素峰和上述这些特征离子峰,可以推断出化合物的结构。从未知化合物的质谱图推测化合物结构的步骤大致如下:

(1) 确认分子离子峰,求得化合物的相对分子质量和分子式。

(2) 由分子式计算不饱和度。

(3) 根据分子离子峰和基峰强度,大致推测化合物类型。

(4) 找出质谱图上重要的碎片离子峰,一些常见的碎片离子峰参见表 8-2;根据分子离子峰和碎片离子之间 m/z 的差值,找出分子离子可能脱掉的中性碎片(常见中性碎片列于表 8-3);观察是否存在亚稳离子峰,找出 m_1 和 m_2 的关系。综合以上信息推测分子的结构和裂解的过程。

表 8-2　常见的碎片离子

m/z	相应的离子	m/z	相应的离子
15	CH_3^+	45	$CH_3\overset{+}{O}=CH_2$,$CH_3CH=\overset{+}{O}H$
18	H_2O^+	47	$CH_2=\overset{+}{S}H$
26	$C_2H_2^+$	49/51	$CH_2=\overset{+}{C}l$
27	$C_2H_3^+$	50	$C_4H_2^+$
28	CO^+,$C_2H_4^+$,N_2^+	51	$C_4H_3^+$
29	CHO^+,$C_2H_5^+$	55	$C_4H_7^+$,$CH_2=C—C≡O^+$
30	$CH_2=\overset{+}{N}H_2$	56	$C_4H_8^+$
31	$CH_2=\overset{+}{O}H$	57	$C_4H_9^+$,$C_2H_5C≡O^+$
32	CH_4O^+	58	$\underset{\underset{OH}{\vert}}{CH_2=C}—CH_3^+$,$C_3H_8N^+$
33	CH_2F^+		
36/38	HCl^+	59	$CO_2CH_3^+$,$CH_2=C—NH_2^+$
39	$C_3H_3^+$		$C_2H_5CH=\overset{+}{O}H$,$CH_2=\overset{+}{O}—C_2H_5$
40	$C_3H_4^+$	60	$CH_2=C\overset{\overset{\displaystyle \overset{+}{O}H}{\vert}}{\underset{\underset{\displaystyle OH}{\vert}}{}}$
41	$C_3H_5^+$		
42	$C_2H_2O^+$,$C_3H_6^+$	61	$CH_2=C\overset{\overset{\displaystyle OH}{\vert}}{\underset{\underset{\displaystyle \overset{+}{O}H_2}{\vert}}{}}$, $CH_2—CH_2—\overset{+}{S}H$
43	CH_3CO^+,$C_3H_7^+$		
44	$C_2H_6N^+$,$\overset{\overset{\displaystyle O}{\Vert}}{C}NH_2^+$,CO_2^+, $C_3H_8^+$,$CH_2=CH(OH)^+$	66	H_2S_2

m/z	相应的离子	m/z	相应的离子
69	CF_3^+, $C_5H_9^+$	87	$CH_2{=}CH{-}\overset{O}{\overset{\|}{C}}{-}OCH_3$ $\overset{+}{HO}$
68	$(CH_2)_3C{\equiv}N^+$		
70	$C_5H_{10}^{+\cdot}$	91	$C_7H_7^+$, $C_6H_5N^+$
71	$C_5H_{11}^+$, $C_3H_7C{\equiv}O^+$	92	$C_7H_8^{+\cdot}$, $C_6H_6N^+$
72	$CH_2{=}\underset{OH}{\overset{}{C}}{-}C_2H_5^{+\cdot}$, $C_3H_7CH{=}\overset{+}{N}H_2$	91/93	(结构图: 环戊基-Cl$^+$)
73	$C_4H_9O^+$, $CO_2C_2H_5^+$, $(CH_3)_3Si$	93/95	CH_2Br^+
74	$CH_2{=}\underset{OH}{\overset{}{C}}{-}OCH_3^+$	94	$C_6H_6O^{+\cdot}$, (吡咯-$C{\equiv}O^+$结构图)
75	$(CH_3)_2Si{=}\overset{+}{O}H$, $C_2H_5\overset{O}{\overset{\|}{C}}{-}\overset{+}{O}H_2$	95	$C_6H_7O^+$, (呋喃-$C{\equiv}O^+$结构图)
76	$C_6H_4^{+\cdot}$	97	$C_5H_5S^+$
77	$C_6H_5^+$	99	(结构图: 二氧杂环戊烯$^+$), (结构图: 环己烯酮$^+$)
78	$C_6H_6^{+\cdot}$		
79	$C_6H_7^+$	105	$C_6H_5C{\equiv}O^+$, $C_8H_9^+$
79/81	Br^+	106	$C_7H_8N^+$
80/82	$HBr^{+\cdot}$	107	$C_7H_7O^+$
80	$C_5H_6O^{+\cdot}$	107/109	$C_2H_4Br^+$
81	$C_5H_7O^+$	111	(结构图: 噻吩-$C{\equiv}O^+$)
83/85/87	$CHCl_2^+$		
85	$C_6H_{13}^+$, $C_4H_9C{\equiv}O^+$	122	$C_6H_5CO_2H^{+\cdot}$
86	$C_3H_7C{=}CH_2^{+\cdot}$, $C_4H_9CH{=}\overset{+}{N}H_2$ $\overset{}{OH}$	127	I^+
		149	(结构图: 苯并二氧杂环$^+$-OH)

表 8-3 从分子离子脱去的常见中性碎片

离 子	碎 片	离 子	碎 片	离 子	碎 片
$M-1$	H	$M-16$	O	$M-18$	H_2O
$M-2$	H_2	$M-16$	NH_2	$M-19$	F
$M-14$	—	$M-17$	OH	$M-20$	HF
$M-15$	CH_3	$M-17$	NH_3	$M-26$	C_2H_2

续表

离 子	碎 片	离 子	碎 片	离 子	碎 片
$M-27$	HCN	$M-33$	H_2O+CH_3	$M-45$	OC_2H_5
$M-28$	CO	$M-33$	HS	$M-46$	C_2H_5OH
$M-28$	C_2H_4	$M-34$	H_2S	$M-46$	NO_2
$M-29$	CHO	$M-41$	C_3H_5	$M-48$	SO
$M-29$	C_2H_5	$M-42$	CH_2CO	$M-55$	C_4H_7
$M-30$	C_2H_6	$M-42$	C_3H_6	$M-56$	C_4H_8
$M-30$	CH_2O	$M-43$	C_3H_7	$M-57$	C_4H_9
$M-30$	NO	$M-43$	CH_3CO	$M-57$	C_2H_5CO
$M-31$	OCH_3	$M-44$	CO_2	$M-58$	C_4H_{10}
$M-32$	CH_3OH	$M-44$	C_3H_8	$M-60$	CH_3COOH
$M-32$	S	$M-45$	CO_2H		

与标准质谱图进行对照也是确证化合物结构的一种重要方法。

4. 作为色谱分离技术的检测器

联用技术是将两种(或两种以上)分析技术联接,互相补充,从而完成复杂的分析任务。其中,色谱-质谱联用技术(如 GC-MS、LC-MS 等)将色谱的分离和质谱的鉴定技术结合起来,已成为当前复杂样品分析的最有力工具之一。

1) GC-MS 联用技术

对于挥发性的有机物,气相色谱是最重要也是最常用的分离技术之一,与之相匹配的有各种类型的检测器,其中一些检测器相当灵敏且具有选择性,而 GC-MS 联用系统的发展更好地解决了化合物分离后的准确鉴定问题。GC-MS 的优点包括:使用同位素标记化合物作为标准,可提高分析的准确度;使用高分辨质谱仪,可测定化合物的元素组成,并能根据质谱的差异来区分色谱未能分离的组分。

2) LC-MS 联用技术

液相色谱具有高效、快速、灵敏的特点,非常适合于相对分子质量大、难挥发或热敏感化合物及离子型化合物的分离分析。LC-MS 联用技术可同时发挥 LC 和 MS 的优点,快速、有效地进行复杂样品的在线分析,大大地拓展了有机分析的应用领域,为生物大分子和药物代谢产物的分析鉴定提供了有效的方法,在农药残留分析、染料、医药、天然产物等精细化工领域具有广泛的应用。

5. 其他重要应用

利用质谱法可以进行混合物的定量分析。火花源质谱仪,特别是电感耦合等离子体(ICP)光源质谱仪是分析金属、合金、超导体和矿石中痕量元素的重要手段。在考古学和矿物学研究中,利用同位素比测量法可以确定岩石和矿物的年龄。

6. 色谱-质谱联用仪介绍

现以 Thermo Finnigan TSQ Quantum Ultra AM 高效液相色谱-质谱联用仪为例介绍如下:

1)仪器组成

该仪器包括两大部分:Surveyor 液相色谱系统和 Finnigan TSQ Quantum Ultra AM 串联质谱。

2)使用方法

打开机械泵和分子涡轮泵电源,抽真空至少 4 h 或以上,再打开质谱电源,同时打开质谱泵、自动进样器电源。点击打开 Xcalibur 软件,检查"Vacuum"(真空)选项中"Ion Gauge Pressure"显示"$\leqslant 2 \times 10^{-6} \sim 3 \times 10^{-6}$ tor",质谱仪才可以使用。

按照相应检测项目的要求设定仪器参数,包括质谱仪器参数、质谱泵参数、自动进样器参数,编制进样表,进样。

结束后,清洗色谱柱,将质谱仪上加热毛细管温度降到 150 ℃ 或以下,然后用聚四氟乙烯垫片将加热毛细管口堵上。

3)注意事项

(1)仪器安装环境和配置要求:①为了保证液-质联用仪可以运行正常,要求室温控制在 25 ℃ 左右;②为了保证不间断电源,高效液相色谱-质谱联用仪要配置不间断电源(UPS),防止突然停电造成对仪器的损害;③使用氮气和氩气均为高纯度气体,其中氮气纯度要求≥99.99%,氩气纯度要求≥99.999%。

(2)基本维护与保养。

(a)室内温度和不间断电源状态需要每天进行检查,确保外部环境状态正常。

(b)质谱仪器后部防灰尘海绵垫需要定时清洗(一般一周清洗一次,晾干后装回原处),防止由于灰尘进入质谱仪导致工作异常。

(c)定时检查机械泵和分子涡轮泵的使用情况,包括是否工作正常、工作温度是否在 50 ℃ 左右、机油含量是否在要求范围之内。如果出现分析涡轮泵工作异常,迅速切断电源,防止意外事故发生。分子涡轮泵机油每隔十年更换一次,同时按照说明书对分子涡轮泵进行清洗,以保证其工作正常。机械泵机油根据实际情况处理,当机油出现大量泡沫时,需要及时更换机油。同时,每隔两个星期需要对机械泵进行气振。

(d)定时对质谱进行清洗。清洗部件包括加热毛细管、透镜和锥孔。每两个星期清洗一次。清洗时需要卸载真空。

(e)仪器不使用时,需要关闭机械泵、质谱电源和液相系统电源,并且将 UPS 进行放电处理。

（3）定期对 TSQ Quantum Ultra AM 质谱仪器进行自检。自检包括：①质量数准确性；②灵敏度和稳定性。仪器校正方法见仪器附带操作说明书，校正溶液为 Thermo Finnigan 公司提供的 Polytyrosine-1,3,6 标准溶液。

质谱仪质量数准确性校正步骤如下：

①打开桌面上"TUNE"图标，进入调试界面；②选择控制面板上"Control/Calibrate"显示校正对话框；③点击"AUTOMATIC"，进入自动校正界面；④连接好注射器，250 μL 注射器中充满 ESI 校正溶液；⑤点击"Start"，开始自动校正，自动校正程序大概需要 40 min；⑥校正程序结束后，仪器自动保存所有参数。

所有校正程序均为自动，当校正完毕后，仪器出现"校正完毕"提示，表示校正通过。如果出现无法解决错误，应该及时与 Thermo 公司售后工程师联系。

特别注意：当实验中没有发现质量数偏差的时候，不要随意进行质量校正程序。只有当扫描质量发生偏差，并且偏差≥±0.2m/z，才有必要进行以上质量校正步骤。

质谱仪灵敏度和稳定性自检方法如下：取氯霉素标准溶液 0.2 ng/mL，按照氯霉素标准操作程序方法中仪器方法进行进样。要求 0.2 ng/mL 氯霉素标准溶液连续性进样 7 次，平均信噪比 S/N≥20，重复进样峰面积相对标准偏差（RSD）≤10%。

灵敏度和稳定性实验每两个月进行一次。如果日常分析中发现异常现象（如质量数偏移、灵敏度急剧下降），需要重新进行自检。

实验二十四　液-质联用法测定蜂蜜中氯霉素残留量

一、目的要求

（1）掌握液-质联用法的基本原理。
（2）掌握液-质联用仪的基本构造和工作流程。
（3）掌握食品中药物残留的分析方法。

二、原理

液相色谱-质谱联用技术是经接口将液相色谱与质谱仪连接起来的新的分析技术，可以充分发挥色谱的分离功能和质谱的鉴定功能，具有检测灵敏度高、选择性好、定性与定量分析可同时进行、结果准确可靠等优点，在农药的残留分析、染料、医药、天然产物等精细化工领域具有广泛的应用。

样品经过有机溶剂提取后，经过色谱柱实现分离和富集，然后利用质谱检测器进行检测，采用电喷雾电离（ESI）技术，使氯霉素离子化，产生准分子离子峰

$(M-H)^-$。为提高定性能力和抗干扰能力,用二级质谱碎片进行定性,相对强度最大的二级碎片进行定量,测定其中的氯霉素残留量。

采用同位素内标法进行氯霉素定量。向样品中加入内标物氘代氯霉素(氯霉素分子有 5 个氢被氘代,因此自然丰度可认为等于 0)。假设样品中氯霉素浓度为 c_x,加入已知量的同位素内标浓度为 c_s,其相对值 $R_c = c_x/c_s$。根据质谱检测的原理可知,样品和内标物的信号大小(峰面积)正比于仪器的校正因子和浓度:

$$A_i = f_i c_i \qquad (8-8)$$
$$A_s = f_s c_s \qquad (8-9)$$

样品与内标物浓度的相对比值为

$$R_{c_i} = \frac{c_i}{c_s} \qquad (8-10)$$

因此,样品信号与内标物信号的相对比值为

$$R_{A_i} = \frac{A_i}{A_s} = \frac{f_i c_i}{f_s c_s} = f' R_{c_i} \qquad (8-11)$$

$$f' = \frac{f_i}{f_s} \qquad (8-12)$$

式中,f' 为相对校正因子。配制一系列浓度递增的标准溶液,分别加入等浓度的内标物,以标准样品的 R_{A_i} 对 R_{c_i} 作图,可得线性标准曲线:

$$R_{A_i} = a R_{c_i} + b \qquad (8-13)$$

将未知样品的 R_{A_x} 代入标准曲线方程,得到相应的 R_{c_x} 值,则未知样品中氯霉素含量为

$$c_x = R_{c_x} c_s \qquad (8-14)$$

三、仪器与试剂

仪器:Thermo Finnigan TSQ Quantum Ultra AM 四级杆液-质联用仪[配备 ESI 源和 APCI 源、Surveyor 液相色谱系统、自动进样器(Autosampler 1.4)、质谱泵(MS Pump 2.0)、控制软件 Xcalibur 1.4 版];XW-80A 涡旋混匀器(上海医科大学仪器厂);LDZ5-2 离心机(北京医用离心机厂);BUCHI R-200 旋转蒸发器(BUCHI公司);MILLI-Q 超纯水器(MILLIPORE 公司)。

试剂:甲醇(Merck,色谱纯);氢氧化钠(南京化学试剂厂,分析纯);乙酸乙酯(南京化学试剂厂,分析纯);氯霉素(chloramphenicol,纯度≥98%,Sigma-Aldrich 公司)和氘代氯霉素(D5-chloramphenicol,纯度≥98%,Sigma-Aldrich 公司);储备液:0.1 mol/L NaOH 溶液、0.5 mol/L NaOH 溶液;氯霉素标准储备液:准确称取一定量的氯霉素标准品,溶解于适量甲醇中,配制成 100 μg/mL 溶液,置于冰箱中冷冻保存(保存期 6 个月)。

四、实验步骤

1. 配制标准溶液

准确移取一定量的 100 μg/mL 氯霉素标准储备液于容量瓶中,用甲醇/水混合溶液(V/V=30/70)稀释定容。再用甲醇/水混合溶液(V/V=30/70)逐级稀释到相应标准溶液浓度,置于冰箱中冷冻保存(保存期 6 个月)。

2. 蜂蜜中残留氯霉素的提取

准确称取蜂蜜样品 5.00 g(±0.05 g)于 50 mL 离心管中,准确加入 100 μL 50.0 ng/mL 氯霉素内标溶液,涡旋混匀;加入 3 mL 0.1 mol/L NaOH 溶液,涡旋混匀;加入 5 mL 乙酸乙酯提取液,涡旋混匀 2 min;2000r/min 离心 5 min,取上层清液,于 40 ℃ 水浴下旋转蒸发至干。准确加入 1.00 mL 甲醇/水混合溶液(V/V=30/70),涡旋混匀后将溶液用 0.45 μm 滤膜过滤到进样瓶中。

3. 设置仪器参数与测定条件

液相色谱条件如表 8-4 所示。

表 8-4　液相色谱条件

色谱柱	Thermo Hypersil-Keystone BetaBasic-18 柱(150 * 2.1 mm,5 μm)
流动相	水(A),甲醇(B)
流速	0.25 mL/min
进样量	50 μL
柱温	室温
梯度设置	0 min 30%B;4 min 95%B;6 min 95%B;6.1 min 30%B

质谱条件如表 8-5 所示。

表 8-5　质谱条件

电离模式	ESI
极性	negative ion
毛细管温度	350 ℃
气体	Sheath Gas 45,Auxiliary Gas 5(Arbitrary units)
喷射电压	3200 V
数据采集参数	Isolation width:0.010 s;Q1=0.30,Q3=0.70

4. 仪器测定

进样前色谱柱需要平衡 15 min 以上,标准溶液重复进样,当峰面积变化为 $\pm 10\%$,保留时间变化为 $\pm 5\%$ 时,可正式开始进样。进样标准溶液浓度分别为 0.200 ng/mL、0.500 ng/mL、1.00 ng/mL、2.00 ng/mL、5.00 ng/mL 和 10.0 ng/mL,内标物氘代氯霉素浓度统一为 5.00 ng/mL。

5. 选择定性离子和定量离子

定性依据:阳性样品保留时间与标准相比为 $\pm 5\%$,基峰与次强离子碎片丰度比符合以下标准(表 8-6):

表 8-6 判断样品阳性的条件

相对强度	LC-MS(相对)
>50%	$\pm 20\%$
20%～50%	$\pm 25\%$
10%～20%	$\pm 30\%$
≤10%	$\pm 50\%$

定量依据:内标法定量,定量离子采用丰度最大的二级碎片(下划线离子),如表 8-7 所示。

表 8-7 氯霉素和氘代氯霉素的质谱信息

化合物	相对分子质量	母离子	碰撞能量(eV)	子离子
氯霉素	322	321	18	<u>152</u>,257,194,176
氘代氯霉素	327	326	18	<u>157</u>

6. 结果记录

在设定的条件下依次进样分析,记录结果于表 8-8。

表 8-8 液-质联用法测定氯霉素含量实验结果

样 品	氯霉素浓度 c_i(ng/mL)	内标浓度 c_s(ng/mL)	浓度比 R	氯霉素峰面积 A_i	内标峰面积 A_s	峰面积比 R_A
标样 1	0.200	5.00	0.0400			
标样 2	0.500	5.00	0.100			
标样 3	1.00	5.00	0.200			
标样 4	2.00	5.00	0.400			
标样 5	5.00	5.00	1.00			
标样 6	10.0	5.00	2.00			
未知样		5.00				

五、结果处理

绘制氯霉素与内标物峰面积比对浓度比的标准曲线,并由标准曲线确定未知样氯霉素的 R_{c_x},然后乘以内标浓度即可得到未知样中氯霉素的含量(计算公式自拟)。

六、注意事项

(1) 蜂蜜样品的处理过程特别需要注意 pH 的控制,pH 对样品回收率有较大影响。

(2) 四极杆液-质联用仪属于贵重仪器,需严格按照仪器操作要求使用,避免仪器损坏和实验失败(具体见 8.2 节)。

七、思考题

从蜂蜜样品中提取氯霉素,控制提取液的 pH 对提取的效率有什么影响?

第 9 章 X 射线衍射分析法

X 射线是一种电磁波,是原子内层电子在高速运动电子的冲击下产生跃迁而发射的辐射,其波长范围为 0.001~10 nm,常用波段为 0.01~2 nm。X 射线可以分为连续 X 射线和特征 X 射线两种。

将 X 射线作为辐射源的方法均属于 X 射线分析法。本书介绍的 X 射线衍射分析是其中一种。

9.1 基 本 原 理

晶体是由原子、离子或分子在空间周期性排列而成的固态物质。结构周期性是指一定数量、种类的原子、离子或分子在空间排列上每隔一定距离重复出现。一束平行的 X 射线投射到晶体上,一部分为晶体吸收,在晶体中产生周期性变化的电磁场,使原子中的电子也进行周期性振动,振动的电子成为新的电磁波波源,向各个方向发射出与入射 X 射线波长、相位相同的电磁波,这种现象称为散射。原子散射 X 射线的能力与原子中所含电子数目成正比。晶体中原子散射的电磁波互相干涉和相互叠加,在某一方向得到加强或抵消的现象称为衍射,相应的方向称为衍射方向。晶体衍射 X 射线的方向与构成晶体的晶胞大小、形状及入射的 X 射线波长有关。衍射光的强度与晶体内原子的类型和晶胞内原子的位置有关。所以,从衍射光束的方向和强度看,每种晶体都有特征的衍射图。

晶体可以看成是由许多组平行的晶面族组成,每一晶面族是由一组互相平行、晶面间距 d 相等的晶面组成。如图 9-1 所示,根据衍射条件,只有当光程差为入射 X 射线波长整数倍时衍射才能相互加强,即 d 与 θ 之间关系符合布拉格(Bragg)方程:

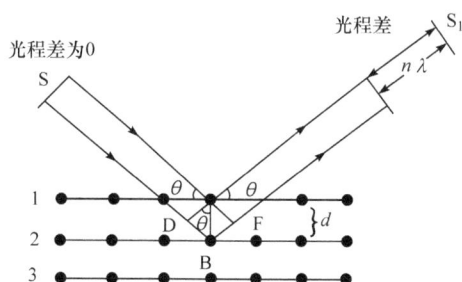

图 9-1 晶体产生 X 射线衍射的条件

$$n\lambda = 2d\sin\theta \tag{9-1}$$

式中,n 为整数,代表发生衍射的 X 射线级次;λ 为入射的 X 射线波长;d 为两晶面之间的距离;θ 为入射角。式(9-1)表明,只有在某一入射角时才能产生相互干涉。这是 X 射线在晶体中产生衍射必须满足的基本条件,反应了衍射方向与晶体结构之间的关系。因此,可以根据衍射数据鉴别晶体物质的物相。

9.2 X 射线衍射仪器

X 射线衍射仪主要由 X 射线发生装置、测角仪、测量 X 射线强度的计数管、记录装置等组成。其框图如图 9-2 所示。

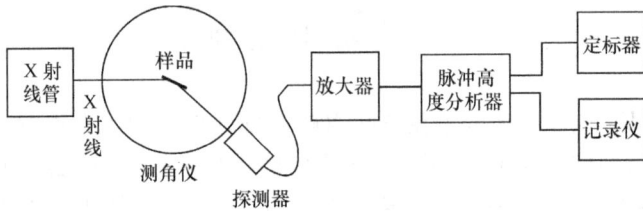

图 9-2 X 射线衍射仪结构框图

9.2.1 X 射线发生装置

1. X 射线管、电源及保护系统

X 射线管(又称 X 光管)构造如图 9-3 所示,由阴极(灯丝)和阳极(靶)组成,靶用 Cu、Fe、Co、Ni、Cr 等金属制成,阳极有循环水冷却,防止高温熔化。阳极产生的 X 射线由铍窗射出,铍对 X 射线吸收很少。管内高真空。

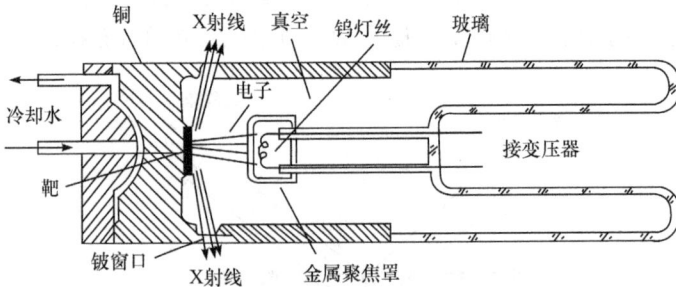

图 9-3 X 射线管剖面示意图

灯丝变压器供给一定的电流将灯丝加热到白热而发射电子。高压变压器是在阴、阳极之间产生数万伏高压,使阴极发射的电子在高压加速后轰击阳极。

在 X 射线发生装置中还装有各种保护电路,保护设备和人身安全。例如,水继电器,当水压不足时防止靶过热而切断电源;过负荷继电器,当高压变压器输出电压超过 X 射线管最高工作电压时,自动切断电源;低电压继电器,当灯丝变压器输出功率超过灯丝额定值时自动断电,保护灯丝;警告灯,灯亮表示有 X 射线产生;X 射线防护罩,打开 X 射线辐射防护罩门,X 射线立即中断,保护人身安全。

2. X 射线的产生

由灯丝变压器供给一定的电流将灯丝加热至白热,发射出电子,电子受阴、阳极间高压加速,高速轰击阳极,电子动能的 1% 变成 X 射线,99% 转变为热能,X 射线经铍窗向外辐射。

电子轰击金属靶时,同时产生两种 X 射线,即连续 X 射线和特征 X 射线。当电子与靶上原子碰撞后,电子失去能量,其中一部分以光子形式辐射,这就是 X 射线。大部分电子不会只碰撞一次就停下来,由于多次碰撞产生多次辐射。多次辐射中各光子能量互不相同,于是构成连续 X 射线。

当 X 光管的高压增加到一定的临界值(激发电压)时,高速运动中电子的动能就足以激发靶原子的内层电子,此时原子处于不稳定的激发态,外层电子跃迁至能级较低的内层轨道上填补空位,从而释放出多余的能量,产生某些具有一定波长的 X 射线,即特征 X 射线。这些 X 射线的波长与激发它的电子速度无关,只与靶材料金属的原子序数有关。若 K 层电子被激发,所有外层(L、M、N、…)电子都有可能跃迁到 K 层空位,辐射出 K 系特征 X 射线,L 层跃迁到 K 层辐射的 X 射线称为 K_α 射线,M 层跃迁到 K 层辐射的 X 射线称为 K_β 射线,N 层跃迁到 K 层辐射的 X 射线称为 K_γ 射线。只有 K_α 射线是常用的,常用的靶材是 Cu。特征 X 射线的强度是管电流和管电压的函数。

9.2.2　测角仪

测角仪是 X 射线衍射仪的核心部件,其结构图如图 9-4 所示。X 射线源 S 发出 X 射线经垂直发散梭拉狭缝 S_1、水平发散狭缝 DS 照射试样上,试样产生的衍射 X 射线通过接收狭缝 RS、接收垂直发散梭拉狭缝 S_2、防散射狭缝 SS,最后进入计数管。

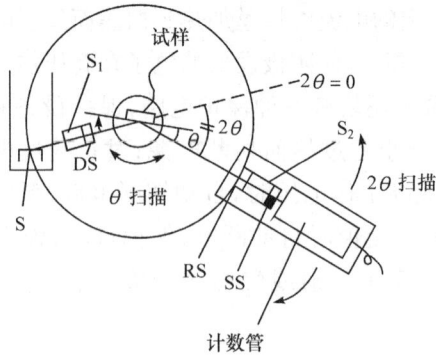

图 9 - 4　测角仪基本结构图

9.2.3　计数管与记录装置

闪烁计数器由铊活化的碘化钠单晶片和光电倍增管组成,可以在脉冲高达 $10^5/s$ 的计数率下使用而不漏计。

计数管输出的脉冲经放大器放大,进入脉冲高度分析器,再送入定标器进行定点计数,可采用定时计数或定数计时的方法记录衍射线的强度,或进一步送入打印机打印。定标器是将脉冲高度分析器或从计数管来的脉冲加以计数的电子装置。

9.2.4　X 射线衍射仪操作方法

现以 XRD-6000 X 射线衍射仪为例,介绍仪器操作方法如下:

(1) 快速合上闸刀。

(2) 调节冷却水箱的 BV 阀,使水压指示为 $2.5\sim3$ kg/cm^2。

(3) 启动计算机,在 XRD 硬件自检结束后(开启 XRD 电源 $2\sim3$ min),进入桌面 XRD6000 系统;将被测样品放置在测试架上。

(4) 点击画面上"Display & Setup",点击"Close"出现测角仪归零对话框后,再点击"OK"。

(5) 点击画面上"Right Gonio condition",双击空白处,出现"Standard Condition Edit"对话框,进行实验条件(角度范围、扫描步长、扫描速度、管电流-管电压)设定及对样品取名。同时点击画面上"Right Gonio Analysis"。

(6) 在实验条件设定后,点击"Append"、"Start",进入"Right Gonio Analysis"画面,点击"Start"。XRD 开始测试。

(7) 点击画面上"Basic Process",进行数据处理(得到 2θ、d 值、半峰宽、强度数据等)。

(8) 打印报告。

（9）操作完成后,退出 XRD-6000 系统。

（10）关闭 XRD 电源。

（11）冷却水在 XRD 停止工作 20 min 后方可关闭。

（12）关闭所有电源,做好仪器使用记录。

注意事项:

（1）仪器使用完毕,必须用吸尘器将测角仪内吸干净。

（2）有样品脱落在样品台上,一定要将防护罩取下,将样品台打扫干净,避免脱落下来的样品对样品台的腐蚀。

（3）做超细微粒的实验时,除样品台需打扫干净外,测角仪表面都要用吸尘器清扫。

（4）如果手上沾有样品,请将手洗净再操作。

实验二十五　X 射线粉末衍射法

一、目的要求

（1）掌握粉末衍射法的原理和实验方法。

（2）学习利用衍射图谱进行物质的物相分析,掌握索引和卡片的使用。

二、原理

单色 X 射线照射到粉末晶体或多晶样品上,所得到的衍射图称为粉末图,应用粉末图解决有关晶体结构问题的方法称为粉末法。

与单晶不同,粉末样品因其中含有各个方向的晶体颗粒,故对其衍射图像的分析比较困难。但通过衍射图谱的规律性,能够认识晶格的基本性质。衍射线条出现的方向取决于布拉格方程。

当 X 射线与晶面所呈的入射角为 θ 时,则与该晶面平行的晶体内的原子排列面的反射会受到干涉,因此,只有符合 $2d\sin\theta=\lambda$ 所规定的入射角 θ 的方向才能看到 X 射线衍射。

晶体内原子的排列随物质种类不同,可以具有各种不同的特征。一张衍射图谱上衍射线的位置仅与原子排列周期性有关,而强度则取决于原子种类、数量、相对位置等性质。衍射线的位置和强度完整地反映了晶体结构的两个特征,从而成为辨别物相的依据。

物相鉴别的依据是衍射线方向和衍射强度。在衍射图谱上即为衍射峰的位置和峰高,利用 X 射线衍射仪可以直接测定和记录晶体所产生衍射线的方向（θ）和强度（I）。

实验中,算出待鉴定样品的衍射图谱上各衍射峰的 d 值和 I 值,通过查对

ASTM 粉末衍射卡片,即可得知待鉴定物质的化学式及有关结晶学数据。

三、仪器与试剂

仪器:XRD-6000 X 射线衍射仪;玛瑙研钵;平板玻璃 20 块,30 cm²;样品板。
试剂:未知样品。

四、实验步骤

1. 样品准备

将样品在玛瑙研钵中研细,用手指压研无颗粒感即可。将样品板擦净放在玻璃板上,有孔一面向上,将粉末加到样品板孔中,略高于样品板,另用一玻片将样品压平、压实,除去多余试样。将样品板插入衍射仪的样品台上,并对准中线。

2. X 射线衍射仪操作条件

实验条件:Cu:Kₐ为辐射源;管电压:35 V;管电流:20 mA;限制狭缝:1°;发射狭缝:1°;接收狭缝:0.3°;扫描速度:4°/min;时间常数:0.1×20;记录纸速度:40 mm/min;分析范围:5°~35°。

按上述条件启动 X 射线衍射仪(操作方法见 9.2.4),得到粉末衍射图。

五、结果处理

(1) 对每个衍射峰的 2θ 值求出对应的面间距 d 值,并按其相对强度 I/I_0 的大小列表。

(2) 根据上表列出的实验结果,查索引和 ASTM 卡片对照,进行物相分析并确定未知样品。

六、注意事项

(1) X 射线是具有强大能量的光,有很强的穿透性,对人体有害,它又是肉眼看不见、没有任何感觉的光,所以操作者必须十分小心。

(2) 认真阅读"仪器使用注意事项"部分,仔细操作。

七、思考题

(1) 用衍射图鉴定物相的理论依据是什么?

(2) 实验中,如何得到一张良好的衍射图?

第 10 章　库仑分析法

库仑分析法是根据电解过程中消耗的电量,由法拉第定律确定被测物质含量的电化学分析法。100％的电流效率是库仑分析法的先决条件。库仑分析法可分为恒电流库仑分析法和控制电位库仑分析法两种。本书仅讨论恒电流库仑分析法。

恒电流库仑分析法是在恒定电流的条件下电解,由电极反应产生的电生"滴定剂"与被测物质发生反应,用电化学方法(也可用化学指示剂)确定"滴定"的终点,由恒电流的大小和到达终点需要的时间算出消耗的电量,根据法拉第定律求得被测物质的含量。这种"滴定"方法与滴定分析中用标准溶液滴定被测物质的方法相似,因此恒电流库仑分析法也称库仑滴定法。它可用于中和滴定、沉淀滴定、氧化还原滴定和配合滴定。

随着电子测量技术的发展,电量的测定可由电子积分或数字积分完成,因此不再有对恒电流的要求,测定中也不再需要进行计时测量,库仑分析仪可直接给出所测定的电量,使库仑分析更易实现,并逐步拓宽了应用领域。

10.1　基　本　原　理

库仑滴定装置如图 10-1 所示,它由电解系统和指示终点系统两部分组成。

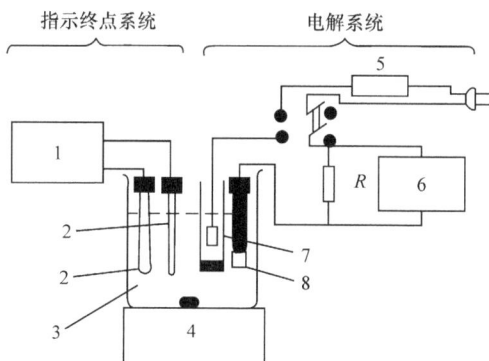

图 10-1　库仑滴定装置

1—pH 计或 mV 计;2—电极;3—电解池;

4—搅拌器;5—计时器;6—恒流源;

7—Pt 辅助电极;8—Pt 工作电极

将强度一定的电流 i 通过电解池,并用计时器记录电解时间 t。在工作电极上通过电极反应产生"滴定剂",该"滴定剂"立即与试液中被测物质发生反应,当到达终点时由指示终点系统指示终点到达,停止电解。根据法拉第定律,由电解电流和时间求得被测物质的质量 W(g):

$$W = \frac{it}{96485} \frac{M}{Z} \tag{10-1}$$

式中,M 为物质的摩尔质量;Z 为电极反应中的电子计量系数;it 为库仑滴定过程中产生的电量 Q,如果用电量积分仪,则电量可以表示为电流对时间的积分:

$$Q = \int_0^t i\mathrm{d}t \tag{10-2}$$

10.2 库仑滴定指示终点的方法和应用

库仑滴定指示终点的方法有化学指示剂法、电位法和永停终点法等。化学指

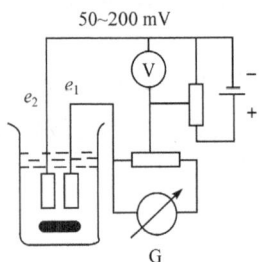

图 10-2 永停终点法原理图

示剂法与滴定分析用的指示剂相同。电位法如酸碱滴定,利用 pH 玻璃电极和饱和甘汞电极指示终点 pH 的变化。永停终点法的灵敏度较高,装置如图 10-2 所示。将两个相同的铂电极 e_1 和 e_2 插入试液中并加上 $50\sim200$ mV 直流电压。如果试液中同时存在氧化态和还原态的可逆电对,则电极上发生反应,电流通过电解池。如果只有可逆电对的一种状态,所加的小电压不能使电极上发生反应,电解池中就没有电流通过。例如,在酸性溶液中,由 Pt 工作电极上产生的 Br_2 滴定 As(Ⅲ),Pt电极上的反应如下:

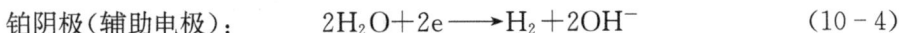

铂阳极(工作电极): $\qquad 2Br^- \longrightarrow Br_2 + 2e \tag{10-3}$

铂阴极(辅助电极): $\qquad 2H_2O + 2e \longrightarrow H_2 + 2OH^- \tag{10-4}$

在铂阳极上产生的"滴定剂"Br_2"滴定"As(Ⅲ),当 As(Ⅲ)反应完成后,试液中 Br_2 微过量,此时溶液中存在电对 $Br_2|Br^-$,回路中就有电流通过,表示终点到达。

在 As(Ⅲ)测定中,由铂阴极反应产生的 OH^- 会改变试液 pH,所以应将铂阴极隔开。通常是将产生干扰的电极装在一个玻璃套管中,管底部装上一微孔底板,板上放一层琼脂或硅胶。

以 KLT-1 型通用库仑仪为例,操作步骤介绍如下:

(1) 接通电源,打开仪器预热 10 min。将电解池清洗干净,量取所需电解液置于电解池中,放入搅拌磁子,将电解池放在电磁搅拌器上。

(2) 将电极系统装在电解池上,确认电极准确连接至库仑仪,隔离套管(保护

管)中也装入适量电解液。

（3）选择合适的量程，"工作/停止"开关置工作状态，按下"电流"和"上升"开关；按下"极化电位"按键，微安表指针应在 20，如不符，调节"补偿极化电位"旋钮，使其达到要求，弹起"极化电位"按键。

（4）准确移取待测液于上述电解池中，开动电磁搅拌，按下"启动"按键，按"电解"按钮开始电解，待"终点指示灯"亮表明到达终点，读取电解过程的电量（mQ），弹起"启动"按键，即完成一次测定。

（5）关闭仪器电源，拆除电极接线，洗净电解池及电极并注入蒸馏水待用。

以下列举几种在生产实际中常用库仑滴定进行分析的方法。

1. 钢铁中含碳量的自动库仑测定

将试样在 1200 ℃ 左右燃烧，产生的 CO_2 导入高氯酸钡溶液，发生如下反应：

$$Ba(ClO_4)_2 + H_2O + CO_2 \longrightarrow BaCO_3 \downarrow + 2HClO_4$$

反应后溶液的酸度增加。对该溶液进行电解，在阴极发生如下电极反应：

$$2H_2O + 2e \longrightarrow 2OH^- + H_2$$

产生的 OH^- 中和溶液中的 H^+，当溶液 pH 恢复到高氯酸钡溶液原来的酸度时停止电解。通过测定电解过程中消耗的电量即可确定生成的 $HClO_4$ 量，2 mol 高氯酸相当于 1 mol 碳，因此可测定含碳量。

2. 污水中化学耗氧量的测定

化学耗氧量（COD）是评价水质污染程度的重要指标。它是指在一定的条件下，1 L 水中可被氧化的物质氧化时所需要的氧的量。

用一定量的高锰酸钾标准溶液与水样加热反应后，剩余高锰酸钾的量用电解产生的亚铁离子进行库仑滴定：

$$5Fe^{2+} + MnO_4^- + 8H^+ === Mn^{2+} + 5Fe^{3+} + 4H_2O$$

根据产生亚铁离子所消耗的电量可确定溶液中剩余高锰酸钾量，计算出水样的 COD。

3. 卡尔·费休法测定微量水

卡尔·费休（Karl Fisher）试剂由碘、吡啶、甲醇、二氧化硫等按一定比例组成。利用 I_2 氧化 SO_2 时，水定量参与反应实现测定：

$$I_2 + SO_2 + 2H_2O === 2HI + H_2SO_4$$

以上反应为平衡反应,加入吡啶中和生成的 HI 以破坏平衡,加入甲醇防止副反应发生。测定电解产生碘的电量即可测得微量水的含量,1 μg 水对应 10.722 mC 电量。

4. S、Cl 等含量测定

不同形态的 S、Cl(如有机 S、有机 Cl)可通过高温裂解转化为 SO_2、Cl^-。当系统处于平衡状态时,滴定池中保持恒定 I_3^-(Ag^+)浓度,当有 SO_2(Cl^-)进入滴定池时,就与 I_3^-(Ag^+)发生反应:

$$I_3^- + SO_2 + H_2O \Longrightarrow SO_3 + 2H^+ + 3I^- \ (Ag^+ + Cl^- \Longrightarrow AgCl)$$

电解阳极电生出被 SO_2(Cl^-)所消耗的 I_3^-(Ag^+),直至恢复原来的离子浓度,测出电解时所消耗的电量,根据法拉第定律就可求得样品中总硫(氯)的含量。

实验二十六　　库仑滴定测定硫代硫酸钠的浓度

一、目的要求

(1) 掌握库仑滴定法的原理以及永停终点法指示滴定终点的方法。
(2) 应用法拉第定律求算未知物浓度。

二、原理

在酸性介质中,0.1 mol/L KI 在 Pt 阳极上电解产生"滴定剂"I_2"滴定"$S_2O_3^{2-}$,滴定反应如下:

$$I_2 + 2S_2O_3^{2-} \Longrightarrow S_4O_6^{2-} + 2I^-$$

用永停终点法指示终点。根据法拉第定律,由电解时间和通入的电流计算 $Na_2S_2O_3$ 浓度。

三、仪器与试剂

仪器:自制恒电流库仑滴定装置或商品库仑计;铂片电极 4 支(约 0.3 cm×0.6 cm)。

试剂:0.1 mol/L KI 溶液:称取 1.7 g KI 溶于 100 mL 蒸馏水中待用;未知 $Na_2S_2O_3$ 溶液。

四、实验步骤

按图 10-1 所示连接线路,Pt 工作电极接恒电流源的正极,Pt 辅助电极接负极并将其装在玻璃套管中。电解池中加入 5 mL 0.1 mol/L KI 溶液,放入搅拌磁子,插入 4 支 Pt 电极,并加入适量蒸馏水使电极刚好浸没,玻璃套管中也加入适量 KI 溶液。用永停终点法指示终点,并调节加在 Pt 指示电极上的直流电压 50～100 mV。开启库仑滴定计恒电流源开关,调节电解电流为 1.00 mA,此时 Pt 工作电极上有 I_2 产生,回路中有电流显示(若使用检流计则其光点开始偏转),此时应立即用滴管滴加几滴稀 $Na_2S_2O_3$ 溶液,使电流回至原值(或检流计光点回至原点)并迅速关闭恒电流源开关。这一步称为预滴定,可将 KI 溶液中的还原性杂质除去。仪器调节完毕,开始进行库仑滴定测定。

准确移取未知浓度 $Na_2S_2O_3$ 溶液 1.00 mL 于上述电解池中,开启恒电流源开关,同时记录时间,库仑滴定开始,直至电流显示器上有微小电流变化(或检流计光点慢慢发生偏转),立即关闭恒电流源开关,同时记录电解时间,一次测定完成。然后进行第二次测定。重复测定三次。

五、结果处理

(1) 按下式计算 $Na_2S_2O_3$ 浓度(mol/L):

$$[Na_2S_2O_3] = \frac{it}{96\,485\,V}$$

式中,电流 i 的单位为 mA;电解时间 t 的单位为 s;试液体积 V 的单位为 mL。

(2) 计算浓度的平均值和标准偏差。

六、注意事项

(1) 电极的极性切勿接错,若接错必须仔细清洗电极。

(2) 保护管中应放 KI 溶液,使 Pt 电极浸没。

(3) 每次试液必须准确移取(为什么?)。

七、思考题

(1) 试说明永停终点法指示终点的原理。

(2) 写出 Pt 工作电极和 Pt 辅助电极上的反应。

(3) 本实验中是将 Pt 阳极还是 Pt 阴极隔开? 为什么?

实验二十七　库仑滴定测定 8-羟基喹啉的浓度

一、目的要求

(1) 掌握库仑滴定测定有机化合物 8-羟基喹啉的原理。

(2) 掌握库仑滴定法指示终点的方法。

二、原理

酸性(pH=3.5)介质中,在 Pt 阳极上电解产生 Br_2 来滴定 8-羟基喹啉:

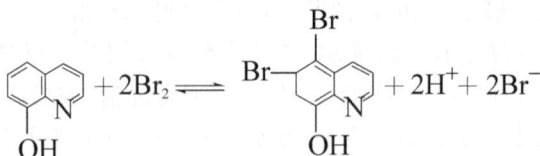

$$\text{（8-羟基喹啉）} + 2Br_2 \Longleftrightarrow \text{（二溴取代物）} + 2H^+ + 2Br^-$$

用永停终点法指示终点。由法拉第定律求出试样中 8-羟基喹啉的含量。

三、仪器与试剂

仪器:恒电流库仑滴定仪;4 支 Pt 电极;秒表。

试剂:0.2 mol/L NaBr 溶液;10^{-3} mol/L HCl 溶液;未知样品。

四、实验步骤

按图 10-1 所示连接线路。Pt 阳极(工作电极)接恒电流源的正极,辅助电极接负极并将其隔开。电解池中加入 5 mL 0.2 mol/L NaBr 和 10^{-3} mol/L HCl (pH=3.5)溶液。插入 4 支 Pt 电极,并加入适量蒸馏水使电极浸没。用永停终点法指示终点,调节加在 Pt 指示电极上的直流电压 50~200 mV。开启恒电流源开关,调节电流为 1.00 mA,由于 Pt 工作电极上有 Br_2 产生,回路中有电流显示(若使用检流计则其光点开始偏转),此时应立即用滴管滴加几滴稀 8-羟基喹啉溶液,使电流回至原值(或检流计光点回至原点)并迅速关闭恒电流源开关。这一步称为预滴定,可将 NaBr 溶液中的还原性杂质除去。仪器调节完毕,开始进行库仑滴定实验。

准确移取未知 8-羟基喹啉溶液 1.00 mL 放入电解池中,开启恒电流源开关,库仑滴定开始,同时记录时间,到电流有微小变化(或检流计光点慢慢产生偏离原点)时,立即关闭恒电流源开关,记录电解时间,一次测定完成。然后进行第二次测定。重复测定三次。

五、结果处理

(1) 列出公式计算样品中 8-羟基喹啉的含量。

(2) 计算 8-羟基喹啉含量的平均值和标准偏差。

六、注意事项

(1) 电极的极性不可接错。

（2）保护管中应放入 NaBr 溶液。

七、思考题

（1）试说明永停终点法指示终点的原理。

（2）写出 Pt 阳极和 Pt 阴极的反应。

（3）是否可以用上述方法测定酚？为什么？

第 11 章   电位分析法

11.1   基 本 原 理

电位分析法是在通过电池的电流为零的条件下,利用电极电位和浓度间的关系进行测定的一种电化学分析法。

电位分析法分为电位法和电位滴定法两类。电位法也称离子选择电极法,是利用膜电极将被测离子的活度转换为电极电位而加以测定的一种方法;电位滴定法是利用电极电位的变化来指示滴定终点的容量分析方法。在测定离子的浓度时,电位法仅仅测定溶液中的自由离子,不破坏溶液中的平衡关系,而电位滴定法测定被测离子的总浓度。

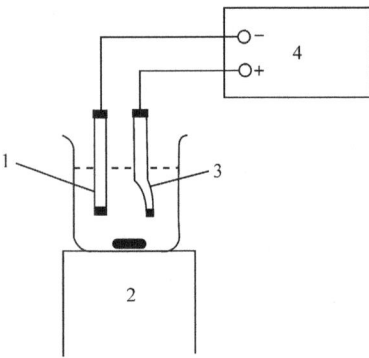

图 11-1   电位分析装置示意图
1—离子选择电极;2—搅拌器;
3—参比电极;4—离子计

电位测量时,将一支指示电极与另一支合适的参比电极插入被测试液中,构成一个电化学电池,并通过离子计(或 pH 计)测定电动势或电极电位(或 pH),从而求得被测物质的含量,装置如图 11-1 所示。

电位分析中使用的电极有离子选择电极和基于电子交换反应的电极,它们均可作为指示电极或参比电极。

测量时组成电池:

$$指示电极 | 试液 \| 参比电极 \tag{11-1}$$

电池的电动势 $E_{电池}$ 为

$$E_{电池} = \varphi_{参比} - \varphi_{指示} + \varphi_{液接} \tag{11-2}$$

式中,$\varphi_{参比}$ 为参比电极的电极电位;$\varphi_{指示}$ 为指示电极的电极电位;$\varphi_{液接}$ 为液体接界电位,可用盐桥降低或消去。

11.1.1   参比电极

参比电极是用来提供电位标准的电极,是一种辅助性质的电极。参比电极应具备好的可逆性、重现性和稳定性。最常用的参比电极是甘汞电极[尤其是饱和甘汞电极(SCE)]和银-氯化银电极,如图 11-2 所示。

(a) 甘汞电极　　　　　　　　　　　　　　(b) 银-氯化银电极

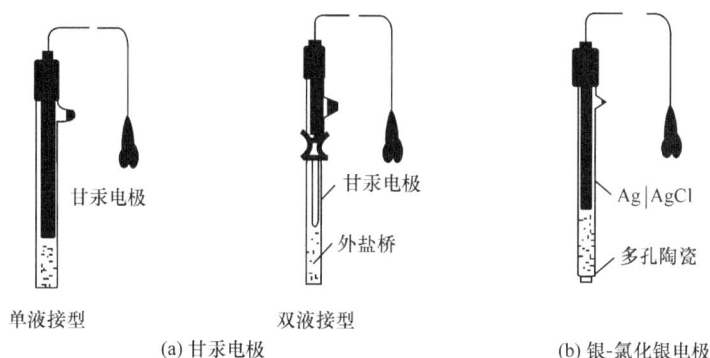

图 11-2　参比电极

对于甘汞电极,$Hg \mid Hg_2Cl_2, Cl^-(c=x)$,电极反应为

$$Hg_2Cl_2 + 2e \Longrightarrow 2Hg + 2Cl^-$$

其电极电位(25 ℃)为

$$\varphi = \varphi_{Hg_2^{2+}/Hg} + \frac{0.0592}{2}\lg K_{sp}(Hg_2Cl_2) - 0.0592\lg[Cl^-] \qquad (11-3)$$

对于银-氯化银电极,$Ag \mid AgCl, Cl^-(c=x)$,电极反应为

$$AgCl + e \Longrightarrow Ag + Cl^-$$

其电极电位(25 ℃)为

$$\varphi = \varphi_{Ag^+/Ag} + 0.0592\lg K_{sp}(AgCl) - 0.0592\lg[Cl^-] \qquad (11-4)$$

参比电极的电极电位与浓度间关系如表 11-1 所示。

表 11-1　二级标准电极电位(25 ℃)

电　极	电极电位(V/vs. NHE)	电　极	电极电位(V/vs. NHE)
甘汞　$Hg \mid Hg_2Cl_2, Cl^-(c)$		银-氯化银 $Ag \mid AgCl, Cl^-(c)$	
$c=0.1$ mol/L KCl	0.334	$c=0.1$ mol/L NaCl	0.288
$c=1.0$ mol/L KCl	0.280	$c=1.0$ mol/L NaCl	0.222
$c=$饱和 KCl	0.241	$c=$饱和 NaCl	0.194

11.1.2　指示电极

指示电极用于测定过程中溶液的本体浓度不发生变化的情况。电位分析中使用的指示电极主要是离子选择电极,其次是基于电子交换反应的电极。离子选择电极分为原电极和敏化离子选择电极两大类。原电极包括均相膜电极(如由 LaF_3 单晶组成的氟离子选择电极、AgCl 和 Ag_2S 组成的氯离子选择电极)、固定基体电极(如玻璃电极)、流动载体电极(如硝酸根离子选择电极等)。敏化离子选择电极包括气敏电极和酶电极。离子选择电极结构如图 11-3 所示。

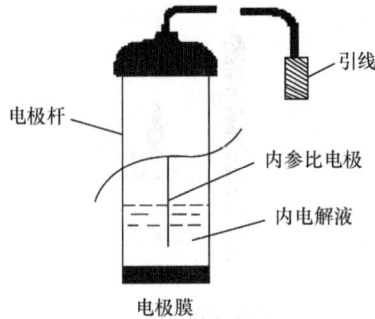

图 11-3 离子选择电极示意图

离子选择电极响应离子的活度与电极电位(25 ℃)的关系为

$$\varphi = 常数 \pm \frac{0.0592}{Z_A} \lg a_A \tag{11-5}$$

式中,Z_A 为离子的电荷数;$\frac{0.0592}{Z_A}$ 为电极的斜率;a_A 为离子的活度;$\pm$ 表示阳离子为加号,阴离子为减号。

离子选择电极必须具有能斯特(Nernst)响应、实际响应时间快、内阻小等性能。常见离子选择电极的性能如表 11-2 所示。

表 11-2 常见离子选择电极的性能

离子选择电极	浓度范围(mol/L)	pH 范围	干扰离子
氟	$10^{-1} \sim 10^{-6}$	$3 \sim 6$	OH^-
氰	$10^{-2} \sim 10^{-6}$	$11 \sim 12$	S^{2-}, I^-
氯	$10^{-1} \sim 5 \times 10^{-6}$	$2 \sim 12$	S^{2-}, Br^-, CN^-
硝酸根	$10^{-1} \sim 10^{-5}$	$2 \sim 10$	Cl^-, Br^-, I^-
pH	pH $0 \sim 14$	$0 \sim 14$	Na^+
pNa	$10^{-3} \sim 10^{-7}$	10	H^+
氨(铵)	$10^{-1} \sim 10^{-6}$	$3 \sim 13$	挥发性胺

基于电子交换反应的电极,如银电极 $Ag \mid Ag^+ (c=x)$,电极反应为

$$Ag^+ + e \Longrightarrow Ag$$

其电极电位(25 ℃)为

$$\varphi = \varphi_{Ag^+/Ag} + 0.0592 \lg a_{Ag^+} \tag{11-6}$$

11.1.3 电位分析方法

电位分析法主要有直接电位法和电位滴定两类方法。

1. 直接电位法

1）标准曲线法

将指示电极和参比电极置于一系列标准溶液中，分别测定其电位值后，绘制 φ-$\lg a$ 标准曲线。再测量试液的电位值，然后在标准曲线上求出其浓度。绘制标准曲线可用直角坐标或半对数坐标，应用半对数坐标较为方便，可直接求出未知液浓度。

标准曲线法用于大量样品的例行分析，适用于比较简单的体系。对于较复杂的体系，在试液中需要加入离子强度调节剂（TISAB）。例如，用氟离子选择电极测定自来水中的氟离子，需要加入由 1.0 mol/L 氯化钠、0.25 mol/L 乙酸、0.75 mol/L 乙酸钠以及 0.001 mol/L 柠檬酸钠所组成的 TISAB。该 TISAB 使试液的离子强度保持一定；试液的 pH 在氟离子选择电极适合的 pH 5.0 左右，避免了 OH^- 的干扰；柠檬酸根与铁氟配离子（水中存在铁离子）作用，使氟离子释放为可检测的游离氟。

2）标准加入法

标准加入法分两步测定，第一步测定体积为 V_x、浓度为 c_x 的被测离子试液的电位值；第二步在试液中加入小体积的该离子的标准溶液，并测量其电位值，由两次测定的电位差，根据能斯特方程可计算出被测离子的浓度。

标准加入法适用于复杂体系的试样分析。

3）直读法

在 pH 计（或离子计）上直接读出被测试液浓度的方法称为直读法。例如，用 pH 计测定未知溶液的 pH 时，组成如下测量电池：

pH 玻璃电极 | 试液 $c_{H^+} = x$（或标准缓冲溶液）‖ 饱和甘汞电极

电池电动势为

$$E_{电池} = \varphi_{甘汞} - \varphi_{玻璃} \tag{11-7}$$

在一定条件下，$\varphi_{甘汞}$ 为常数，则有

$$E_{电池,x} = b + 0.0592\, pH_x$$

实际测定未知溶液 pH 时，必须先用标准缓冲溶液进行定位校准：

$$E_{电池,s} = b + 0.0592\, pH_s$$

合并以上两式（25 ℃），得

$$pH_x = pH_s + \frac{E_{电池_x} - E_{电池_s}}{0.0592} \tag{11-8}$$

通常用于 pH 计的标准缓冲溶液如表 11-3 所示。

表 11 - 3　用于 pH 计的标准缓冲溶液

温度 (℃)	酒石酸氢钾 (饱和)	柠檬酸二氢钾 (0.05mol/kg)	邻苯二甲酸氢钾 (0.05mol/kg)	KH_2PO_4 (0.025mol/kg) Na_2HPO_4 (0.025mol/kg)	KH_2PO_4 (0.008695mol/kg) Na_2HPO_4 (0.03043mol/kg)	硼砂 (0.01mol/kg)	$NaHCO_3$ (0.025mol/kg) Na_2CO_3 (0.025mol/kg)
0		3.863	4.003	6.984	7.534	9.464	10.317
5		3.840	3.999	6.951	7.500	9.395	10.245
10		3.820	3.998	6.923	7.472	9.332	10.179
15		3.802	3.999	6.900	7.448	9.276	10.118
20		3.788	4.002	6.881	7.429	9.225	10.062
25	3.557	3.776	4.003	6.865	7.413	9.180	10.012
30	3.552	3.766	4.015	6.853	7.400	9.139	9.966
35	3.549	3.759	4.024	6.844	7.389	9.102	9.925
38	3.548		4.030	6.840	7.384	9.081	
40	3.547	3.753	4.035	6.838	7.380	9.068	9.889
45	3.547	3.750	4.047	6.834	7.373	9.038	9.856
50	3.549	3.749	4.060	6.833	7.367	9.011	9.828
55	3.554		4.075	6.834		8.985	
60	3.560		4.091	6.836		8.962	
70	3.580		4.126	6.845		8.921	
80	3.609		4.164	6.859		8.885	
90	3.650		4.205	6.877		8.850	

2. 电位滴定法

电位滴定法利用电极电位的"突跃"来指示滴定终点的到达。电位滴定终点的确定不必知道终点电位的准确值，只需知道电位值的变化即可。确定电位滴定终点的方法有作图法和二级微商法。表 11 - 4 是以 0.1000 mol/L AgNO₃ 溶液滴定 2.422 mmol Cl⁻ 电位滴定测得的数据。必须注意，实验时最初几次滴加的滴定剂量较大，通常 1~5 mL。在终点附近每次滴加的量减小为 0.1 mL，这样便于微商法的计算。

表 11 - 4 　Ag⁺ 溶液滴定 Cl⁻ 的数据

AgNO₃ 溶液体积 (mL)	电位 φ(vs. SCE) (mV)	ΔV	$\Delta\varphi$	$\dfrac{\Delta\varphi}{\Delta V}$	$\dfrac{\Delta^2\varphi}{\Delta V^2}$
5.00	62				
		10.00	23	2.3	
15.00	85				
		5.00	22	4.4	
20.00	107				
		2.00	16	8	
22.00	123				
		1.00	15	15	
23.00	138				
		0.50	8	16	
23.50	146				
		0.30	15	50	
23.80	161				
		0.20	13	65	
24.00	174				
		0.10	9	90	
24.10	183				20
		0.10	11	110	
24.20	194				280
		0.10	39	390	
24.30	233				440
		0.10	83	830	
24.40	316				−590
		0.10	24	240	
24.50	340				−130
		0.10	11	110	
24.60	351				−40
		0.10	7	70	
24.70	358				
		0.30	15	50	
25.00	373				
		0.50	12	24	
25.50	385				
		0.50	11	22	
26.00	396				
		2.00	30	15	
28.00	426				

1) 作图法

以电位值 φ(或 pH)为纵坐标,加入滴定剂体积 V 为横坐标,绘制 φ-V 电位滴定曲线[图 11 - 4(a)],曲线斜率最大处为滴定终点。

以 $\dfrac{\Delta\varphi}{\Delta V}$ 对滴定剂平均体积作图构成一级微商曲线[图 11 - 4(b)],曲线最大点所对应的体积为滴定终点体积。一级微商 $\dfrac{\Delta\varphi}{\Delta V}$ 对应值相减得二级微商曲线[图 11 - 4(c)],二级微商 $\dfrac{\Delta^2\varphi}{\Delta V^2}=0$ 时所对应的体积为滴定终点体积。

2) 二级微商法

在二级微商值出现相反符号时所对应的两个体积 V_1、V_2 之间必然存在 $\dfrac{\Delta^2\varphi}{\Delta V^2}=0$ 的一点,对应于这一点的体积即为滴定的终点体积。所以终点体积为

$$V_{终} = V_1 + (V_2 - V_1)\dfrac{\dfrac{\Delta^2\varphi_1}{\Delta V_1^2}}{\dfrac{\Delta^2\varphi_1}{\Delta V_1^2} + \left|\dfrac{\Delta^2\varphi_2}{\Delta V_2^2}\right|} \qquad (11 - 9)$$

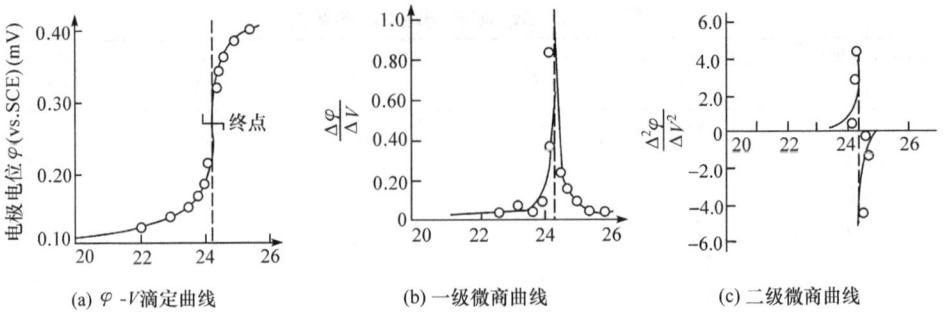

(a) φ-V滴定曲线　　(b) 一级微商曲线　　(c) 二级微商曲线

图 11-4　作图法确定电位终点

$$\varphi_{\text{终}} = \varphi_1 + (\varphi_2 - \varphi_1)\frac{\dfrac{\Delta^2\varphi_1}{\Delta V_1^2}}{\dfrac{\Delta^2\varphi_1}{\Delta V_1^2} + \left|\dfrac{\Delta^2\varphi_2}{\Delta V_2^2}\right|} \tag{11-10}$$

由式(11-9)计算得

$$V_{\text{终}} = 24.30 + 0.10 \times \frac{440}{440+590} = 24.34(\text{mL})$$

同理,可以求得终点时的电位值为

$$\varphi_{\text{终}} = 233 + 83 \times \frac{400}{440+590} = 268(\text{mV})(\text{vs. SCE})$$

3) Gran 作图法

在普通作图纸上,以电位对加入的滴定剂体积作图通常得到一条 S 形的曲线[图 11-4(a)]。Gran 坐标纸是半反对数纸,以电位对滴定剂体积作图得一条直线,外推至横坐标时,可得终点体积,由此可求出未知物的浓度。

Gran 作图法既适用于电位滴定法,也适用于电位法。

11.2　离子计和自动电位滴定仪

11.2.1　离子计

离子计是一种特殊用途的电位差计,由于离子选择电极内阻很高(如玻璃电极约为 $5 \times 10^8\,\Omega$),因此,为了确保在测量过程中没有电流通过,选用具有极高输入阻抗的线性集成运算放大器。当作为一般离子计使用时,将指示电极和参比电极(或复合电极)接头接入相应接口,一般不需校正,开机预热后,按入"测量"键即可直接读取电位值。当作为 pH 计使用时,由于溶液的 pH 与温度有关,在放大器中设置一个温度校正补偿器。每支电极都有将 pH 转换为 mV 值的转换系数且各不相同,为了消除这个电极转换系数引起的测量误差,设置了电极斜率调节器。当电极浸入溶液中,有时会产生一定的电位差,即不对称电位,这个值的大小取决于电极膜材料的性质、内外参比体系、测量溶液和温度等因素。要使仪器直接读出被测溶液的 pH,必须有一个稳定可调的电位消除这个不对称电位,"定位"调节器就是起这个作用。

仪器使用前先要定标,在测量间隔比较短的情况下,每天定标一次已能达到要求。将电极用蒸馏水清洗,然后插入一种标准缓冲溶液,调节"温度"补偿器所指示的温度与溶液的温度相同,然后调节"定位"器,使仪器所指示 pH 与该标准缓冲溶液在此温度下 pH 相同。取出电极用蒸馏水清洗,插入另一标准缓冲溶液中,调节"斜率"调节器,使仪器所显示的 pH 与该缓冲溶液此温度下的 pH 相同,此过程可能需要反复进行几次才能完成。此时,该电极指示的两种溶液的 pH 与标准值相符。经过标定的仪器,"定位"调节器、"斜率"调节器不应再有任何变动。

11.2.2　自动电位滴定仪

自动电位滴定仪经历了长期发展,新型的电位滴定仪由计算机控制滴定过程,并自动采集测量数据,其结构如图 11-5 所示。电位滴定仪主要由两个部分构成,即自动滴定单元和电位测定单元,电位测定单元对滴定单元具有控制功能。整套仪器可由单板机键盘进行操作,也可由外接计算机进行操作。

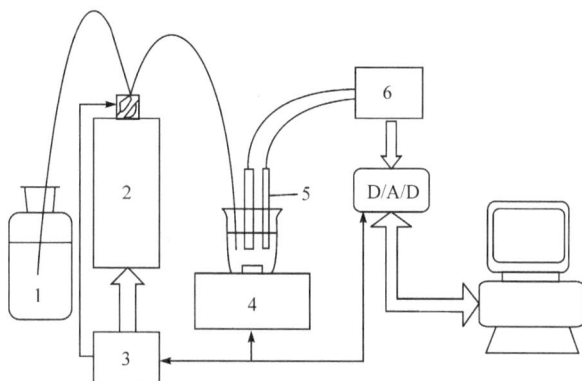

图 11-5　自动电位滴定仪结构示意图

1—滴定剂;2—注射泵;3—单板机;4—电磁搅拌器;5—电极;6—电位差计

自动滴定单元一般设计为由电子线路或单板机控制的柱塞式注射泵,其注射速度受测量单元控制,测量单元接入相应的指示电极和参比电极后,对溶液中成分产生电位响应。在搅拌条件下,随着自动滴定装置输出的滴定剂与待测组分反应,电位发生改变,由测定单元转化为数字信号并存储,亦即在计算机中记录了滴定曲线,由计算机采用微商法确定滴定终点。注射泵的输液速度可以人为设定,并且仪器具有自动调节功能,随电位变化率增加自动降低输液速率。测定大量样品时可设定终点电位值,在滴定达到终点时自动停止,并记录滴定终点体积。

实验二十八　氟离子选择电极测定氟

一、目的要求

(1) 掌握用标准曲线法、标准加入法和 Gran 作图法测定未知物浓度。

(2) 学习使用离子计。

二、原理

氟离子选择电极的电极膜由 LaF_3 单晶制成,结构如图 11-6 所示。电极电位(25 ℃)为

$$\varphi = b - 0.0592 \lg a_{F^-}$$

测量电池为

氟离子选择电极 | 试液($c = x$) ‖ SCE

测定时试液中应加入离子强度调节剂。

标准曲线法:配制一系列标准溶液,以电位值 φ 对 $\lg c$ 作图,然后由测得的未知试液的电位值 φ,在标准曲线上查得其浓度。

标准加入法:首先测量体积为 V_x、浓度为 c_x 的被测离子试液的电位值 φ_x,若为一价阳离子,则有

$$\varphi_x = b + s \lg a_x = b + s \lg f_x c_x$$

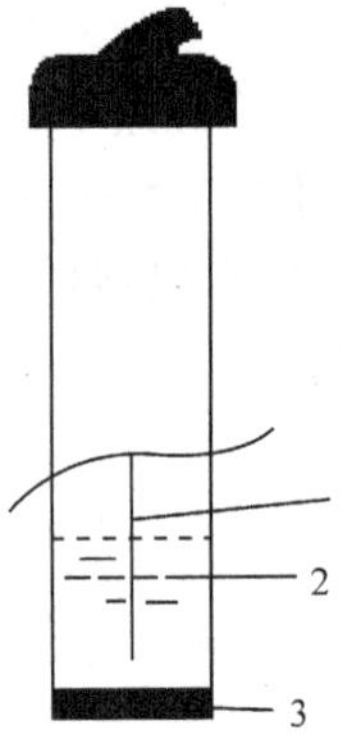

图 11-6　氟离子选择电极

1—Ag-AgCl；2—0.1 mol/L NaCl；

3—LaF_3 单晶

然后在试液中加入体积为 V_s、浓度为 c_s 的被测离子的标准溶液,并测量其电位值 φ_1:

$$\varphi_1 = b + s \lg f_x' \frac{V_s c_s + V_x c_x}{V_s + V_x}$$

假定 $f_x \approx f_x'$,合并以上两式重排后取反对数:

$$c_x = \frac{V_s c_s}{(V_x + V_s) 10^{\frac{\Delta \varphi}{s}} - V_x} \tag{11-11}$$

若 $V_x \gg V_s$(通常为 100 倍),V_s 可忽略,则

$$c_x = \frac{V_s c_s}{V_x (10^{\frac{\Delta \varphi}{s}} - 1)} = \frac{\Delta c}{10^{\frac{\Delta \varphi}{s}} - 1} \tag{11-12}$$

式中，$\Delta c = \dfrac{V_s c_s}{V_x}$；$\Delta\varphi$ 为两次测得的电位值之差；s 为电极的实际斜率，可由标准曲线求出。

标准加入法通常要求加入的标准溶液的体积比试液体积小 100 倍，浓度大 100 倍，使加入标准溶液后测得的电位变化达 20～30 mV。

Gran 作图法相当于多点增量法。Gran 作图法用于电位法时，经一次标准加入后，再分别加入 4 次标准溶液，并测定相应的电位值，则

$$\varphi = b + s\lg\frac{V_s c_s + V_x c_x}{V_s + V_x}$$

改写为

$$(V_x + V_s)10^{\frac{\varphi}{s}} = 10^{\frac{b}{s}}(c_x V_x + c_s V_s)$$

以 $(V_x + V_s)10^{\varphi/s}$ 对 V_s 作图得一条直线。将直线外推，与横坐标相交于原点的左边 V_e，则由上式得

$$c_x = -\frac{c_s V_e}{V_x} \qquad\qquad (11-13)$$

Gran 作图法用于电位滴定法时，与横坐标相交于原点的右边，则

$$c_x = \frac{c_s V_e}{V_x} \qquad\qquad (11-14)$$

以 $(V_x + V_s)10^{\varphi/s}$ 对 V_s 作图非常麻烦，需计算 $(V_x + V_s)10^{\varphi/s}$ 值。若用 Gran 坐标纸则很方便，只要将测得的电位值 φ 对 V_s 作图。Gran 坐标纸如图 11-7 所示。该坐标纸是已校准 10% 体积变化的半反对数坐标纸。

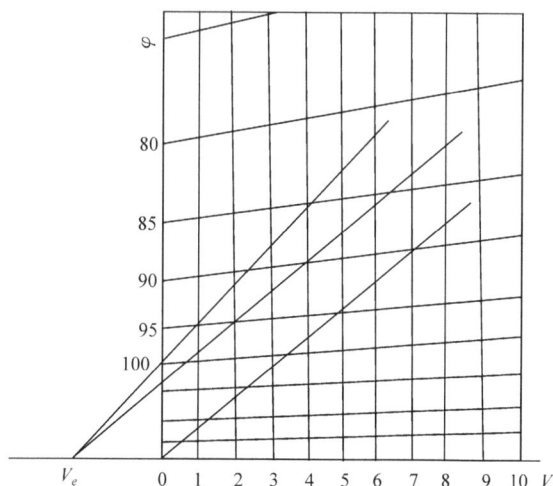

图 11-7　Gran 坐标纸

实际作图时应注意：

(1) 纵坐标是实测的电位值，由于纵坐标是按 $10^{\varphi/s}$ 标度的（s 是给定的离子选择电极的斜率，一价离子为 58 mV，二价为 29 mV；φ 是电位值，按 5 mV 比例设定），按 $10^{5/58}$、$10^{10/58}$、$\cdots$算出，因此标定纵坐标时一价离子一大格应为 5 mV，二价离子一大格为 2.5 mV。

(2) 横坐标为加入标准溶液的体积，若试液 V_x 取 100 mL，则横坐标每一大格为 1 mL；若 V_x 取 50 mL，则每一大格为 0.5 mL。

(3) 需要做空白试验。Gran 坐标纸采用给定的离子选择电极斜率 58 mV 制成，若离子选择电极的实际斜率比该值大或小，则所得直线与横坐标的交点将稍偏于原点的右侧或左侧。为了校准这种误差，应做空白试验。由试液和空白试验所得两条直线与横坐标交点之间的距离为 V_e 值。

三、仪器与试剂

仪器：离子计；电磁搅拌器；氟离子选择电极、饱和甘汞电极；1000 mL 容量瓶 2 个，100 mL 容量瓶 6 个；塑料烧杯 5 个。

试剂：1.000×10^{-1} mol/L F$^-$ 标准储备液：准确称取 NaF（120 ℃烘 1 h）4.199 g溶于 1000 mL 容量瓶中，用蒸馏水稀释至刻度，摇匀，储存于聚乙烯瓶中待用；$1.000 \times 10^{-6} \sim 1.000 \times 10^{-2}$ mol/L F$^-$ 标准溶液用上述储备液配制；离子强度调节剂：称取氯化钠 58 g 和柠檬酸钠 10 g，溶于 800 mL 蒸馏水中，再加入冰醋酸 57 mL，用 40％ NaOH 溶液调节至 pH＝5.0，然后稀释至 1 L。

四、实验步骤

1. 氟离子选择电极的准备

将氟离子选择电极浸泡在 1×10^{-4} mol/L F$^-$ 溶液中约 30 min，然后用蒸馏水清洗数次，直至测得的电位值约为－300 mV（此值各支电极不同）。若氟离子选择电极暂不使用，宜干放。

2. 绘制标准曲线

在 5 个 100 mL 容量瓶中分别配制内含 10 mL 离子强度调节剂的 $1.000 \times 10^{-6} \sim 1.000 \times 10^{-2}$ mol/L F$^-$ 标准溶液。将适量标准溶液（浸没电极即可）分别倒入5 个塑料烧杯中，插入氟离子选择电极和饱和甘汞电极，连接线路，放入搅拌磁子，按照浓度由小到大分别测量标准溶液的电位值（为什么？）。

测量完毕后，将电极用蒸馏水清洗，直至测得电位值为－300 mV 左右待用。

3. 试样中氟的测定

试样用自来水或牙膏。若用牙膏,用小烧杯准确称取 1 g 牙膏,然后加水溶解,加入 10 mL TISAB。煮沸 2 min,冷却并转移至 100 mL 容量瓶中,用蒸馏水稀释至刻度,待用。若用自来水,可直接在实验室取样。

(1) 标准曲线法。准确移取自来水样 50 mL 于 100 mL 容量瓶中,加入 10 mL TISAB,用蒸馏水稀释至刻度,摇匀。然后全部倒入一烘干的塑料烧杯中,插入电极,连接线路。在搅拌条件下待电位稳定后读取电位值 φ_x(此溶液不倒掉,留待下步实验用)。

(2) 标准加入法。实验(1)测得电位值 φ_x 后,准确加入 1 mL 1.000 × 10^{-3} mol/L F$^-$ 标准溶液,测定电位值 φ_1(若读得的电位值变化 $\Delta\varphi<20$ mV,应使用 1.000×10^{-2} mol/L F$^-$ 标准溶液,此时实验需重新开始)。

(3) Gran 作图法。实验(2)测得电位值 φ_1 后,再分别加入 F$^-$ 标准溶液 4 次,每次 1.00 mL,并测定其电位值 φ_2、…、φ_5。

(4) 空白试验。以蒸馏水代替试样,重复上述测定。

牙膏试样同样可按上述方法测定。

五、结果处理

(1) 以 φ 对 $\lg c_{F^-}$ 作图,绘制标准曲线。从标准曲线上求该氟离子选择电极的实际斜率和线性范围,并由 φ_x 值求试样中 F$^-$ 的浓度。

(2) 根据标准加入法[式(11-12)],求试样中 F$^-$ 的浓度:

$$c_x = \frac{\Delta c}{10^{\frac{\Delta\varphi}{s}} - 1} \times 2$$

$$\Delta c = \frac{V_s c_s}{100}$$

(3) 在同一 Gran 坐标纸上,分别用试样和空白试验测得的电位值 φ 对所加 F$^-$ 的标准溶液体积 V 作图,得两条直线。分别将该两条直线外推,与横坐标交于 V_e' 和 V_e'',则试样的浓度为

$$c_x = \frac{(V_e' - V_e'')c_s}{V_x} \times 2$$

六、注意事项

(1) 测量时溶液浓度应由小到大,每次测定后用被测试液清洗电极、烧杯和搅拌磁子。

(2) 绘制标准曲线时,测定一系列标准溶液后应将电极清洗至原空白电位值,

然后测定未知试液的电位值。

（3）测定过程中更换溶液时，"测量"键必须处于断开位置，以免损坏离子计。

（4）测定过程中搅拌溶液的速度应恒定。

七、思考题

（1）写出离子选择电极的电极电位完整表达式。

（2）为什么要加入离子强度调节剂？

（3）试比较标准曲线法、标准加入法和 Gran 作图法测得的 F^- 浓度。如有不同，说明其原因。

实验二十九　电位滴定法测定弱酸离解常数

一、目的要求

（1）掌握电位滴定法测定一元弱酸离解常数。

（2）掌握确定电位滴定终点的方法。

（3）学习使用自动电位滴定计。

二、原理

用电位滴定法测定弱酸离解常数 K_a，组成的测量电池为

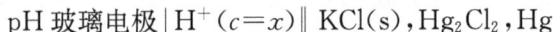

　　　　pH 玻璃电极 $| H^+(c=x) \|$ KCl(s)，Hg_2Cl_2，Hg

溶液的 pH 由式(11-8)表示。

当用 NaOH 标准溶液滴定弱酸溶液时，滴定过程中溶液 pH 的变化由 pH 玻璃电极测量，pH 直接在 pH 计上读出。

若分别以 pH 对滴定剂体积 V、$\dfrac{\Delta pH}{\Delta V}$ 对 V 以及 $\dfrac{\Delta^2 pH}{\Delta V^2}$ 对 V 作图，可以求出滴定终点体积(图 11-4)，或用二级微商法算出终点体积[式(11-9)]。

由终点体积算出弱酸原始浓度，并算出终点时弱酸盐的浓度 $c_{盐}$。

弱酸 K_a 由下式计算：

$$[OH^-] = \sqrt{K_b c_{盐}} = \sqrt{\frac{K_w}{K_a} c_{盐}}$$

则

$$K_a = \frac{K_w c_{盐}}{[OH^-]^2}$$

三、仪器与试剂

仪器：自动电位滴定计；pH 玻璃电极、饱和甘汞电极。

试剂：0.1000 mol/L NaOH 标准溶液；一元弱酸（如乙酸等）。

四、实验步骤

首先用 pH＝7 的标准缓冲溶液校准 pH 计。

准确移取 25 mL 0.1 mol/L 一元弱酸溶液至一干净的 100 mL 烧杯中。烧杯置于滴定装置的搅拌器上，将电极架下移，使 pH 玻璃电极和饱和甘汞电极插入试液。由碱式滴定管逐渐滴加 0.1 mol/L NaOH 标准溶液，并在搅拌的条件下读取pH。刚开始滴定时 NaOH 溶液可多加一些，然后逐渐减少。接近终点时每次加0.1 mL。

用二级微商法算出终点 pH 后，可用自动电位滴定计进行自动滴定。

五、结果处理

（1）绘制 pH-V、$\dfrac{\Delta pH}{\Delta V}$-V、$\dfrac{\Delta^2 pH}{\Delta V^2}$-V 图，并从图上找出终点体积。

（2）根据式（11-9）和式（11-10）计算终点体积 $V_{终}$ 和终点 pH，并换算为 [OH⁻]。

（3）由终点体积计算一元弱酸的原始浓度：

$$c_x = \frac{c_{碱} V_{终}}{25.00}$$

再计算终点时弱酸盐的浓度 $c_{盐}$。

（4）计算弱酸的离解常数 K_a：

$$K_a = \frac{K_w c_{盐}}{[OH^-]^2}$$

六、注意事项

（1）玻璃电极使用时必须小心，以防损坏。

（2）新的或长期未用的玻璃电极使用前应在蒸馏水或稀 HCl 中浸泡 24 h。

七、思考题

（1）测定未知溶液 pH 时，为什么要用 pH 标准缓冲溶液进行校准？

（2）测得的弱酸 K_a 与文献值比较是否有差异？如有，说明原因。

（3）用 NaOH 溶液滴定 H_3PO_4 溶液，滴定曲线形状如何？如何计算 K_{a1}、K_{a2} 和 K_{a3}？

第12章 极谱法和伏安法

通过测量电解过程中所得电流-电位(电压)曲线进行测定的方法称为伏安法。凡是使用的极化电极是滴汞电极或其他电极表面能够周期性更新的液体电极的伏安法称为极谱法。极谱法包括直流极谱法、单扫描极谱法、交流极谱法、脉冲极谱法以及交流示波极谱法和计时电位法等。

12.1 基 本 原 理

12.1.1 直流极谱法

直流极谱法又称经典极谱法,是以滴汞电极为极化电极,饱和甘汞电极为去极化电极所进行的特殊电解分析。根据电解得到的电流-电位或电流-电压曲线,对被测物质进行定量分析。极谱分析实验装置如图 12-1 所示,分为电压装置、电流装置以及电解池三个部分。电压装置提供可变的直流电压。电流装置测定电解电流,一般为 μA 数量级。电解池中放入支持电解质、极大抑制剂、被测物质(去极剂),插入面积小的滴汞电极和面积大的饱和甘汞电极(指两电极系统)。

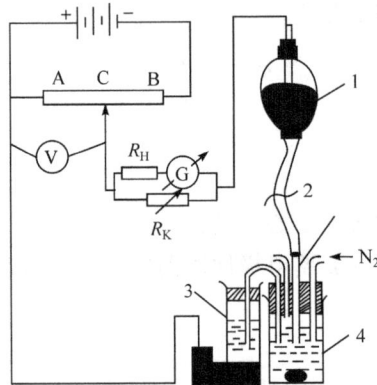

图 12-1 直流极谱装置示意图

1—储汞瓶;2—毛细管;3—饱和甘汞电极;4—电解池

现代极谱和伏安分析更多采用三电极系统,即增加一支 Pt 电极作为辅助电极(或称对电极),目的是使电解电流通过辅助电极而不通过参比电极,并反馈校正由于溶液内阻产生的电压降,以保证施加在工作电极上电压的准确性。

极谱波为台阶形的锯齿波,如图 12 - 2 所示。

在电解过程中,去极剂向汞滴电极表面运动受三种力的作用,即对流力、库仑力和扩散力,相应产生对流电流、电迁移电流和扩散电流。其中只有扩散电流 i_d 与去极剂浓度有定量关系,所以应设法消除对流电流和电迁移电流。极谱测定时保持试液静止并加入大量支持电解质,其目的是消除这两种电流。

此外,试液中溶解的 O_2 也能在汞滴电极上还原,产生两个极谱波:

图 12 - 2　Pb^{2+} 极谱波

第一个波　　$O_2 + 2H^+ + 2e \rightleftharpoons H_2O_2$　　（中性或酸性溶液）

　　　　　　$O_2 + 2H_2O + 2e \rightleftharpoons H_2O_2 + 2OH^-$　　　（碱性溶液）

第二个波　$H_2O_2 + 2H^+ + 2e \rightleftharpoons 2H_2O$　　（中性或酸性溶液）

　　　　　　$H_2O_2 + 2e \rightleftharpoons 2OH^-$　　　（碱性溶液）

第一个波的半波电位 $\varphi_{\frac{1}{2}}$ 约 -0.2 V（vs. SCE）,第二个波的半波电位 $\varphi_{\frac{1}{2}}$ 约 -0.9 V（vs. SCE）。氧波在相当大的范围内与去极剂的极谱波叠加,影响扩散电流的测定,应除去。

通常试液中用通 N_2 的方法除 O_2。碱性溶液也可用 Na_2SO_3 除 O_2。

可加入极大抑制剂（如动物胶等）消除极大。

1. 尤考维奇方程式

滴汞电极上受扩散控制的扩散电流 i_d（极限电流减去残余电流）用尤考维奇方程式表示:

$$i_d = KzD^{1/2}m^{2/3}t^{1/6}c \tag{12-1}$$

式中,z 为电极反应的电子数;D 为被测物质在溶液中的扩散系数,cm^2/s;m 为汞在毛细管中流速,mg/s;t 为在测量电流的电压下汞滴滴落的时间,s;c 为被测物质浓度,$mmol/L$;i_d 为扩散电流,μA;K 为常数,当 i_d 表示最大电流时,$K=708$,i_d 表示平均电流时,$K=607$,测量时测得的是平均扩散电流。

当实验条件一定时,有

$$i_d = Kc \tag{12-2}$$

这是定量分析的基础。定量分析方法有标准曲线法和标准加入法等。

标准曲线法是配制一系列不同浓度的被测物质的标准溶液,在相同底液(支持电解质、极大抑制剂等)、同一滴汞电极和汞柱高度下测定波高(也就是扩散电流),

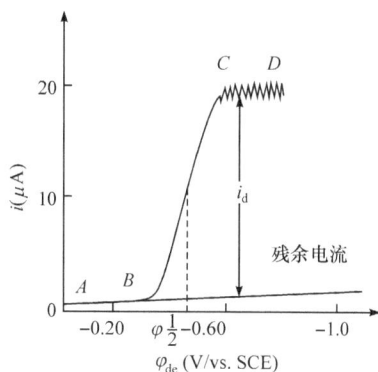

绘制波高对浓度的标准曲线。然后在相同实验条件下测量未知溶液的波高,由标准曲线上查得其浓度。

标准加入法是准确移取 V_x(mL)的未知试液并测定其波高 h,然后加入 V_s(mL)浓度为 c_s 的未知离子的标准溶液,在同样条件下测定其波高 H,则有

$$h = kc_x$$

$$H = h \frac{V_x c_x + V_s c_s}{V_x + V_s}$$

合并两式得

$$c_x = \frac{V_s c_s h}{(V_x + V_s)H - V_x h} \tag{12-3}$$

测量波高的方法如图 12-3 所示。

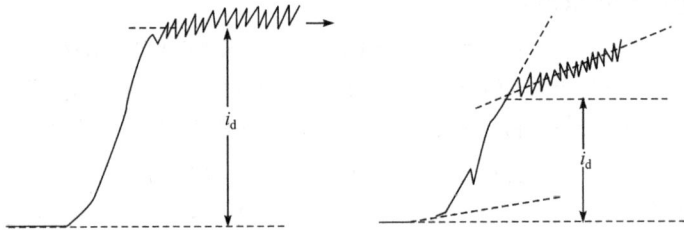

图 12-3　波高的测量

2. 极谱波方程式

若金属离子在滴汞电极上还原反应是可逆反应:

$$M^{z+} + ze + Hg \Longleftrightarrow M(Hg)$$

滴汞电极的电极电位 φ_{de} 与电流 i 间的关系(25 ℃)为

$$\varphi_{de} = \varphi_{\frac{1}{2}} + \frac{0.0592}{z} \lg \frac{i_d - i}{i} \tag{12-4}$$

其中

$$\varphi_{\frac{1}{2}} = \varphi_a^{01} + \frac{0.0592}{z} \lg \frac{K_a}{K_s}$$

式(12-4)称为极谱波方程式。

在实际工作中,由于使用大量的配合性支持电解质,通常金属离子在溶液中以配离子的形式存在:

$$M^{z+} + pX^{b-} \Longleftrightarrow MX_p^{(z-pb)+}$$

M^{z+} 在滴汞电极上还原生成汞齐:

$$M^{z+} + ze + Hg \Longrightarrow M(Hg)$$

在过量 X^{b-} 存在下,配合物的极谱波方程式为

$$\varphi_{de} = (\varphi_{\frac{1}{2}})_c + \frac{0.0592}{z}\lg\frac{i_d - i}{i} \qquad (12-5)$$

其中

$$(\varphi_{\frac{1}{2}})_c = (\varphi_{\frac{1}{2}})_s + \frac{0.0592}{z}\lg\sqrt{\frac{D_c}{D_s}} - \frac{0.0592}{z}\lg[X]^p - \frac{0.0592}{z}\lg K_{稳} \qquad (12-6)$$

式中,下标 c 和 s 分别为配离子和简单离子。

若 $D_c = D_s$,式(12-6)简化为

$$(\varphi_{\frac{1}{2}})_c = (\varphi_{\frac{1}{2}})_s - \frac{0.0592}{z}\lg[X]^p - \frac{0.0592}{z}\lg K_{稳} \qquad (12-7)$$

由式(12-7)可知,以 $(\varphi_{\frac{1}{2}})_c$ 对 $\lg[X]$ 作图得一直线,该直线的斜率为

$$\frac{\Delta(\varphi_{\frac{1}{2}})_c}{\Delta\lg[X]} = -p\frac{0.0592}{z} \qquad (12-8)$$

若 z 已知,由式(12-8)可从实验结果求出 p,从而确定配合物的组成。由式(12-7)算出 $K_{稳}$。

z 也可用对数作图法求得。以 $\lg\frac{i}{i_d - i}$ 为纵坐标、φ_{de} 为横坐标作图,对于可逆电极反应得一条直线,斜率为 $\dfrac{z}{0.0592}$。

12.1.2　单扫描极谱法

在一个汞滴生成的最后时刻,汞滴的面积基本上保持不变。若将滴汞电极的电位从一个数值线性地改变至另一个数值,并用示波器观察电流随电位的变化,这种方法称为线性变位示波极谱法或单扫描极谱法。

单扫描极谱法的示意图如图 12-4 所示。极谱波呈平滑的峰形,如图 12-5 所示。峰电流用下式表示(25 ℃):

$$i_p = Kz^{\frac{3}{2}}D^{\frac{1}{2}}m^{\frac{2}{3}}t^{\frac{2}{3}}v^{\frac{1}{2}}c \qquad (12-9)$$

式中,v 为电位变化速率,V/s;K 为常数。其他符号含义同前。

对于可逆电极反应,峰电位 φ_p 与直流极谱半波电位的关系(25 ℃)为

$$\varphi_p = \varphi_{\frac{1}{2}} \pm \frac{0.028}{z} \qquad (12-10)$$

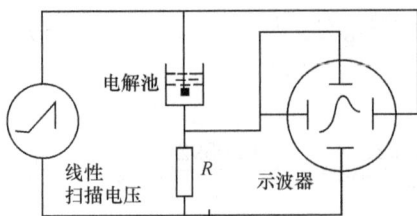

图 12-4　单扫描极谱法示意图

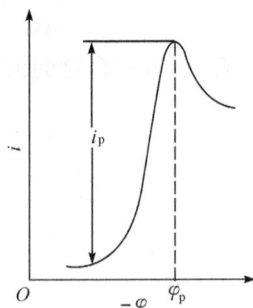

图 12-5　单扫描极谱波

12.1.3　循环伏安法

循环伏安法就是将单扫描极谱法的线性扫描电位扫至某电位值后,再回扫至原来的起始电位值 φ_i,即

$$\varphi = \varphi_i - vt \tag{12-11}$$

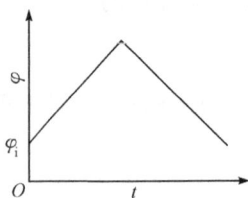

图 12-6　电位与时间的关系

电位与时间的关系如图 12-6 所示,所得的循环伏安图如图 12-7 所示。从循环伏安图上可以获得峰电流 i_{pc}、i_{pa} 和峰电位 φ_{pc}、φ_{pa} 等重要参数。根据循环伏安图提供的信息可判断电极过程的可逆性等。

循环伏安法使用的指示电极有悬汞电极、铂电极和玻碳电极等。

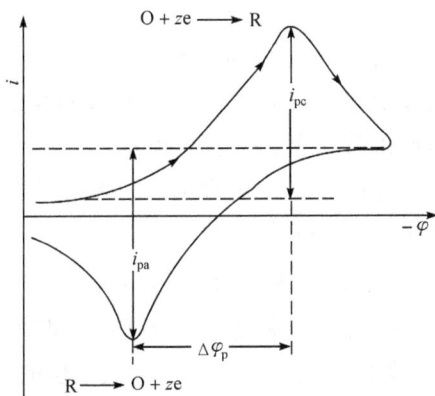

图 12-7　循环伏安图

12.1.4 脉冲极谱法

每一汞滴后期的某一时刻,在线性变化的直流电压上叠加一个方波电压,振幅 ΔE 为 $2\sim100$ mV,并在方波电压半周期的后期记录电解电流的方法称为脉冲极谱法。由于方波电压的宽度为 $5\sim100$ ms,因此充电电流和毛细管噪声电流得到充分的衰减。脉冲极谱法是极谱法中灵敏度较高的方法之一。

脉冲极谱法按施加脉冲电压的方式分为常规脉冲极谱和示差脉冲极谱法。常规脉冲极谱波与直流极谱波相似。示差脉冲极谱波呈峰形,峰电流的最大值 Δi_{max} 为

$$\Delta i_{max} = \frac{z^2 F^2}{4RT} AD^{\frac{1}{2}} (\pi t)^{-\frac{1}{2}} \Delta Ec \qquad (12-12)$$

式中,ΔE 为脉冲振幅;t 为加脉冲到测量电流时的时间。峰电位为

$$\varphi_p = \varphi_{\frac{1}{2}} - \frac{\Delta E}{2} \qquad (12-13)$$

半峰宽为

$$W_{\frac{1}{2}} = 3.52 \frac{RT}{zF} \qquad (12-14)$$

12.1.5 溶出伏安法

溶出伏安法是在极谱法基础上发展起来的高灵敏度的痕量分析方法。操作分为预电解过程和溶出过程两步,如图 12-8 所示。预电解过程是在恒电位和搅拌溶液的条件下进行。电极上所加的电位是被测物质产生极限电流的电位。预电解是为了富集。预电解后停止搅拌 $30\sim60$ s,这段时间称为休止期。溶出过程主要有单扫描极谱法、脉冲极谱法等方法。溶出时若工作电极上发生氧化反应,则称为阳极溶出伏安法;若发生还原反应,则称为阴极溶出伏安法。

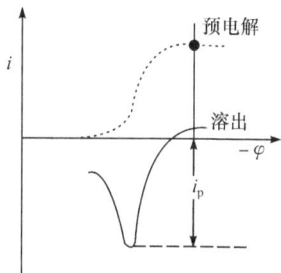
图 12-8 溶出伏安法原理图

溶出峰电流(峰高)的大小与被测物质浓度成比例,这是定量分析的基础。

阳极溶出伏安法常用的工作电极有悬汞电极、汞膜电极等。

12.2 伏安(极谱)分析仪

12.2.1 电化学工作站

电化学工作站结构原理如图 12-9 所示。

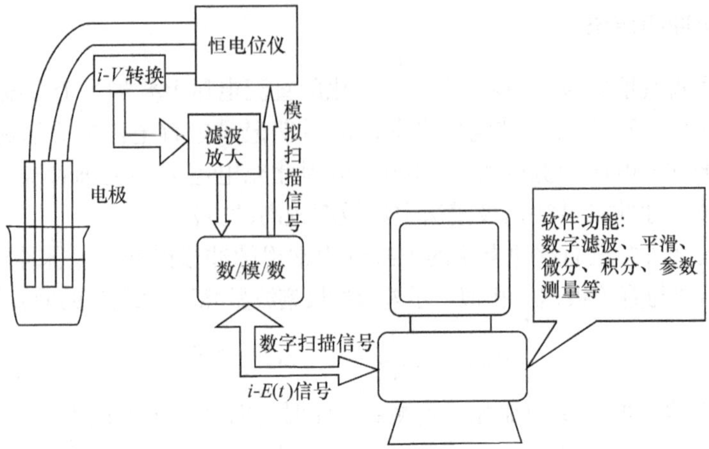

图 12-9　电化学工作站结构原理

　　由计算机产生的数字化电位扫描信号,经由数/模转换器转换为功率很小的模拟信号,并经恒电位仪转换为具有足够功率的电解驱动电压,此电压施加在三电极系统的工作电极和辅助电极上,用于实施电解并产生电流。参比电极用于监控工作电极的电位,当测量系统发现施加在工作电极上的电位由于溶液内阻或其他部分的电阻造成的电压降而偏离仪器输出的电位时,通过反馈系统进行补偿,从而保证工作电极上的实际电位与仪器输出一致。在工作电极和辅助电极之间流过的电流经由 $i\text{-}V$ 或 $i\text{-}f$ 转换为可测的电压或频率信号,并经滤波、放大等步骤后经模/数转换为数字信号输入计算机,由计算机实时绘制 $i\text{-}E(t)$ 曲线并存储,并进一步进行数字滤波、平滑、积分、微分等处理,以获得更好的测量信号。$i\text{-}E(t)$ 曲线上的各种参数(如电流、电位、峰宽等)均可由计算机测量获得。由计算机产生的各种随时间变化的电位信号可以实现各种伏安(极谱)分析方法,如线性扫描伏安(极谱)法、循环伏安法、脉冲伏安(极谱)法、溶出伏安法、恒电位计时电流法等,因此,一台电化学工作站一般可以实现大部分的伏安(极谱)分析方法。

12.2.2　示波极谱仪

　　示波极谱仪是采用示波器显示伏安(极谱)分析曲线的一种设备,目前虽然在大多数场合已经被电化学工作站取代,但由于其价格较为低廉、操作简单而有实际的应用。示波极谱仪结构原理如图 12-4 所示,采用三电极系统,以滴汞电极为工作电极,工作原理是由信号发生器产生的扫描信号经恒电位仪后施加于电极系统,并同步输出至示波器的 X 轴,所产生的电流经滤波、放大等处理后输出至示波器的 Y 轴,这样在示波器上就显示出伏安(极谱)图形,并可读出峰电流值。示波极谱仪扫描速率较快，一般设计为 250 mV/s，整个测定过程在一滴汞上完成。考虑到滴汞过程中汞滴表面积随时间增大，仪器设计中采用汞滴敲击装置，以保证汞滴的滴落周期与扫描周期一致，一般采用 7 s 为一个周期，并且设定扫描在每周期的最后 2 s 内完成，因为在这段时间汞滴表面积趋于稳定。

12.2.3　自动伏安(极谱)分析系统

自动伏安(极谱)分析系统是在电化学工作站的基础上配备自动化的电解池清洗、自动进样装置等，由计算机操作的机械臂和样品自动更换装置构成，可自动完成标准加入等测定，适用于批量样品的自动化连续测定，具有分析速度快的优越性，是一类适合于实际应用的伏安(极谱)分析仪器。这类仪器还可以设置经优化的参数和配套使用特定的支持电解质溶液，成为某些行业用于专门目标的专用设备。

12.2.4　伏安(极谱)分析仪的使用

伏安(极谱)仪器的基本操作如下：

1. 经典极谱仪

经典极谱仪以滴汞电极为工作电极，打开主机电源预热，将滴汞电极储汞瓶升至一定高度并进行适当调整，保证汞滴顺利流出，滴落周期以 3～4 s 一滴为宜。

在仪器面板上(或通过软件设置)确定扫描起始电位、终止电位、扫描速率、灵敏度量程等实验参数，启动按钮进行测试，同时用记录仪记录极谱曲线或由计算机自动记录极谱曲线。

根据所记录的极谱曲线中峰电位、峰电流等信号得出实验结果。

2. 示波极谱仪

示波极谱仪同样以滴汞电极作为工作电极，但必须注意调节汞滴的自然滴落周期略大于 7 s，以保证通过敲击实现与扫描的同步。

主机预热后，调整示波器光点位置在合理的位置，在仪器面板上调节扫描起始电位、扫描极性、灵敏度量程等参数，即可开始测定。

从示波器屏幕上直接读取峰电位、峰电流等信息。仪器设计有一阶、二阶导数功能，可根据需要选用。

3. 电化学工作站

将电化学工作站主机开机预热后，点击"软件"图标启动软件，一般软件带有自检功能，检测联机是否正常，若无法进行通信，可在软件设置功能中更改通信口设置。软件还可以对仪器进行自检,以判断主机是否正常工作,当各项显示均为"OK",可进入正常测试。

在功能选项中点选所需的方法,并进行测试参数设置,包括起始电位、终止电位、扫描极性、扫描速率、灵敏度量程等,设置完成后即可按下"电极启动"按钮开始实验,过程中可随时点击"暂停"或"结束"按钮。

伏安(极谱)曲线实时显示于计算机显示器,实验结束后,点击显示按钮可显示全屏图形,并可以选用软件附带的数据处理功能(如滤波、平滑、微分、积分、叠加显示、放大、自动读取峰电位、峰电流等),实验完成后可将曲线存盘、打印或转化为txt 文本供其他软件进行数据处理。

12.3 伏安(极谱)分析的发展

经典的伏安(极谱)分析技术主要用于金属离子分析,灵敏度有限,一般情况下检出限为 $10^{-6} \sim 10^{-5}$ mol/L 数量级。线性扫描伏安(极谱)分析、脉冲伏安(极谱)分析和溶出伏安分析法从原理上提高了测定的灵敏度。伏安分析的发展不仅进一步使方法的灵敏度得以提高,而且改善了方法的选择性,拓宽了应用领域。

12.3.1 提高伏安(极谱)分析灵敏度的方法

金属离子除可在电极上直接还原测定或采用溶出伏安法测定外,还可通过测定体系的改变提高测定灵敏度,如配位吸附伏安法和催化伏安法。配位吸附伏安法是基于金属离子与配体形成配合物并吸附于电极表面,从而增加了表面浓度,使电流增加。这种方法不仅可用于金属离子的高灵敏测定(检出限可达 10^{-10} mol/L 数量级),还可用于配合物的配位数及稳定常数的测定。催化伏安法主要包括催化氢波和平行催化反应,催化氢波是基于对氢还原的催化作用,而平行催化伏安法是基于化学催化剂使反应产物再生重复进行电化学反应,灵敏度与配位吸附伏安法相当。另外,对伏安(极谱)电流进行微分(导数)或卷积(也称半微积分)处理,不仅可提高伏安(极谱)电流的分辨率,还由于提高了信噪比,也使分析灵敏度得以提高。

12.3.2 有机化合物及药物的伏安(极谱)分析

伏安(极谱)分析的对象范围不断扩大,除传统的用于测定无机元素外,大量研究工作集中在有机化合物以及药物的分析。一般意义上,有机化合物分子结构中只要含有电活性的基团或结构片段,都可用伏安(极谱)法测定。值得一提的是,许多有机化合物在电极表面能够产生吸附,这种自然的富集现象使伏安法对有机化合物分析非常灵敏。目前,许多常用药物及天然产物(如维生素、生物碱、还原糖、抗生素等)都可用伏安(极谱)法测定。

12.3.3　伏安(极谱)分析在生命科学研究中的应用

生命科学研究越来越受到人们的重视。伏安分析方法在生命科学研究中扮演重要角色,许多重要的生命物质(如蛋白质、DNA 等)均可采用伏安分析进行研究。此外,液相色谱、毛细管电泳、微流控芯片(Lab-on-a-chip)、微全分析系统(Micro-total-analytical-system,μ-TAS)等分析技术也常以伏安法作为检测技术。

实验三十　极谱法测定扩散系数和半波电位

一、目的要求

(1)掌握电解条件的特殊性。

(2)了解氧波、汞柱高度对极谱波高以及汞柱高度和外加电压对汞滴滴落时间的影响。

(3)掌握测定扩散系数、$\varphi_{\frac{1}{2}}$、z 的方法。

(4)学习直流极谱仪的使用。

二、原理

极谱分析是一种特殊的电解过程。试液中必须加入支持电解质和动物胶,通 N_2 除 O_2,并保持溶液静止的条件下进行测定。被测物质在滴汞电极上还原产生的扩散电流为

$$i_d = 607zD^{\frac{1}{2}}m^{\frac{2}{3}}t^{\frac{1}{6}}c$$

滴汞电极电位 φ_{de} 与电流 i 之间的关系为

$$\varphi_{de} = \varphi_{\frac{1}{2}} + \frac{0.0592}{z}\lg\frac{i_d - i}{i}$$

三、仪器与试剂

仪器:极谱仪;秒表。

试剂:0.10 mol/L KCl;0.0100 mol/L $PbCl_2$;0.5%(质量分数)动物胶;固体 KNO_3。

四、实验步骤

1. 氧的极谱波和残余电流的观察

在电解池中放入约 10 mL 0.1 mol/L KCl 和 5 滴 0.5%动物胶。

将滴汞电极接仪器的"－"极,大面积的饱和甘汞电极接"＋"极。升高储汞瓶至一定高度,使汞滴约 4 s 滴下 1 滴。从 0～－1.8 V 扫描记录氧的极谱图(如氧波不明显,可向试液鼓气泡)。

通 N_2 约 10 min(溶液连续冒小气泡),再记录极谱图。

2. 支持电解质的作用

量取 10 mL 0.01 mol/L $PbCl_2$ 于电解池中,加入 5 滴 0.5% 动物胶,通 N_2 10 min,除去 O_2。从 －0.3～1.2V 扫描记录极谱图。

在电解池中加入约 0.5 g 固体 KNO_3,通 N_2 5 min,再记录极谱图。

3. 汞柱高度对极谱波的影响

(1) 紧接 2 的实验,改变汞柱高度(储汞瓶内汞面到毛细管尖端的距离)两次,分别记录极谱图。

(2) 在不加电压的条件下,取两个不同的汞柱高度,用秒表记录汞滴滴落的时间,观察汞柱高度对汞滴滴下时间(取约 15 滴汞的总时间除以滴数)的影响。

(3) 在同一汞柱高度观察外加电压对汞滴滴落时间的影响。第一次电极上不加电压,第二次加 －1.0 V,第三次加 －2.0 V。

4. 测量 Pb^{2+} 的扩散系数、$\varphi_{\frac{1}{2}}$ 和 z

准确移取 10 mL 0.0100 mol/L $PbCl_2$ 溶液于 100 mL 容量瓶中,加入 5 滴 0.5% 动物胶,用 10 mL 1 mol/L KNO_3(或固体 KNO_3)溶液稀释至刻度。从 －0.3～－1.2 V 记录极谱图。

汞滴滴落时间的测量:在极谱波扩散电流的某一固定电位处,用秒表测量 10 滴汞滴落的时间。

毛细管中汞流速的测量:用小骨勺盛接毛细管下滴落的汞 2 min,收集的汞用丙酮洗涤,吹干并称量。

五、结果处理

(1) 根据尤考维奇方程式计算支持电解质 KNO_3 溶液中 Pb^{2+} 的扩散系数。

(2) 用对数作图法求 z 和 $\varphi_{\frac{1}{2}}$。

六、注意事项

(1) 汞蒸气有毒,实验时必须小心,防止汞滴溅落在实验桌或地面上。如果发生汞滴散落,应报告教师并及时处理。

(2) 电解池中废液应倒入废液缸中,严禁倒入水槽。

（3）实验结束后,用蒸馏水清洗电极并擦干,再使汞滴在空电解池中滴落数滴,然后放下储汞瓶。

七、思考题

解释汞柱高度和外加电压对极谱波高的影响。

实验三十一　单扫描极谱法测定铜

一、目的要求

（1）掌握单扫描极谱法的原理。

（2）掌握极谱分析的定量方法。

二、原理

单扫描极谱法是在一滴汞滴落的最后 2s 施加一个随时间变化的线性电压,用示波器记录 i-φ_{de} 曲线,曲线为平滑的峰形。与直流极谱法相比,单扫描极谱法分析速度快、分辨率好、灵敏度高。在一定的实验条件下,峰电流与被测物质浓度成比例,即

$$i_p = Kc$$

因此可用标准曲线法或标准加入法进行定量分析。

在 1 mol/L $NH_3 \cdot H_2O$-NH_4Cl 介质中,用 Na_2SO_3 除氧,以动物胶为极大抑制剂,Cu^{2+} 有两个极谱波。第一个波的峰电位 φ_p 约为 -0.26 V(vs. SCE),第二个波的峰电位 φ_p 约为 -0.52 V(vs. SCE)。在实际测定中以第二个波的峰高作为定量分析的依据。

在较浓的氨性介质中,氢氧化铁对 Cu^{2+} 无严重的吸附,Pb^{2+}、Cd^{2+}、Ni^{2+} 均不干扰 Cu^{2+} 的测定。本法适用于铜矿、铅锌矿以及铁矿中铜的测定。铜含量在 1 mg/mL 以下时,峰高与浓度呈线性关系。

三、仪器与试剂

仪器:示波极谱仪。

试剂:$NH_3 \cdot H_2O$-NH_4Cl 底液:230 g NH_4Cl 和 40 g Na_2SO_3(无水)溶于 1000 mL 浓氨水中;Cu^{2+} 标准溶液(1 mg/mL):准确称取纯铜 1.000 g 于 100 mL 烧杯中,加 1:1 HNO_3 10 mL,加热溶解,冷却,加入浓 H_2SO_4 1 mL 蒸发至冒白烟,冷却,加水溶解并移入 1000 mL 容量瓶中,用蒸馏水稀释至刻度,摇匀待用;0.5%动物胶:称取 0.5g 动物胶溶于 100 mL 沸水中;浓 HCl 和浓HNO_3(A. R.)。

四、实验步骤

1. 标准溶液的配制及其单扫描极谱波的绘制

用吸量管分别量取 1 mg/mL Cu^{2+} 标准溶液 0.00 mL、0.20 mL、0.40 mL、0.60 mL、0.80 mL、1.00 mL 于 50 mL 容量瓶中,加 $NH_3 \cdot H_2O$-NH_4Cl 底液 10 mL、5%动物胶10 滴,用蒸馏水稀释至刻度,摇匀待用。

分别将适量的标准溶液倒入电解池中,在-0.3～-0.8 V(vs. SCE)进行示波极谱测定,读取波高。

2. 矿样的溶解

准确称取 0.1 g 矿样于 100 mL 烧杯中,用少量水湿润样品。加浓 HCl 10 mL,微沸。再加浓 HNO_3 3 mL,慢慢加热,待矿样完全溶后蒸发至湿盐状,然后加 10 mL 水溶解,冷却。转移至 50 mL 容量瓶中,稀释至刻度,摇匀待用。

3. 测定样品

样品可用溶液样或矿样。用移液管吸取样品溶液 10 mL 至 50 mL 容量瓶中,加 $NH_3 \cdot H_2O$-NH_4Cl 底液 10 mL、5%动物胶 10 滴,用蒸馏水稀释至刻度,摇匀(若有沉淀稍停片刻,吸取上层清液于电解池中)。取适量溶液于电解池中,在-0.3～-0.8 V进行示波极谱测定,读取峰高。

五、结果处理

(1) 绘制峰高-Cu^{2+}浓度标准曲线。

(2) 由样品峰高计算铜含量。对于溶液试样:

$$[Cu^{2+}] = \frac{A}{10 \times 63.54}(mol/L)$$

式中,A 为标准曲线上查到的铜含量(mg)。

对于矿样:

$$w_{Cu} = \frac{0.50A}{G} \times 100\%$$

式中,A 为标准曲线上查到的铜含量;G 为矿样的质量。

六、注意事项

(1) 测定前必须熟悉示波极谱仪各旋钮的作用。

(2) 开启电源开关,预热 30 min。在没有听到仪器内部继电器吸放声之前,千万不要将电极插入试液,否则将损坏电极。

（3）防止汞溅落在实验桌或地面上，否则应及时处理。实验结束后的废电解液倒入废液缸中，切勿倒入水槽中。

七、思考题

（1）解释单扫描极谱波呈平滑峰形的原因。
（2）解释单扫描极谱法比直流极谱法灵敏度高、分辨率好的原因。
（3）设计用示波极谱法测定铊的分析方法。

实验三十二　循环伏安法判断电极过程

一、目的要求

（1）掌握用循环伏安法判断电极过程的可逆性。
（2）学习使用电化学工作站。
（3）测量峰电流和峰电位。

二、原理

循环伏安法与单扫描极谱法类似。在电极上施加线性扫描电压，当到达某设定的终止电压后，再反向回扫至某设定的起始电压。若溶液中存在氧化态 O，电极上将发生还原反应：

$$O + ze \Longrightarrow R$$

反向回扫时，电极上生成的还原态 R 将发生氧化反应：

$$R \Longrightarrow O + ze$$

峰电流可表示为

$$i_p = K z^{\frac{3}{2}} D^{\frac{1}{2}} m^{\frac{2}{3}} t^{\frac{2}{3}} v^{\frac{1}{2}} c$$

峰电流与被测物质浓度 c、扫描速率 v 等因素有关。

从循环伏安图可确定氧化峰峰电流 i_{pa} 和还原峰峰电流 i_{pc}、氧化峰峰电位 φ_{pa} 和还原峰峰电位 φ_{pc}。

对于可逆体系，氧化峰峰电流与还原峰峰电流比为

$$\frac{i_{pa}}{i_{pc}} = 1$$

氧化峰峰电位与还原峰峰电位差为

$$\Delta\varphi = \varphi_{pa} - \varphi_{pc} \approx \frac{0.058}{z}$$

条件电位 $\varphi^{\circ\prime}$ 为

$$\varphi^{\circ\prime} = \frac{\varphi_{pa} + \varphi_{pc}}{2}$$

由此可判断电极过程的可逆性。

三、仪器与试剂

仪器:电化学工作站;金圆盘电极、铂圆盘电极或玻璃碳电极,铂丝电极和饱和甘汞电极。

试剂:1.00×10^{-2} mol/L $K_3Fe(CN)_6$;1.0 mol/L KNO_3。

四、实验步骤

1. 电极的预处理

用 Al_2O_3 粉(或牙膏)将金圆盘电极(或铂圆盘电极、玻璃碳电极)表面抛光(或用抛光机处理),然后用蒸馏水清洗,待用。也可用超声波处理。

2. $K_3Fe(CN)_6$ 溶液的循环伏安图

在电解池中放入 1.00×10^{-3} mol/L $K_3Fe(CN)_6 + 0.50$ mol/L KNO_3 溶液,插入铂圆盘(或金圆盘)指示电极、铂丝辅助电极和饱和甘汞电极,通 N_2 除 O_2。

扫描速率 20 mV/s,从 $+0.80 \sim -0.20$ V 扫描,记录循环伏安图。

以不同扫描速率:10 mV/s、40 mV/s、60 mV/s、80 mV/s、100 mV/s 和 200 mV/s,分别记录从 $+0.80 \sim -0.20$ V 扫的循环伏安图。

3. 不同浓度 $K_3Fe(CN)_6$ 溶液的循环伏安图

以 20 mV/s 扫描速率,从 $+0.80 \sim -0.20$ V 扫描,分别记录 1.00×10^{-5} mol/L、1.00×10^{-4} mol/L、1.00×10^{-3} mol/L 和 1.00×10^{-2} mol/L $K_3Fe(CN)_6 + 0.50$ mol/L KNO_3 溶液的循环伏安图。

五、结果处理

(1) 从 $K_3Fe(CN)_6$ 溶液的循环伏安图测定 i_{pa}、i_{pc} 和 φ_{pa}、φ_{pc} 值。

(2) 分别以 i_{pc} 和 i_{pa} 对 $v^{\frac{1}{2}}$ 作图,说明峰电流与扫描速率的关系。

(3) 计算 $\dfrac{i_{pa}}{i_{pc}}$、$\varphi^{\circ\prime}$ 和 $\Delta\varphi$。

(4) 从实验结果说明 $K_3Fe(CN)_6$ 在 KNO_3 溶液中极谱电极过程的可逆性。

六、注意事项

(1) 指示电极表面必须仔细清洗,否则严重影响循环伏安图图形。

（2）每次扫描之间,为使电极表面恢复初始条件,应将电极提起后再放入溶液中或用搅拌磁子搅拌溶液,等溶液静止 1～2 min 再扫描。

七、思考题

（1）解释 $K_3Fe(CN)_6$ 溶液的循环伏安图形状。

（2）如何用循环伏安法判断极谱电极过程的可逆性?

（3）若 $\varphi^{\circ\prime}$ 和 $\Delta\varphi$ 的实验结果与文献值有差异,试说明其原因。

实验三十三　阳极溶出伏安法测定镉

一、目的要求

（1）掌握阳极溶出伏安法的基本原理。

（2）学习应用溶出伏安法。

二、原理

阳极溶出伏安法的操作分为两步:①预电解;②溶出。试液除氧后,金属离子在产生极限电流的电位处电解富集在工作电极上,静止 30 s 或 1 min。以一定的方式使工作电极的电位由负向正的方向扫描,则电极上富集的金属重新氧化。记录阳极波。峰电流(波高)与被测离子浓度成比例。

峰电流的大小与预电解时间、预电解时搅拌溶液的速率、预电解电位、工作电极及溶出的方式等因素有关。为了获得重现性好的结果,必须严格控制实验条件。

三、仪器与试剂

仪器:电化学工作站;银基汞膜电极和银-氯化银电极。

试剂:1.000×10^{-3} mol/L Cd^{2+} 标准溶液:准确称取 $CdCl_2 \cdot 2\frac{1}{2}H_2O$(A. R.) 0.2284 g,用蒸馏水溶解后移入 1000 mL 容量瓶中,稀释至刻度,摇匀;0.25 mol/L KCl 溶液:称取 KCl(A. R.)18.64 g,用蒸馏水稀释至 1000 mL;0.1 mol/L HCl;未知镉试液。

四、实验步骤

1. 电极的准备

（1）汞膜电极。用湿滤纸沾去污粉擦净电极表面,用蒸馏水冲洗后浸在 1∶1 HNO_3 中,待表面刚变白后立即用蒸馏水冲洗并沾汞。初次沾汞往往浸润性不良,可用干滤纸将沾有少量汞的电极表面擦匀擦亮,再用 1∶1 HNO_3 将此汞膜溶解,蒸馏水洗净后重新涂汞膜。每次沾涂 1 滴汞($4\sim5$ mg),涂汞需在 Na_2SO_3 除 O_2 的氨水中进行。

新制备的汞膜电极应在 0.1 mol/L KCl(Na_2SO_3 除 O_2)中于 -1.8 V(vs. Ag-AgCl电极)阴极化并正向扫描至 -0.2 V,如此反复扫描 3 次后电极便可使用。

实验结束后,将该电极浸在 0.1 mol/L $NH_3 \cdot H_2O$-NH_4Cl 溶液中待用。

(2) Ag-AgCl 电极。银电极表面用去污粉擦净,在 0.1 mol/L HCl 中氯化。以银电极为阳极,铂电极为阴极,外加 $+0.5$ V 电压后银电极表面逐步呈暗灰色。为使制备的电极性能稳定,将电极换向,以银电极为阴极,铂电极为阳极,外加 1.5 V 电压使银电极还原表面变白,然后再氯化。如此反复数次,制得 Ag-AgCl 电极。

实验结束后,将电极浸在 0.1 mol/L KCl 溶液中待用。

2. Cd^{2+} 浓度与溶出峰电流的关系

用吸量管准确移取 1.000×10^{-5} mol/L Cd^{2+} 标准溶液 0.00 mL、0.40 mL、0.80 mL、1.20 mL、2.00 mL 于 5 个 50 mL 容量瓶中,再分别加入 0.25 mol/L KCl 10mL、5 滴饱和 Na_2SO_3 溶液,用蒸馏水稀释至刻度,摇匀待用。

以银基汞膜电极为工作电极,Ag-AgCl 电极为参比电极,在 -1.0 V 电压下预电解 2 min,静止 30 s 后向正方向扫描溶出,记录阳极波,并分别测量峰高。

3. 废水中 Cd^{2+} 的测定

准确移取试液 10 mL 于 50 mL 容量瓶中,加入 0.25 mol/L KCl 10 mL、5 滴饱和 Na_2SO_3 溶液,用蒸馏水稀释至刻度,摇匀。在上述同样条件下进行溶出测定,记录阳极波并测量峰高。

五、结果处理

(1) 绘制峰高-Cd^{2+} 浓度标准曲线。

(2) 根据标准曲线计算试液中 Cd^{2+} 浓度,以 mol/L 表示。

六、注意事项

(1) 每进行一次溶出测定后,应在扫描终止电位 -0.2 V 处停扫 30 s 左右,使镉溶出,经扫描检验溶出曲线的基线基本平直后,再进行下一次测定。

(2) 为了防止汞膜电极被氧化,扫描终止电位应在 -0.2 V 处。

七、思考题

(1) 为什么阳极溶出伏安法的灵敏度高?

(2) 为了获得重现性好的溶出峰,实验时应注意什么?

第 13 章　纳米修饰电极及其分析应用

13.1　纳米材料及其制备

13.1.1　纳米材料的性质

纳米是长度单位,1 nm (纳米)＝10^{-9} m(米)。纳米材料是指在三维空间中至少有一维处于纳米尺度范围(<100 nm)或由它们作为基本单元构成的材料。按维数分,纳米材料的基本单元可以分为三类:①零维,是指空间三维尺度均在纳米尺度,如纳米尺度颗粒、原子团簇等;②一维,是指空间三维尺度有两维处于纳米尺度,如纳米线、纳米棒、纳米管等;③二维,是指在三维空间中有一维处在纳米尺度,如超薄膜、多层膜、超晶格等。因为这些单元往往具有量子性质,所以对零维、一维和二维的基本单元分别又称为量子点、量子线和量子阱。纳米材料具有如下独特性质:

1. 纳米材料的表面效应

纳米材料的表面效应是指纳米粒子的表面原子数与总原子数之比随粒径的变小而急剧增大后所引起的性质的变化,如图 13-1 所示。

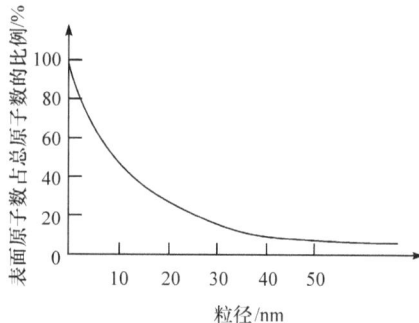

图 13-1　表面原子比例与粒径的关系

从图 13-1 可以看出,粒径在 10 nm 以下,表面原子的比例迅速增加。当粒径降到 1 nm 时,表面原子数比例达到 90% 以上,原子几乎全部集中到纳米粒子的表面。由于纳米粒子表面原子数增多,表面原子配位数不足和高的表面能使这些原子易与其他原子相结合而稳定,故具有很高的化学活性。

2. 纳米材料的体积效应

纳米粒子体积极小,所包含的原子数很少,许多现象不能用通常无限个原子的块状物质的性质加以说明,这种特殊的现象称为体积效应。久保理论针对金属纳米粒子费米面附近电子能级状态分布提出,将金属纳米粒子靠近费米面附近的电子状态看作是受尺寸限制的简并电子态,并进一步假设它们的能级为准粒子态的不连续能级,相邻电子能级差 δ 和金属纳米粒子的直径 d 的关系为

$$\delta = \frac{4E_F}{3N} \propto \frac{1}{V} \propto \frac{1}{d^3}$$

式中,N 为一个金属纳米粒子的总导电电子数;V 为纳米粒子的体积;E_F 为费米能级。随着纳米粒子的直径减小,能级间隔增大,电子移动困难,电阻率增大,从而使能隙变宽,金属导体将变为绝缘体。

3. 纳米材料的量子尺寸效应

当纳米粒子的尺寸下降到某一值时,金属粒子费米面附近电子能级由准连续变为离散能级,半导体微粒能隙变宽的现象称为纳米材料的量子尺寸效应。在纳米粒子中,处于分立的量子化能级中的电子的波动性产生纳米粒子的一系列特殊性质,如高的光学非线性、特异的催化和光催化性质等。当纳米粒子的尺寸与光波波长、德布罗意波长、超导态的相干长度或与磁场穿透深度相当或更小时,晶体周期性边界条件将被破坏,非晶态纳米微粒的颗粒表面层附近的原子密度减小,导致声、光、电、磁、热力学等性质出现异常,如光吸收显著增加、超导相向正常相转变、金属熔点降低、增强微波吸收等。

4. 宏观量子隧道效应

微观粒子具有贯穿势垒的能力,称为隧道效应。人们发现微观粒子的磁化强度、量子相干器件中的磁通量等也具有隧道效应,称为宏观量子隧道效应。量子尺寸效应和宏观量子隧道效应将会是未来微电子、光电子器件的基础。

13.1.2 纳米材料的制备方法

纳米粒子的制备可分为物理方法和化学方法。

1. 物理方法

(1) 真空冷凝法。该法是用真空蒸发、加热、高频感应等方法使原料气化或形成等离子体,骤冷即可得纳米粒子。其特点是纯度高、结晶组织好、粒度可控,但技术设备要求高。

(2) 物理粉碎法。该法是通过机械粉碎、电火花爆炸等方法得到纳米粒子。其特点是操作简单、成本低,但产品纯度低,颗粒分布不均匀。

(3) 机械球磨法。该法是采用球磨方法,控制适当条件得到纯单质、合金或复合材料的纳米粒子。其特点是操作简单、成本低,但产品纯度低,颗粒分布不均匀。

2. 化学方法

(1) 气相沉积法。该法是利用金属化合物蒸气的化学反应合成纳米材料。其特点是产品纯度高,粒度分布窄。

(2) 沉淀法。该法是将沉淀剂加入溶液中反应后,将沉淀热处理得到纳米材料。其特点是简单易行,但纯度低,颗粒半径大,适合制备氧化物。

(3) 水热合成法。该法是高温高压下在水溶液或蒸气等流体中合成,再经分离和热处理得纳米粒子。其特点是纯度高,分散性好,粒度易控制。

(4) 溶胶-凝胶法。该法是金属化合物经溶液、溶胶、凝胶而固化,再经低温热处理而生成纳米粒子。其特点是反应物种多,产物颗粒均一,过程易控制,适于氧化物和ⅡB～ⅥB族化合物的制备。

(5) 微乳液法。该法是两种互不相溶的溶剂在表面活性剂的作用下形成乳液,在微泡中经成核、聚结、团聚、热处理后得纳米粒子。其特点是粒子的单分散和界面性好,ⅡB～ⅥB族半导体纳米粒子多用此法制备。

近年来,超声、微波等技术大量应用于纳米材料的制备。

13.2　纳米修饰电极

利用纳米材料的表面效应、体积效应、量子尺寸效应等性质,通过物理、化学或物理化学的方法,将纳米材料结合至电极表面,使电极表面的反应性能得到显著改善(如对电活性物质反应能量降低、电极电流增加等),电分析检测的灵敏度和选择性有效提高,所以,纳米修饰电极可用于制备各种性能优异的传感器。纳米金胶、碳纳米管等由于具有很好的生物相容性、易于结合到电极表面而成为常用的修饰材料。

13.2.1　纳米修饰电极的制备

纳米修饰电极的制备方法主要有物理方法、化学键合法、电化学沉积法和层层组装法。

1. 物理方法

吸附和滴涂法是常用的两种制备纳米修饰电极的方法。吸附法是将基底电极插入含有功能修饰材料的溶液中,通过吸附作用自然地在基底电极表面形成一层薄膜,使电极表面功能化。此法的缺点是电极表面的修饰材料容易流失,吸附的量难以控制和测量。滴涂法是将含有一定量功能材料的溶液直接滴加到基底电极表面,待其挥发后自然成膜。为了使滴加到电极表面的修饰材料不流失,往往需要混入一定量的黏合剂,以增加修饰材料在电极表面的附着强度。碳纳米管修饰电极可以用滴涂法制备:①用浓硝酸将碳纳米管氧化,使其产生—OH、—COOH、$\diagdown$C=O等功能基团;②将碳纳米管用超声分散在 N,N-二甲基甲酰胺(DMF)、丙酮等溶剂中,在疏水性表面活性剂(如双十六烷基磷酸)存在下,多壁碳纳米管可以在水中分散,形成稳定、均一的黑色分散液;③取一定量的碳纳米管分散液滴加到玻璃碳电极表面,待溶剂挥发后,就可得到碳纳米管膜修饰电极。

2. 化学键合法

化学键合法是将纳米功能材料通过化学键合结合到基底电极表面,具有结合牢固、性能稳定的优点。由于纳米金具有良好的生物相容性和电化学反应活性,常被修饰到电极表面用于制备生物传感器。在玻璃碳电极(GCE)表面化学键合纳米金的方法如下:①将玻璃碳电极表面用氧化剂氧化,使其表面生成羧基、羟基等功能基团,加入巯基乙胺,使其通过与电极表面的羧基生成酰胺键连接到玻璃碳电极表面;②加入纳米金,利用纳米金易与巯基键合的性质,使键合在电极表面上的巯基乙胺的巯基与纳米金反应,将纳米金键合至电极表面。修饰过程可以表示如下:

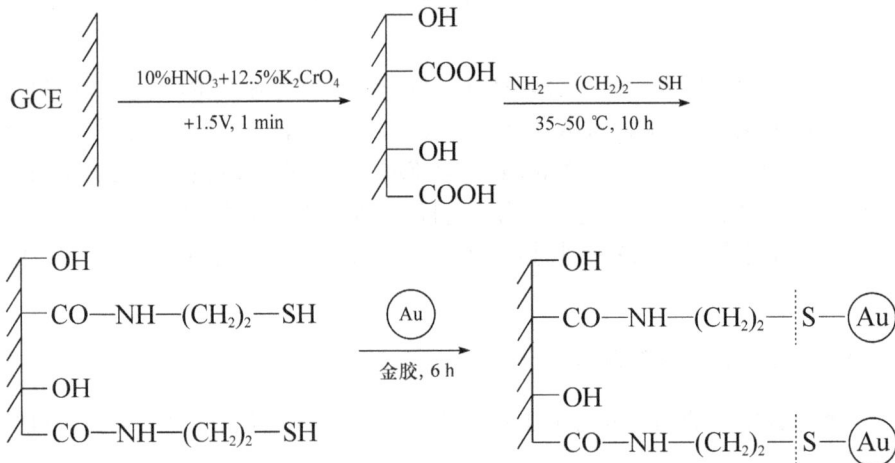

3. 电化学沉积法

在一定电位下,将金属盐、金属配合物溶液中金属阳离子还原为金属或化合物纳米粒子,使其在电极表面形成纳米修饰膜。电化学沉积法制备的纳米膜与电极结合牢固,性能稳定。

4. 层层组装法

将一定电位加于基底电极,则基底电极表面带有一定数量的电荷,电荷的符号和数量与所加电位有关。如果溶液中存在带相反电荷的高分子聚电解质A,则通过静电引力,该高分子聚电解质 A 可以被吸附到基底电极表面。若再将该电极浸入另一种相反电荷的高分子聚电解质 B,则高分子聚电解质 B 又被吸附到基底电极表面的高分子聚电解质 A 吸附层上,如图 13-2 所示。这种利用高分子正、负电解质的交替吸附形成含有不同层材料的功能膜过程称为层层组装法。除利用静电力进行组装外,还可以利用氢键、配位键、分子识别、给受体的电荷转移作用力等其他分子间作用力进行层层组装。采用层层组装技术可以将无机纳米粒子、生物大分子、高分子聚电解质、染料分子等沉积到膜内。

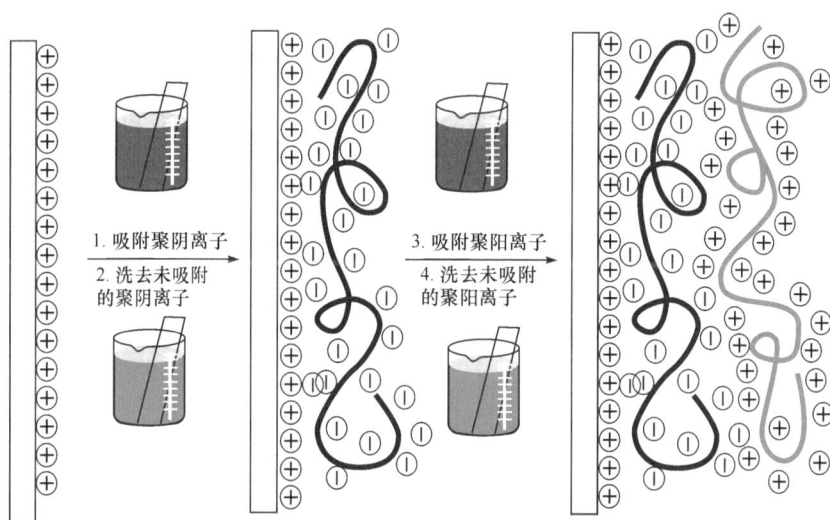

图 13-2　利用高分子正、负电解质的交替吸附进行层层自组装的示意图

13.2.2　纳米修饰电极的表征

当电极表面被纳米材料修饰后,其表面电化学反应活性、界面电容、电化学阻抗等都会发生变化。对照纳米修饰电极修饰前后的伏安曲线、交流阻抗谱等宏观电化学响应信号的变化,可以了解电极表面的修饰情况。利用扫描探针显微镜技术(扫描隧道显微镜、原子力显微镜)、电子探针技术(扫描电子显微镜、透射电子显微镜)等可以直接观察研究电极表面修饰情况。

实验三十四　普鲁士蓝薄膜修饰电极的制备及单扫描伏安法测定钾

一、目的要求

(1) 掌握一种制备化学修饰电极的方法。

(2) 掌握一种电化学修饰电极电化学性质表征与定量分析的方法。

二、原理

多核过渡金属氰化物形成了一类重要的不可溶金属混合价态化合物,基本分子式为 $M_K^A[M^B(CN)_6]$,式中 M^A 和 M^B 为具有不同氧化价态的过渡金属,其内层和外层过渡金属可以是相同的,也可以是不同的。原型过渡金属氰化物为普鲁士蓝(PB),是文献最早报道的配位化合物。PB 及其类似物是一类重要的混合价态化合物,在磁性材料、分子滤膜、固态电池、电致变色器件、生物传感器等众多领域有广泛的应用前景。

普鲁士蓝膜电沉积:PB 修饰电极出现于 1978 年。合成 PB 及其类似物的传统方法是在含有大量碱金属离子的支持电解质及金属离子和金属氰根配合物同时存在的条件下,用化学法或电化学法从反应液中直接沉积,也可从含 PB 纳米粒子的溶液中通过浸泡、滴涂或浇铸法制备。本实验采用从单组分铁氰化钾酸性溶液中一步电化学沉积结构致密的 PB 薄膜。该方法具有方便、快速的特点。当控制电极电位负于铁氰化钾的还原电位时,铁氰酸根离子被还原成亚铁氰酸根离子,它与从 $K_3Fe(CN)_6$ 中解离出的极少量的三价铁离子配位生成普鲁士蓝。

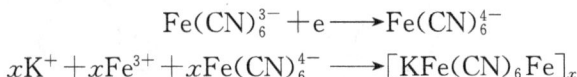

$$Fe(CN)_6^{3-} + e \longrightarrow Fe(CN)_6^{4-}$$

$$xK^+ + xFe^{3+} + xFe(CN)_6^{4-} \longrightarrow [KFe(CN)_6Fe]_x$$

或者溶液中的铁离子被还原成亚铁离子,再与溶液中的铁氰化钾配位生成普鲁士蓝。

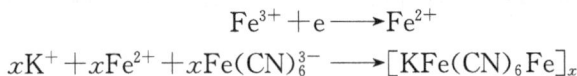

$$Fe^{3+} + e \longrightarrow Fe^{2+}$$

$$xK^+ + xFe^{2+} + xFe(CN)_6^{3-} \longrightarrow [KFe(CN)_6Fe]_x$$

在 pH=1.6 的铁氰化钾溶液中普鲁士蓝的沉积速率最大。当溶液 pH<1.6 时,由于表面析氢影响,电极表面沉积普鲁士蓝的量减少;而当溶液 pH>1.6 时,普鲁士蓝的沉积速率急剧降低。

钾离子选择电极的制备:由于普鲁士蓝及其类似物发生氧化还原反应的同时会涉及碱金属阳离子在化合物结构中的迁入迁出,基于这一事实可以将修饰了普鲁士蓝薄膜的电极用于钾离子的传感。为了获得优良的离子选择性,需要制备致密、无缺陷的选择性膜,防止通过这些缺陷或空隙产生的非特异性离子选择行为。

过渡金属氰化物的三维聚合物网状结构在无机结构中是很独特的,还具有沸石特性,并能在水合溶剂中很快与部分阳离子发生交换,以平衡其电化学氧化还原反应过程中的膜电荷。该离子选择性传输可按水合离子半径和晶格通道半径来解释,约 1.6 Å 的通道半径适合 K^+、Rb^+、Cs^+ 和 NH_4^+ 穿透,这些离子的水合半径分别为 1.25 Å、1.28 Å、1.19 Å 和 1.25 Å。已发现 K^+、Rb^+、Cs^+ 和 NH_4^+ 能维持膜的循环氧化还原反应,但在 Na^+、Li^+、H^+ 和所有 ⅡA 族阳离子的存在下循环反应被阻止。根据这些实验现象,可以选择性地测定溶液中钾离子的浓度。随着溶液中钾离子浓度的降低,普鲁士蓝位于 0.17 V (vs. SCE) 处的峰电流逐渐下降,峰电位也相应地逐渐负移,峰电位的移动符合经典的能斯特方程,因而将该尖峰电位对 K^+ 浓度的对数作图,可获得一线性良好的直线。本方法制备的普鲁士蓝超薄膜修饰电极因具有均匀、致密的膜结构,在很宽的浓度范围($2.0 \times 10^{-5} \sim 2.0$ mol/L)内对 K^+ 显示能斯特响应。

三、仪器与试剂

仪器:CHI660C 电化学工作站;金电极,饱和甘汞电极,铂丝对电极,电解池 2 个;50 mL 烧杯 2 个,10 mL 烧杯 5 个;100 mL 容量瓶 1 个,50 mL 容量瓶 6 个;10 mL 移液管 1 支,5 mL 移液管 5 支。

试剂:$K_3Fe(CN)_6$;K_2SO_4;KNO_3;0.50 mol/L H_2SO_4;待测钾离子溶液。

四、实验步骤

1. 沉积液的配制

在 100 mL 容量瓶中配制 1×10^{-3} mol/L $K_3Fe(CN)_6$ + 0.10 mol/L K_2SO_4 溶液,定容前在溶液中加入 7.5 mL 0.50 mol/L H_2SO_4(所得溶液 pH 约为 1.6)。

2. PB 膜的制备

将适量沉积液倒入电解池中,插入抛光的金电极、饱和甘汞电极和铂丝对电极,构成三电极电化学系统,在 $-0.2 \sim 0.9$ V 以 100 mV/s 扫描速率连续扫描 50 圈,记录循环伏安图。将制备的 PB 膜修饰电极用二次水冲洗,备用。

3. 钾离子测定

在 50 mL 容量瓶中分别配制 2.00 mol/L、2.00×10^{-1} mol/L、2.00×10^{-2} mol/L、2.00×10^{-3} mol/L、2.00×10^{-4} mol/L、2.00×10^{-5} mol/L KNO_3 溶液。

以 100 mV/s 扫描速率,从+0.3～−0.5 V 进行线性扫描,分别记录
2.00 mol/L、2.00×10^{-1} mol/L、2.00×10^{-2} mol/L、2.00×10^{-3} mol/L、2.00×
10^{-4} mol/L、2.00×10^{-5} mol/L KNO$_3$ 溶液的线性扫描曲线。

以 100 mV/s 扫描速率,从+0.3～−0.5V 进行线性扫描,记录待测钾离子溶
液的线性扫描曲线。

五、结果处理

(1) 绘制 PB 膜修饰电极制备过程中的第 1 圈和第 50 圈循环伏安曲线图。

(2) 绘制不同浓度钾离子溶液中 PB 膜修饰电极的循环伏安曲线图。

(3) 绘制电位随钾离子浓度变化的响应曲线,计算斜率;计算未知液的钾离子
浓度。

六、注意事项

(1) 工作电极表面仔细打磨抛光,否则残留的普鲁士蓝对聚合曲线的形状影
响很大。

(2) 饱和甘汞电极液面应保持在汞柱之上,若液面过低,应补加饱和 KCl
溶液。

(3) 2.0 mol/L KNO$_3$ 溶液接近饱和,在配制时应先用量筒量取约 40 mL 溶
液溶解 KNO$_3$,以避免定容时过量。

实验三十五　金纳米修饰电极对生物小分子电化学性质的影响

一、目的要求

(1) 掌握金胶纳米粒子的制备及表征方法。

(2) 掌握纳米修饰电极的组装技术及用途。

二、原理

以氯金酸为原料,采用化学还原方法可以合成金胶纳米粒子。通过改变合成
条件调节纳米粒子的大小和粒径分布。借助巯基化合物自组装、溶胶-凝胶、电沉
积等方法,可将金胶纳米粒子修饰至基体电极表面。被金胶纳米粒子修饰的电极
具有催化氧化或还原电活性生物小分子的作用,会导致伏安电流增加,氧化还原电
位降低,从而提高检测灵敏度和分析选择性。

三、仪器与试剂

仪器:电化学工作站;工作电极为玻璃碳电极或金电极,饱和甘汞电极为参比

电极,铂丝为对电极;超声波清洗器;UV-Vis 光谱仪;透射电子显微镜;粒径分析仪。

试剂:$HAuCl_4$(0.01%水溶液)、柠檬酸三钠、L-半胱氨酸、盐酸多巴胺(DA)、抗坏血酸(AA)、王水、丙酮、$K_3Fe(CN)_6$(1 mmol/L)、NaOH(1∶1)、HNO_3(1∶1)、H_2O_2;不同 pH 磷酸缓冲溶液(PBS);DA 和 AA 溶液均用磷酸缓冲溶液配制,配制前磷酸缓冲溶液均用 N_2 除 O_2。实验用水为亚沸水。

四、实验步骤

1. 金纳米溶胶的制备方法

金纳米溶胶的制备一般采用还原法。常用的还原剂有柠檬酸钠、鞣酸、抗坏血酸、白磷、硼氢化钠等。改变还原剂的种类和用量可制备不同粒径的溶胶。金溶胶的光吸收波长受到粒子的形状和尺寸的影响,因而不同形状和尺寸的金纳米粒子具有不同的颜色。按表 13-1 条件可以制备不同粒径和颜色的球形金胶。

表 13-1　100 mL 0.01%氯金酸中柠檬酸三钠的加入量对金溶胶粒径的影响

1%柠檬酸三钠(mL)	0.30	0.45	0.70	1.00	1.50	2.00
金溶胶颜色	蓝灰	紫灰	紫红	红	橙红	橙
吸收峰(nm)	220	240	535	525	522	518
径粒(nm)	147	97.5	71.5	41	24.5	15

2. 金溶胶的表征

金溶胶的大小可以采用粒径分布仪、紫外-可见分光光度计、电子透射电镜(TEM)或原子力显微镜等技术测定。

3. 电极预处理

将工作电极先用金相砂纸磨平,然后用氧化铝悬浊液抛光呈镜面,最后依次用丙酮、NaOH(1∶1)、HNO_3(1∶1)和二次蒸馏水中超声洗涤备用。

4. 纳米修饰电极的制备

(1)自组装修饰法。将处理后的工作电极浸入 0.1 mol/L L-半胱氨酸溶液中,若干小时后取出,超声波清洗,然后将修饰了半胱氨酸的工作电极置于金溶胶溶液中,置于暗处 8~12 h,取出电极将其冲洗,即制得纳米级自组装电极。

(2)电沉积修饰法。将工作电极置于金溶胶中,于一定电位下电解20 min,取出用二次水冲洗。

5. 纳米金修饰电极的电化学性质

取一定体积、一定浓度的支持电解质溶液及探针分子[1 mmol/L $K_3Fe(CN)_6$]于电解池中,通 5 min N_2 除 O_2,用循环伏安(CV)在适当的电位范围内对未修饰的工作电极、修饰了纳米金的工作电极分别进行 CV 扫描,记录其 CV 曲线。

6. 纳米金修饰电极对电活性生物小分子的电化学作用

在上述体系中加入一定浓度电活性物质(如 H_2O_2、DA、AA),分别考察未修饰的工作电极、修饰了纳米金的工作电极对电活性物质的电化学作用。

五、结果处理

(1)根据电极修饰前后的 CV 曲线,从峰电位和峰电流两个方面分析纳米金修饰电极对探针分子[1 mmol/L $K_3Fe(CN)_6$]电化学反应的影响。

(2)根据 CV 曲线上峰电位和峰电流的变化,分析纳米金修饰电极对 H_2O_2、DA、AA 电化学反应的影响。

六、注意事项

(1)玻璃器皿用前需经王水浸泡,亚沸水清洗,再干燥备用。玻璃表面少量的污染会影响胶体颗粒的生成。

(2)氯金酸极易吸潮,对金属有强烈的腐蚀性,不能使用金属药匙,避免接触天平称盘。其 1% 水溶液在 4 ℃可稳定数月。

七、思考题

纳米修饰电极如何在提高灵敏度的同时改善电极的选择性?

实验三十六　纳米修饰电极在免疫分析中的应用

一、目的要求

(1)进一步熟悉纳米组装修饰技术。
(2)了解电化学免疫分析原理。

二、原理

免疫分析法是基于抗体与抗原之间的高选择性反应而建立起来的一种分析法,可以测定各种抗原、半抗原或抗体。抗原是指能刺激人或动物机体产生抗体或致敏淋巴细胞,并能与这些产物在体内或体外发生特异性反应的物质。

机体在抗原物质刺激下,由 B 细胞分化成的浆细胞所产生的、可与相应抗原发生特异性结合反应的免疫球蛋白称为抗体。免疫分析法分为放射免疫法和非放射免疫法。荧光免疫法、发光免疫法、酶免疫法及电化学免疫法等属于非放射免疫法。在电化学免疫分析中,基于电位或电流检测的免疫传感器是其主要的形式。

本实验制备电位免疫传感器的方法如下:将巯基乙胺固载到玻璃碳电极表面,进而化学键合纳米金,并通过半胱氨酸和戊二醛作交联剂将抗体固定,最后以牛血清白蛋白(BSA)封闭活性基团,可表示如下:

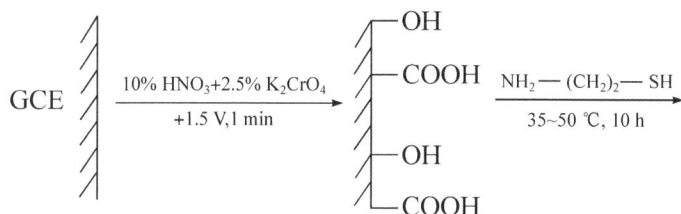

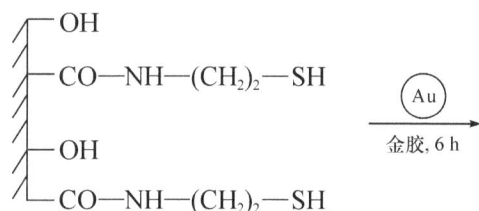

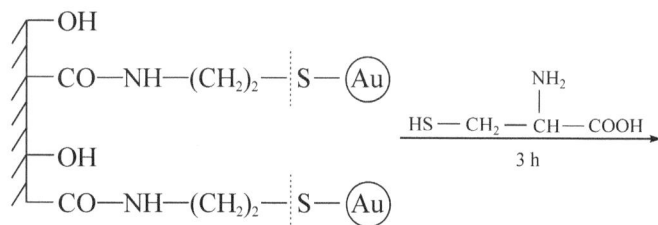

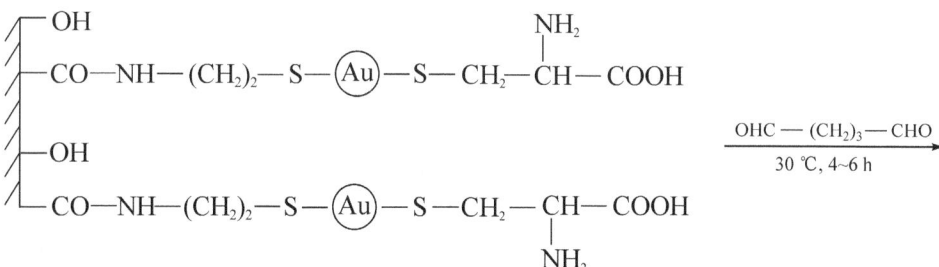

$$
\begin{array}{l}
\text{—OH}\\
\text{—CO—NH—(CH}_2)_2\text{—S—(Au)—S—CH}_2\text{—CH—N=CH—(CH}_2)_3\text{—CHO}\\
\qquad\qquad\qquad\qquad\qquad\qquad\qquad\quad|\\
\qquad\qquad\qquad\qquad\qquad\qquad\qquad\text{COOH}\\[2mm]
\text{—OH}\\
\text{—CO—NH—(CH}_2)_2\text{—S—(Au)—S—CH}_2\text{—CH—N=CH—(CH}_2)_3\text{—CHO}\\
\qquad\qquad\qquad\qquad\qquad\qquad\qquad\quad|\\
\qquad\qquad\qquad\qquad\qquad\qquad\qquad\text{COOH}
\end{array}
$$

（上方右侧）$\xrightarrow[\text{抗体}]{\text{H}_2\text{N}\prec}$

$$
\begin{array}{l}
\text{—OH}\\
\text{—CO—NH—(CH}_2)_2\text{—S—(Au)—S—CH}_2\text{—CH—N=C—(CH}_2)_3\text{—HC=N}\prec\\
\qquad\qquad\qquad\qquad\qquad\qquad\qquad\quad|\\
\qquad\qquad\qquad\qquad\qquad\qquad\qquad\text{COOH}\\[2mm]
\text{—OH}\\
\text{—CO—NH—(CH}_2)_2\text{—S—(Au)—S—CH}_2\text{—CH—N=C—(CH}_2)_3\text{—HC=N}\prec\\
\qquad\qquad\qquad\qquad\qquad\qquad\qquad\quad|\\
\qquad\qquad\qquad\qquad\qquad\qquad\qquad\text{COOH}
\end{array}
$$

$\xrightarrow[37\ ℃,1\ h]{\text{BSA, 0.25\%}}$ **免疫传感器**

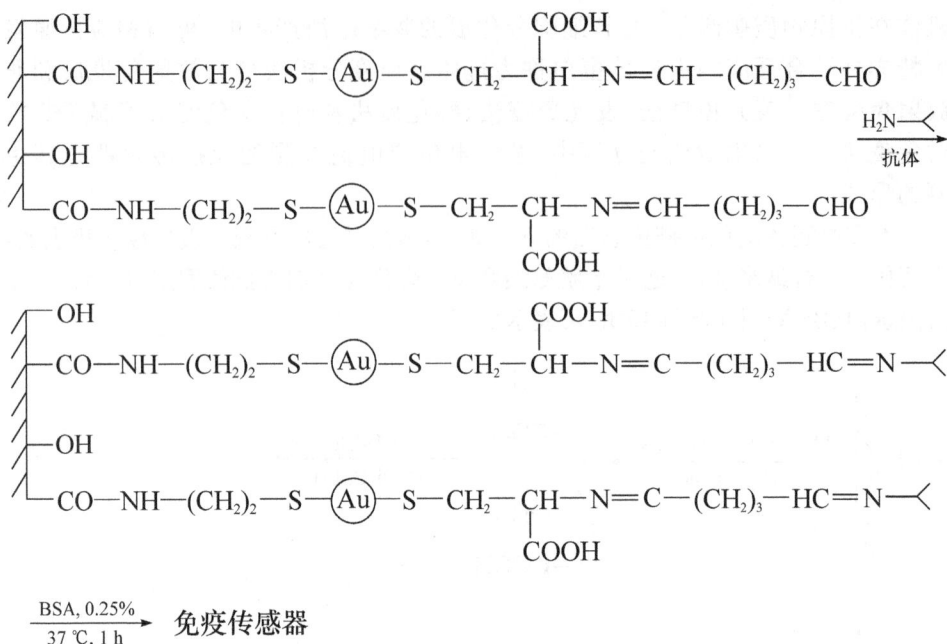

　　纳米金的作用是利用其易形成金硫键和强吸附的性质,增强敏感膜与基体电极的结合,并增加抗体的固定量,使制备的免疫传感器具有响应时间短、使用寿命长、灵敏度高、稳定性好等特性。

三、仪器与试剂

　　仪器:电化学工作站;工作电极为玻璃碳电极,饱和甘汞电极为参比电极,铂丝为对电极;离子计;超声波清洗器。

　　试剂:巯基乙胺;半胱氨酸;戊二醛;牛血清白蛋白;氯金酸;其他试剂均为分析纯,所用水均为二次去离子水;pH=7.0 的磷酸盐生理缓冲溶液;抗体及相应抗原视条件选择。

四、实验步骤

　　(1) 金纳米溶胶的制备及表征方法。参考实验三十五,制备粒径为 20 nm 左右的纳米金。

　　(2) 电极预处理。参考实验三十五。

　　(3) 免疫传感器的制备。参照前面示意图步骤及条件完成。

　　(4) 各修饰步骤电极的电化学性质。以各修饰步骤所得修饰电极为工作电极,置于一定体积含 1 mmol/L $\text{Fe(CN)}_6^{3-}/\text{Fe(CN)}_6^{4-}$ 的 0.1 mol/L KCl-PBS 缓冲溶液中,用循环伏安法在 $-0.3\sim0.7$ V 对修饰电极进行 CV 扫描,并记录其 CV 曲线。

（5）免疫传感器的时间响应。以此免疫传感器为工作电极,饱和甘汞电极为参比电极,置于 PBS 溶液中,用电位差计测定电极空白电位,在搅拌条件下,向溶液中加入一定浓度的抗原,观察电极电位的变化,确定响应达到稳定所需的时间。

（6）免疫传感器的电位响应。同上条件测定溶液中抗原浓度不同时的电位响应。

五、结果处理

（1）根据 $Fe(CN)_6^{3-}/Fe(CN)_6^{4-}$ 探针的 CV 曲线,从峰电位差和峰电流两个方面分析电极在不同的修饰阶段的电化学活性。

（2）根据时间响应实验确定测定电位值需等待的时间。

（3）根据电位响应绘制传感器的工作曲线。

六、注意事项

（1）抗原或抗体对人体可能有害的,实验时要注意安全。

（2）免疫电极在实验中使用后,由于抗原被特异性结合到电极表面的抗体上,通常结合比较牢固,因此需考虑合适的方法洗脱,视选择的抗原-抗体对的具体情况选择洗脱方法。每次测定前均需重复进行洗脱操作,酸、碱或电解质溶液可离解抗原-抗体间的亲和作用。

（3）本实验操作步骤多,耗时长,建议作为研究性实验对部分学生开设。

七、思考题

能否按照类似原理设计电流响应的免疫传感器?

第 14 章　扫描电化学显微镜

扫描电化学显微镜(scanning electrochemical microscopy, SECM)是 20 世纪 80 年代末由 Bard 小组提出和发展起来的一种扫描探针显微镜技术。它是基于 20 世纪 70 年代末超微电极及 80 年代初扫描隧道显微镜的发展而产生的一种分辨率介于普通光学显微镜和扫描隧道显微镜之间的电化学现场检测新技术。将一支能够作三维移动的超微电极作为探头插入电解质溶液中,通过压电元件或其他机械装置控制微电极到达样品(基底)表面,在离基底表面很近的位置进行扫描,通过测量流过探针的法拉第电流来研究基底样品的形貌和化学/电化学信息。由于 SECM 具有化学灵敏性,因而不仅可以研究探头与基底上的异相反应动力学及探头和基底之间溶液层中的均相反应动力学,分辨电极表面微区的电化学不均匀性,给出导体和绝缘体表面的形貌,而且还可以对材料进行微米级加工及研究许多重要生物学过程等,从而弥补了扫描隧道显微镜和原子力显微镜不能直接提供电化学活性信息的不足。

14.1　SECM 基本原理

SECM 测量通常在溶液相中进行,并且溶液中含有可被氧化或者还原的电活性物质(电化学探针)。SECM 是以电化学原理为基础,可以采用多种工作模式进行实验,在此仅介绍最常用的正、负反馈模式和产生/收集模式的工作原理。

14.1.1　反馈模式

反馈模式是 SECM 实验中最常用,也是可以用于定量分析的一种工作模式(图 14-1)。在反馈模式中,微电极作为三电极体系中的工作电极,也就是 SECM 的探针。所要研究的样品通常称为基底,基底也可以作为第二工作电极。在这种情况下,用一个双恒电位仪分别控制探针和基底电极的电位。所有电极都插入含有氧化还原活性介质的电解质溶液中。

以还原型介质 R[如 $Fe(CN)_6^{4-}$]为例,当探头上所加的电位足够正时,R 在微电极探头上发生扩散控制的电化学氧化反应。当探头离基底很远时[图 14-1(a)],探头上的稳态扩散电流 $i_{T,\infty}$ 符合下式:

$$i_{T,\infty} = 4nFDca \qquad (14-1)$$

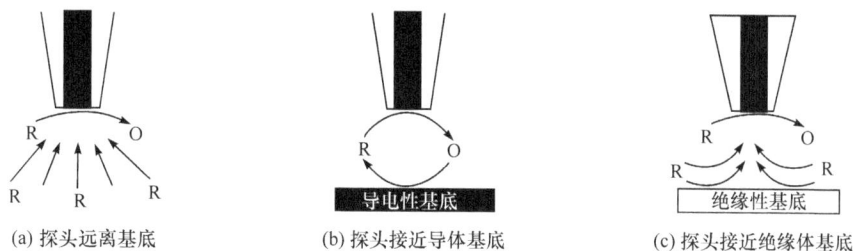

(a) 探头远离基底　　　　　　(b) 探头接近导体基底　　　　　(c) 探头接近绝缘体基底

图 14 - 1　SECM 的反馈模式

式中，n 为电极反应的电子数；F 为法拉第常量；D 为被测物质在溶液中的扩散系数，cm^2/s；c 为被测物质浓度，mol/L；a 为探头半径，m。

当探头离基底足够远时，基底的性质不影响该稳态电流值。当探头向导体基底逼近至探头-基底距离 d 为探头半径 a 的几倍时，在探头上电化学反应产生的氧化剂 O［如 $Fe(CN)_6^{3-}$］就可以在极短的时间内扩散到导体基底，并在基底上重新被电化学还原成 R，从而使探针-基底微区内 R 物质浓度增加，导致探针电流增加。这种使探头上的电流 i_T 增加的过程称为正反馈，即 $i_T > i_{T,\infty}$［图 14 - 1(b)］。d 越小，探针上的氧化产物能更快地扩散到基底表面，因而 i_T 越大。反之，当基底是绝缘体时，探头产生的氧化剂 O 则不能在其表面上发生电极反应。绝缘体在此仅起阻碍 R 从本体溶液扩散到探头上的作用，探针上的电氧化反应使探针-基底微区内的 R 浓度急剧下降，因而 i_T 随 d 的减少而逐渐降低，即 $i_T < i_{T,\infty}$［图 14 - 1(c)］，这个过程称为负反馈。当探针在三维定位装置的精确驱动下，在基底上方以恒定高度作 XY 平面上的扫描时，探针电极上的法拉第电流将随基底的起伏或性质改变而发生相应变化，SECM 就像电化学雷达一样，通过探针电流的正、负反馈模式可以反映出基底的形貌以及电化学活性点位的分布等。

例如，当恒定探针高度，使探针在凹凸不平的基底上方沿 X 或 Y 轴平面扫描时［图 14 - 2(a)］，得到的探头电流随基底起伏的变化而变化。当扫描至基底"凸"处时，相当于探头距离基底较平坦处近，此时电流下降；反之，电流上升。图 14 - 2(b) 是探头在导体-绝缘体混合基底上方扫描时得到的探头电流扫描曲线。

探针与基底之间的距离可由反馈模式中探针电流响应得出。对于上述正、负反馈模式，已得到在稳态情况和 RG≥10（RG=b/a，b 为探头绝缘层半径和电极半径之和）的条件下，基底为导体和绝缘体时的探头归一化电流 I_T（$I_T = i_T/i_{T,\infty}$）与归一化距离 L（$L=d/a$）之间的关系，分别为式(14 - 2)和式(14 - 3)。对应的理论曲线如图 14 - 3 所示。将实验得到的 i-d 曲线与理论曲线进行拟合可得到探头-基底之间的距离。

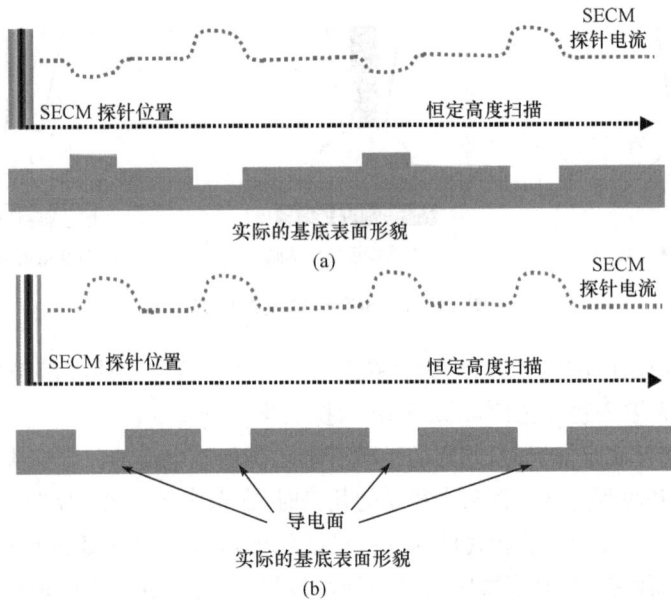

图 14-2　探头在不同基底上方沿 X 或 Y 轴平面恒高度扫描时的电流变化

$$I_{\mathrm{T}}^{C}(L) = \frac{i_{\mathrm{T}}}{i_{\mathrm{T},\infty}} = \frac{0.78377}{L} + 0.3315\exp\left(\frac{-1.0672}{L}\right) + 0.68 \quad (14-2)$$

$$I_{\mathrm{T}}^{ins}(L) = \frac{1}{0.15 + \dfrac{1.5385}{L} + 0.58\exp\left(\dfrac{-1.14}{L}\right) + 0.0908\exp\left(\dfrac{L-6.3}{1.017L}\right)} \quad (14-3)$$

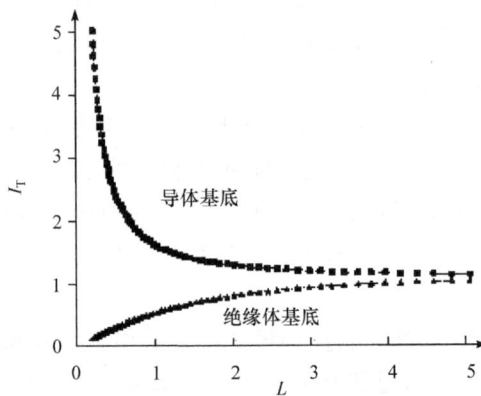

图 14-3　SECM 探头接近导体和绝缘体
基底时的电流-距离理论曲线

14.1.2　产生/收集模式

SECM 中最常用的产生/收集模式是基底产生/探头收集模式,是指 SECM 的基底电极产生的电活性物质在探头上被电化学氧化或被电化学还原而被收集的工作模式[图 14-4(a)]。基底产生/探头收集模式通常用于测定基底上产生或消耗的电化学物质的流量和浓度分布图。例如,基底表面修饰葡萄糖氧化酶,利用探头检测酶促反应产生的过氧化氢电化学物质[图 14-4(b)]。

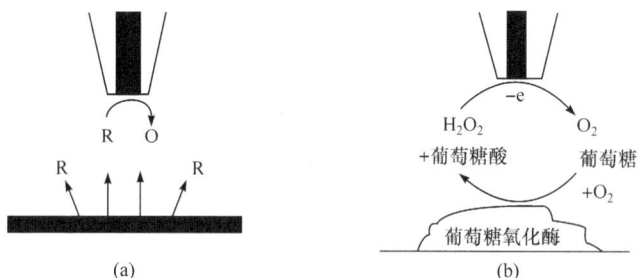

图 14-4　SECM 的产生/收集模式

14.2　扫描电化学显微镜

图 14-5 是常规 SECM 仪器装置示意图,仪器由电化学部分(双恒电位仪、探头、基底、参比电极、辅助电极、电解池)、三维定位装置以及计算机组成。

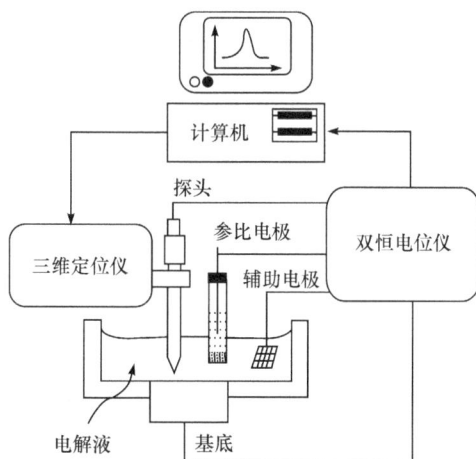

图 14-5　常规 SECM 仪器装置示意图

14.2.1　电化学部分

1. 双恒电位仪

双恒电位仪集成了数字信号发生器和高分辨数据采集系统,可同时控制同一电解池中的两个工作电极的电位,可进行循环伏安法、线性扫描伏安法(LSV)、计时安培法(CA)、差分脉冲伏安法(DPV)、常规脉冲伏安法(NPV)、方波伏安法(SWV)、时间-电流曲线(i-t)、表面成像处理、探头扫描曲线(PSC)、探头逼近曲线(PAC)、扫描电化学显微镜等实验,第二工作电极电位可以保持在独立的恒定值,也可与第一工作电极同步扫描或阶跃等。电位范围为 ± 10 V,电流范围为 ± 10 mA。仪器的噪声极低,其电流测量可低于 1 pA。

2. 探头

SECM 实验的分辨率与所用探头的半径有关,半径越小,分辨率越高。最常用的 SECM 探头是微米级的金属或碳纤维圆盘电极,制作步骤如图 14-6 所示。将一定直径(如 20 μm)的铂丝在丙酮中浸泡清洗后,用刀片切成 1 cm 长的小段。通过导电银胶将铂丝与一根铜丝连接后置于烘箱中 100 ℃ 烘 30 min,令银胶固化[图 14-6(a)]。然后将该电极小心插入激光拉制机拉制的锥形硼硅玻璃管中,铂丝头部露出管口[图 14-6(b)]。加热玻璃管并缓慢旋转使金属丝完全密封在玻璃管中。将烧好的玻璃管另一端与油泵相连,密封,打开油泵抽去玻璃管中的空气,并加热前端。此时前端玻璃熔融并将铂丝包封[图 14-6(c)]。显微镜下检测包封情况确保无气泡。玻璃管与铜丝的接口处用环氧树脂胶包封固定。电极表面先用粗砂纸打磨平整,再用金相砂纸抛光,最后在 1 μm 和 0.05 μm 的氧化铝湿粉上抛光至电极表面平整光洁。为了减小探头逼近基底时绝缘层玻璃与基底接触的可能性,需要将包裹在圆盘电极外部的玻璃绝缘层打磨成细锥形[图 14-6(d)],直到 RG<10 为止。将电极置于含 10 mmol/L $K_3Fe(CN)_6$ 的 0.5 mmol/L KCl 溶液中进行循环伏安扫描。从稳态电流计算探头有效半径。更小的探针可通过电化学腐蚀等方法制备。

3. 基底

SECM 实验中的基底可以是导体、半导体、绝缘体以及各种修饰界面(如基底上固定酶)。

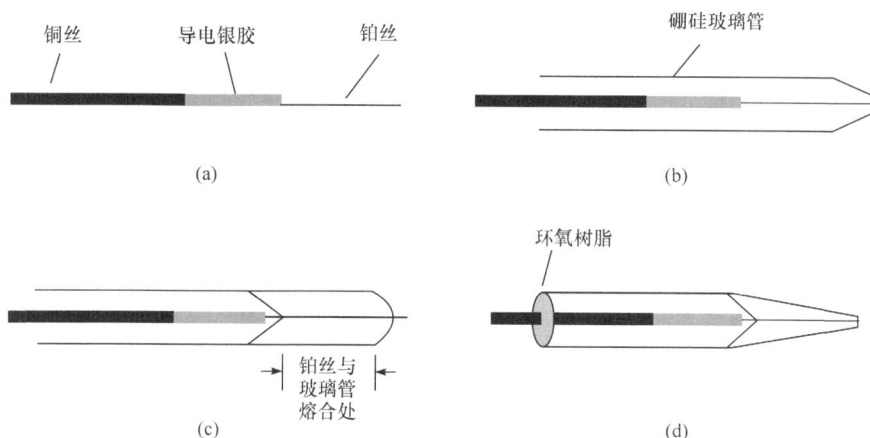

图 14 - 6　常规微电极制作步骤

4. 参比电极、辅助电极和电解池

参比电极：常用的参比电极为 Ag-AgCl 电极，饱和甘汞电极。
辅助电极：也称对电极，一般为铂丝。
电解池：常用电解池材料为聚四氟乙烯。

14.2.2　三维定位装置

三维定位装置是通过超精密定位技术实现对探针的三维空间微位移的精准控制，操纵探头和基底间距离保持相对的稳定，以便获得样品表面信息。它既是 SECM 控制系统的基本组成部分，也是 SECM 实现纳米级分辨率的关键技术之一。三维定位装置采用步进电机和压电陶瓷组合。步进电机是一种将电脉冲转化为角位移的执行器件。也就是说，当步进驱动器接收到一个脉冲信号，它就驱动步进电机按设定的方向移动一定的数值。压电陶瓷是利用电介质在电场中的压电效应，直接将电能转换成机械能，产生微位移的换能元件。在进行探头向基底逼近的实验中，实验前探头距离基底很远，此时三维定位装置采用步进电机实现较快速逼近，当探头距离基底很近时，系统自动转化成以压电陶瓷进行微逼近。其中，系统能自动调节移动步长，快速逼近但又避免探头碰撞样品表面。三维定位装置可允许 2.5 cm 的运行距离并达到 1 nm 的空间分辨。

14.2.3　计算机

计算机主要用来控制操作界面、获取和分析数据。

图 14 - 7 为 SECM CHI 900(A)和 CHI 910B(B)的样品架和三维定位装置图。

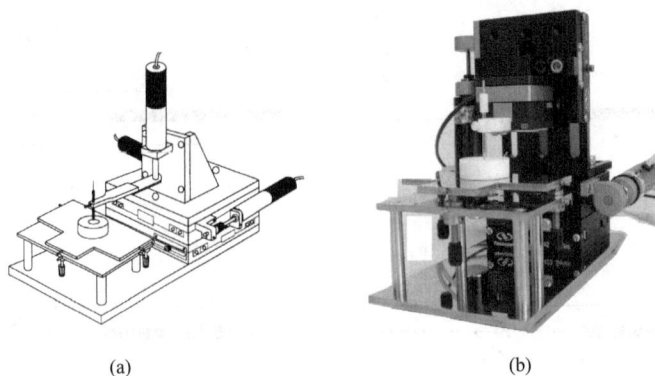

(a)　　　　　　　　　　　　　　　(b)

图 14-7　SECM 的电化学部分(a)和三维定位装置图(b)

14.3　SECM CHI 910B 主要性能指标及使用方法

14.3.1　SECM CHI 910B 主要性能指标

高分辨的三维定位装置:X、Y、Z 分辨率为 1 nm;X、Y、Z 移动距离为 2.5 cm。

双恒电位仪:探头电位范围为 ±10 V;基底电位范围为 ±10 V;电流范围为 ±10 mA;电流灵敏度为 $1\times10^{12}\sim1\times10^{-3}$ A/V,共 10 挡量程,自动换挡;电流检测下限为 $<1\times10^{-12}$ A;CV 和 LSV 扫描速率为 $1\times10^{-6}\sim30$ V/s;CA 和 CC 脉冲宽度为 0.001~1000 s;CA 和 CC 阶跃次数为 1~320;DPV 和 NPV 脉冲宽度为 0.001~10 s;SWV 频率为 1~10kHz。

其他特征:自动和手动 iR 降补偿;同时显示探针和基底电极电流;电解池控制输出通氮,搅拌,敲击;双通道测量适用的技术有循环伏安法、线性扫描伏安法、计时安培法、差分脉冲伏安法、常规脉冲伏安法、方波伏安法、时间-电流曲线($i-t$)、表面成像处理、探头扫描曲线、探头逼近曲线、扫描电化学显微镜。

14.3.2　SECM CHI 910B 使用方法

(1) 打开 CHI 910B 电化学工作站电源,然后打开三维马达控制器电源。

(2) 打开 CHI 910B 软件,点击"设置"→"硬件测试",进行系统自检。

(3) 将电解池置于三维马达定位系统的工作台上,连接电极。

绿色:工作电极-探针电极,垂直固定在三维马达的 Z 轴所连接的白色固定夹中;红色:对电极;白色:参比电极;黄色:基底电极(第二工作电极);黑色:接地电极。

(4) 点击"控制"→"SECM 探头控制"(或点击程序界面工具栏上的 ⟲),在跳出的"SECM 探头控制"对话框中通过"步进马达位置"以及"压电陶瓷定位器位置"将探针电极固定在需要研究的区域并粗略逼近至基底,点击"确定"。

（5）点击"设置"→"实验技术"（或点击程序界面工具栏上的 $\mathbb{T}$），在跳出的"电化学技术"对话框中选择需要进行的测试技术，点击"确定"。

（a）若选择"探头逼近曲线"。点击"设置"→"实验参数"（或直接点击程序界面工具栏上的 $\boxed{\equiv}$）。在跳出的"探头逼近曲线参数"对话框中设定所需"探头电位"以及"灵敏度"。若基底为绝缘体，则不需要设置"基体电极"的各项参数，且一般将"探头停止时的电流值"中的"比率"设为 75；若基底为导体，则根据实验需要设置"基体电极"的各项参数，将"探头停止时的电流值"中的"比率"设为 125。

（b）若选择"探头扫描曲线"。点击"设置"→"实验参数"（或点击程序界面工具栏上的 $\boxed{\equiv}$）。在跳出的"探头扫描曲线参数"对话框中设定所需的"探头电位"以及"灵敏度"。在"扫描方向"中选择需要扫描的方向，则步进马达将按照某个特定的维度移动。按照实验需要设定好参数后点击"确定"。

（c）若选择"扫描电化学显微镜"。点击"设置"→"实验参数"（或点击程序界面工具栏上的 $\boxed{\equiv}$）。在跳出的"扫描电化学显微镜参数"对话框的"探头行进"中设定"X 方向距离"、"Y 方向距离"、"距离增量"以及"时间增量"来确定成像范围以及探头扫描的速率。按照实验需要设定好参数后点击"确定"。

（6）点击"控制"→"运行实验"，或直接单击运行按钮 $\blacktriangleright$，开始所需测试。

（7）实验结束，单击保存按钮 $\blacksquare$，保存文件。

（8）实验结束后，先关三维马达控制器电源，再关电化学工作站电源。

14.4　SECM 的一些应用

14.4.1　SECM 成像

大多数报道的 SECM 图像是应用等高模式获得。此模式的工作原理是探头在基底表面进行等高的 X、Y 方向扫描，同时记录探头在此平面内不同位置的电流。探头电流的大小反映出基底的性质，从而可得到基底的三维图像。图像的分辨率主要由探头的大小和探头与基底之间的距离决定。应用等高模式已得到金属、离子晶体、高分子膜和生物样品等的图像。SECM 的反馈模式和产生/收集成像模式均可用来获得 SECM 图像。

电极靠近单个藻类原生质体，利用 SECM 的反馈模式，通过测量原生质体周围 $Fe(CN)_6^{4-}$ 氧化电流的变化，获得单个原生质体的形貌图[图 14 - 8(a)]。图14 - 8(b)为 SECM 收集模式下测量的原生质体周围 O_2 在铂探针上的还原电流变化，得到了原生质体在光照条件下发生光合作用产生的 O_2 浓度分布图。

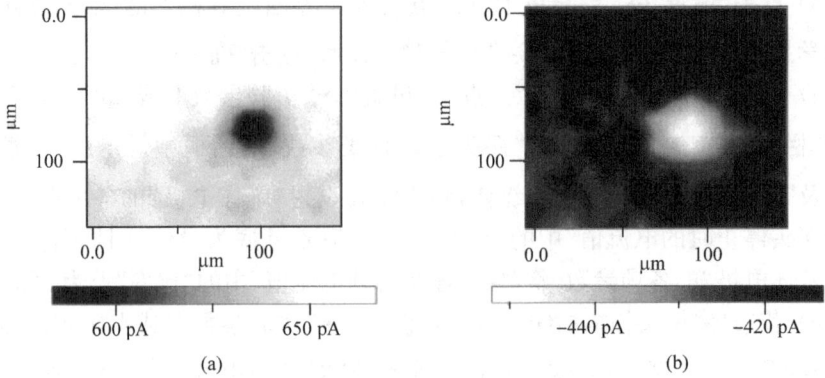

图 14 - 8　单个原生质体形貌图(a)和光合作用产生 O_2 的浓度分布图(b)

14.4.2　膜与多孔材料中的物质转移

　　SECM 可监测微区反应,因此是研究电极表面薄膜性质十分有效的技术,可利用
SECM 技术单独测量微孔以及纳米孔内物质的扩散、转移、浓度分布、电磁场分布等。
例如,细胞膜、骨骼、皮肤等生物组分上均具有微/纳米级孔洞结构。研究物质在这些
孔洞中的传输情况并建立相应的理论模型,将极大地推动人类对生物体内物质转移
与传输的认识。电活性物质通过多孔高分子膜或无毛鼠皮的流量以及离子扩散通过
人的牙质孔的流量,其离子传输的速率和膜孔的半径可通过分析 SECM 图像获得。
例如,利用无毛鼠皮将溶液分为供体溶液与受体溶液两部分,利用探针在受体溶液部
分研究物质通过鼠皮中的微孔向受体溶液的扩散过程。图 14 - 9 是在聚碳酸酯膜修
饰的基底电极上方,利用直径为 2 μm 的铂电极检测电活性离子$[Fe(CN)_6^{4-}]$穿过微
孔的电流,从而获得多孔膜的 SECM 图像。孔的直径平均为 10 μm。

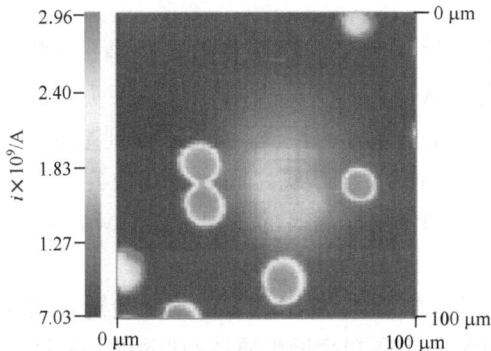

图 14 - 9　聚碳酸酯膜的 SECM 图

铂探针电极直径 2 μm;溶液 $Fe(CN)_6^{4-}$

14.4.3　电化学微加工

由于 SECM 具备电化学反应能力和较高的空间位置控制能力,因此 SECM 在微加工方面的独特作用已为众多研究者所认识。与其他扫描探针(SPM)技术中的微/纳米操作不同,SECM 探针可作为化学探头用于控制局域化的均相或非均相化学反应过程,从而在样品表面形成微/纳米结构。从金属刻蚀、沉积以及酶微结构的固定化等,SECM 在微/纳米加工方面的应用正被研究者逐步开发。

SECM 在微加工过程中使用的方法可分为直接型与反馈型两类。在直接型方式中,基底电极作为对电极;而在反馈型方式中,基底电极处于开路电位,以溶液中的氧化还原电对作为加工试剂。

直接型方式已用于刻蚀半导体、金属和沉积导电高分子微结构。当在探针电极上施加负偏压时,探针表面物质发生还原,而在基底电极表面必须发生等量物质的氧化。在一定的溶液环境中,基底电极将自身发生氧化溶解等过程。由于探针距离基底电极很近(一般在数微米内),因此电化学反应被限制在探针与基底电极间构成的狭小区域内进行,从而实现对基底的微/纳米加工。显然,加工精度与探针尺寸、探针-基底距离密切相关,对这些参数的控制将有利于加工精度的提高。

反馈型方式中,溶液中的氧化还原电对在探针电极上发生电化学反应后的产物为基底刻蚀或沉积的反应剂,在基底上形成微结构。由于不需要在基底电极上施加电位,因此可以对绝缘体的基底表面进行加工或修饰。例如,利用探针电极产生的 Br_2 刻蚀半导体基底。刻蚀机理是在含 Br^- 的溶液中施加一定的电位于探针,使 Br^- 氧化为 Br_2,电化学反应产生的 Br_2 扩散至 GaAs 表面发生化学反应,实现对基底的化学刻蚀。实验中考察了刻蚀时间、pH 等对刻蚀效果的影响。若在溶液中添加 Br_2 的清除剂,可限制 Br_2 对 GaAs 表面的化学刻蚀只发生在探针与基底构成的区域内,使微加工精度大大提高。

14.4.4　SECM 在生物领域的应用

SECM 在生物体系中的应用是该技术最为活跃的一个研究领域。SECM 应用于生物体系的研究从最初的观察叶片组织形貌与酶微结构、抗体、蛋白微结构的形成与表征,发展到对单个生物分子形貌、单细胞形貌与药理作用研究和对生物体系物质转移的研究等。

1. 酶的研究

用 SECM 研究固定化酶催化反应活性有其独特的优势,采用反馈模式能快速、灵敏地定量测定酶反应动力学参数,并能直接得到酶催化活性分布的形貌图等。例如,有学者以反馈模式研究微米厚度孔层中葡萄糖氧化酶(GOx)催化 β-D-葡萄糖氧化为 D-葡萄糖内酯的反应。溶液中的还原型介质在探头上发生氧化反应产生氧化型介质,此反应受扩散控制。只要有足量的葡萄糖存在,此氧化型介质就会在固定于基底表面的 GOx 催化下与葡萄糖反应,分别生成还原型介质和 D-葡萄糖内酯。此时,酶与介质间的动力学为零级反应。按此机理求得了几种介质存在下的表观异相反应速率常数。还用类似的反馈模式测定了聚碳酸酯膜孔中固定的 GOx 和鼠肝脏线粒体膜上的 NADH-细胞色素 C 还原酶(图 14 - 10)。

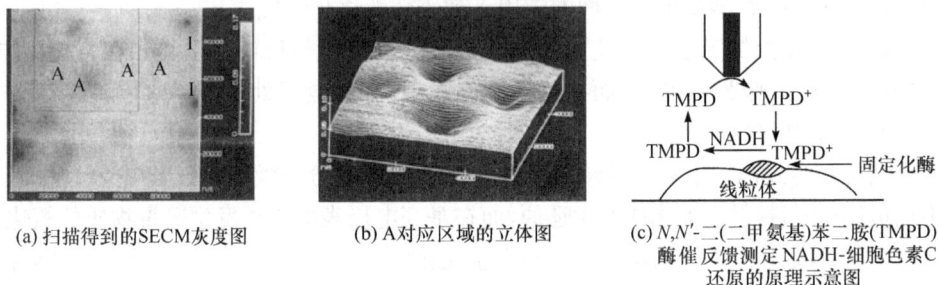

(a) 扫描得到的 SECM 灰度图　　(b) A 对应区域的立体图　　(c) N,N′-二(二甲氨基)苯二胺(TMPD)
酶催反馈测定 NADH-细胞色素 C
还原的原理示意图

图 14 - 10　　固定在玻璃上的线粒体的 SECM 图

探头是半径为 4 μm 的碳纤维圆盘电极,电位恒定于 0.2 V,氧化还原介质:溶液含 0.1 mol/L KCl,0.25 mol/L 蔗糖,5×10^{-4} mol/L TMPD 和 5×10^{-2} mol/L NADH

2. 单细胞研究

SECM 从开发的初期,人们就不断尝试将其应用拓展到生物领域。自从 Bard 小组首次用反馈模式获得草和叶子表面的形貌图以及用收集模式测定叶片上光合作用产生的氧气和气孔释放氧气分布图之后,对细胞形态和性质的研究逐渐成为 SECM 的热门研究课题之一。SECM 用于研究单细胞有其独特的优势:①对细胞的形态及活性无太大影响,可以实现细胞活体测定;②只对有电活性的物质有响应,选择性好;③可测定跨膜电荷传递的速率,进而研究细胞内的氧化还原活性。利用 SECM 技术,美国 Mirkin 研究组、德国 schumann 研究组和日本 Matsue 研究组分别在细胞研究领域做了出色的工作。

Mirkin 等连续发表了多篇关于细胞膜上电荷转移的研究论文,提出了氧化还原电对在细胞膜/细胞内进行电子转移的几种模式。同时,该研究组通过拟合逼进曲线,考察了多种氧化还原电对在细胞内的表观电子转移速率常数。他们利用在液/液界面电荷转移研究中建立的理论模型,对氧化还原电对在细胞内的电子转移进行了理论描述。

Schumann 研究小组对细胞在药物刺激下释放神经递质 NO 等过程进行了深入的研究。通过控制溶液中 K^+ 浓度,测得了细胞释放神经递质的过程;同时,还利用原位修饰探针技术观察了细胞释放 NO 的动力学过程。另外,该研究组利用恒距离技术观察了细胞形貌以及肾上腺素的释放过程。

Matsue 研究组的重点是利用 SECM 技术研究细胞的生物性质。该研究组对细胞光合作用进行了考察。其后,他们又利用 PDMS 将细胞固定在微结构中,并利用 SECM 技术对其代谢活性进行了评价。除了对细胞代谢过程进行观测外,还将细胞固定在刻蚀的硅微结构中,比较了同系的两种细胞对抗癌药物的响应灵敏度。

14.4.5　电场耦合成像

电场耦合成像模式由南京大学夏兴华课题组提出。他们利用 SECM 在不含氧化还原剂的微电泳芯片体系中对微通道端口电场分布进行了探测,发现在无氧化还原剂的体系中获得的 SECM 图反映了分离电场与探针电极间的耦合程度与电场分布情况。据此,他们发展了一种新的 SECM 成像机制——耦合成像机制,并将此成像模式应用于毛细管电泳微流控芯片柱端电化学检测的研究中,原位研究了微管道柱端电场分布情况及其对安培检测的影响。实验结果表明,管口形状决定了电场分布情况。在扫描平面内,管道中心处电场明显高于扫描区域边缘处电场。同时,基于 SECM 逼近曲线发展了一种在给定检测电位下确认最佳检测距离的简便方法,并以多巴胺为模型物质验证了该方法的有效性。实验装置如图 14 - 11 所示。

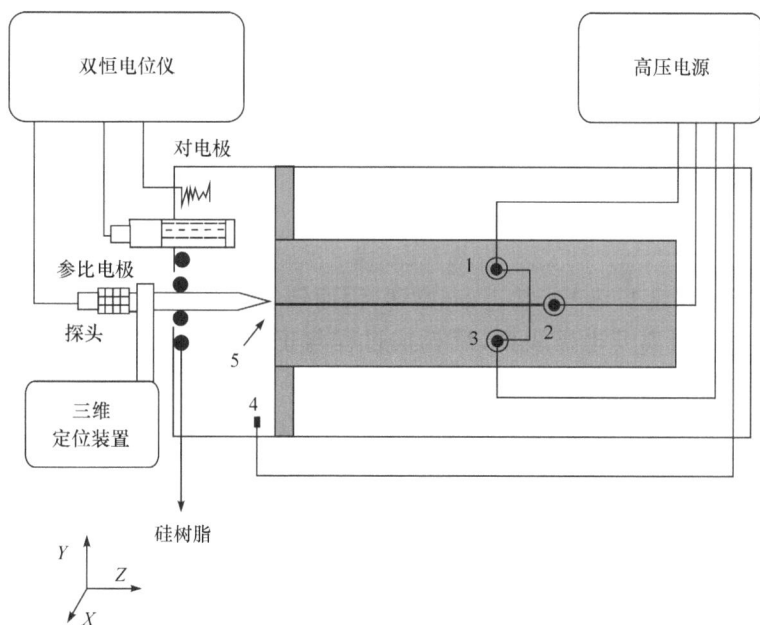

图 14 - 11　微流控芯片柱端安培检测与扫描电化学
显微镜结合的实验装置示意图

1—进样；2—分离；3—进样(接地)；4—分离(接地)；5—柱端

另外,他们还利用 SECM 电化学检测系统与分离电场间的耦合作用,探测了圆型毛细管端口处高压分离电场的分布。实验结果显示,在 SECM 的扫描平面内毛细管口溶液电势呈现出中心高、边缘低的分布,并且中心溶液电势随电极-管口距离减小而增强。

实验三十七　微电极的制作与电化学表征

一、目的要求

(1) 掌握微电极制作的方法。

(2) 利用电化学方法进行表征,求算微电极半径。

二、原理

与常规电极相比,微电极具有传质速率快、双电层充电电流小、iR 降低和时间常数低等特点。因为微电极的尺寸很小,在电解时电极表面形成薄而稳定的半球形扩散层,扩散满足球形扩散公式,故传质速率快,新鲜的去极剂扩散到电极表面所需时间短,显示与时间无关的稳态电流。当电位足够正时,稳态极限电流符合式(14-1)。

由菲克(Fick)第一定律可知

$$i_l = \frac{nFADc}{\delta} \tag{14-4}$$

式中,δ 为扩散层厚度,m。于是

$$\delta = \frac{\pi r}{4} \tag{14-5}$$

可见其扩散层厚度与其半径接近,非常薄,因而传质速率很快。在循环伏安中,由于反应产物很快离开电极表面,反扫描过程与正扫描过程的伏安曲线重合,电流-电位曲线呈 S 形。

以 1.00×10^{-2} mol/L $K_3Fe(CN)_6$ 和 0.500 mol/L KCl 的溶液为电解液,$K_3Fe(CN)_6$ 在 0.500 mol/L KCl 溶液中的 $D = 7.2 \times 10^{-6}$ cm²/s。根据极限扩散电流求得电极半径 a。

三、仪器与试剂

仪器:CHI 电化学工作站;超声清洗仪;真空泵;Ag-AgCl 参比电极;铂丝对电极;Pt 或 Au 盘微电极。

试剂:含 1.00×10^{-2} mol/L $K_3Fe(CN)_6$ 的 0.50 mol/L KCl 溶液:称取 0.0329 g $K_3Fe(CN)_6$ 和 0.3773 g KCl 溶于 10 mL 蒸馏水中待用。

四、实验步骤

（1）将一定直径（如 20 μm）的铂丝在丙酮中浸泡清洗后，用刀片切成 1 cm 长的小段。通过导电银胶将铂丝与一根铜丝连接后置于烘箱中 100 ℃ 烘 30 min，令银胶固化。

（2）将该电极小心插入已用激光拉制机拉制好的锥形硼硅玻璃管中，铂丝头部露出管口。加热玻璃管并缓慢旋转，使金属丝完全密封在玻璃管中。

（3）将烧好的玻璃管的另一端与真空泵相连，密封，打开油泵抽去玻璃管中的空气，并加热前端。此时前端玻璃熔融并将铂丝包封。显微镜下检测包封情况，确保无气泡。

（4）玻璃管与铜丝的接口处用环氧树脂胶包封固定。

（5）电极表面先用粗砂纸打磨平整，再用金相砂纸抛光，最后在 1 μm 和 0.05 μm 的氧化铝湿粉上抛光至电极表面平整光洁。

（6）为了减小探头逼近基底时探针绝缘层玻璃与基底接触的可能性，需要将包裹在圆盘电极外部的玻璃绝缘层打磨成细锥形，直到 $RG < 10$（$RG = b/a$，b 为电极半径与玻璃绝缘层半径之和）为止。

（7）制备好的微电极依次置于乙醇和二次水中超声清洗。

（8）在电解池中加入含 1.00×10^{-2} mol/L $K_3Fe(CN)_6$ 的 0.50 mol/L KCl 溶液，插入微电极工作电极、铂丝对电极、Ag-AgCl 参比电极。

以 10 mV/s 扫描速率，从 0.00～0.50 V 扫描，记录循环伏安图。

五、结果处理

（1）从 $K_3Fe(CN)_6$ 溶液的循环伏安图测量 $i_{T,\infty}$。

（2）根据稳态电流公式求得电极半径 a。

六、注意事项

（1）工作电极、对电极、参比电极表面必须洁净。

（2）由于微电极电流信号小，实验过程尽量减少走动等，以降低噪声。

七、思考题

解释 $K_3Fe(CN)_6$ 溶液的循环伏安图形状。

实验三十八　探针逼近曲线及探针-基底距离的计算

一、目的要求

(1) 掌握探针逼近技术。

(2) 根据探针逼近曲线计算探针与基底之间的距离。

二、原理

原理见 14.1.1。

三、仪器与试剂

仪器:CHI 910B 扫描电化学显微镜;Ag-AgCl 参比电极;铂丝对电极;Pt 盘或 Au 盘基底电极;Pt 或 Au 盘微电极探头。

试剂:含 1.00×10^{-2} mol/L $K_3Fe(CN)_6$ 的 0.50 mol/L KCl 溶液:称取 0.0329 g $K_3Fe(CN)_6$ 和 0.3773 g KCl 溶于 10 mL 蒸馏水中待用。

四、实验步骤

(1) 打开 CHI 900 电化学工作站电源,然后打开三维马达控制器电源。

(2) 将电解池放在三维马达定位系统的工作台上。电解池内含 1.00×10^{-2} mol/L $K_3Fe(CN)_6$ 和 0.50 mol/L KCl 溶液。

(3) 将铂电极或金电极(直径 2 mm)置于电解池的下部,Ag-AgCl 电极和铂电极分别固定在电解池中。将探针微电极垂直固定在 SECM 的爬行器上(Z 轴)。

绿色:工作电极-探针电极,垂直固定在三维马达的 Z 轴所连接的白色固定夹中;红色:对电极;白色:参比电极;黄色:基底电极(第二工作电极)。

(4) 首先进行探头向导体基底的逼近。打开 CHI 910B 控制软件,调节控制 X、Y、Z 轴的马达,使探头在基底上方 Pt(或者是 Au)电极的位置(基底为导体)。

(5) 打开探头逼近曲线。探头电位设为 0 V[$K_3Fe(CN)_6$ 转变为 $K_4Fe(CN)_6$],基底电极电位设为 0.5 V[$K_4Fe(CN)_6$ 转变为 $K_3Fe(CN)_6$]。设定探头停止时的电流值为起始电流的 120%,最大增量设为 1 μm,后退距离设为 50 μm,时间增量设为 0.02 s。

(6) 运行探头逼近曲线。当电流到达设定值(120%)后,马达自动停止移动。保存得到的探头逼近曲线。

(7) 进行探头向绝缘体基底的逼近。打开 CHI 910B 控制软件,调节控制 X、Y、Z 轴的马达,使探头在基底电极上方绝缘层的位置。

(8) 打开探头逼近曲线。探头电位设为 0 V[$K_3Fe(CN)_6$ 转变为

$K_4Fe(CN)_6$]。设定探头停止时的电流值降为起始电流的 80%,最大增量设为 1 μm,后退距离设为 50 μm,时间增量设为 0.02 s。

(9) 运行探头逼近曲线。当电流降为设定值(80%)后,马达自动停止移动。保存得到的探头逼近曲线。

五、结果处理

将实验得到的探头逼近曲线与理论公式进行拟合,得到探头与基底之间的距离。

六、注意事项

(1) 由于微电极电流信号小,实验过程尽量减少走动等,以降低噪声。
(2) 进行探头逼近曲线参数设定时,切记设定一定的后退距离,以保护探针。
(3) 实验结束后,先关三维马达控制器电源,再关电化学工作站电源。
(4) 取下各电极和电解池,将屏蔽箱清理干净,不能有电解液遗留在屏蔽箱内,尤其是三维马达控制器上,以免腐蚀三维马达控制器。

七、思考题

(1) 解释探头逼近曲线的形状。
(2) 如何将实验得到的探头逼近曲线与理论公式得到的理论曲线进行拟合,以得到探头与基底的距离?

实验三十九　扫描电化学显微镜成像技术

一、目的要求

(1) 进一步熟练探头逼近技术。
(2) 观察基底性质对探头电流的影响。
(3) 掌握扫描电化学显微镜成像技术。

二、原理

当探头逼近到基底上方一定的高度后,恒定探头高度。当探头在导体-绝缘体混合基底上方扫描时[图 14-12(a)],探头电流随基底性质的变化而变化[图 14-12(b)]。当扫描至导体上方时(中间区域),电流上升;扫描至绝缘体上方时,电流则下降。

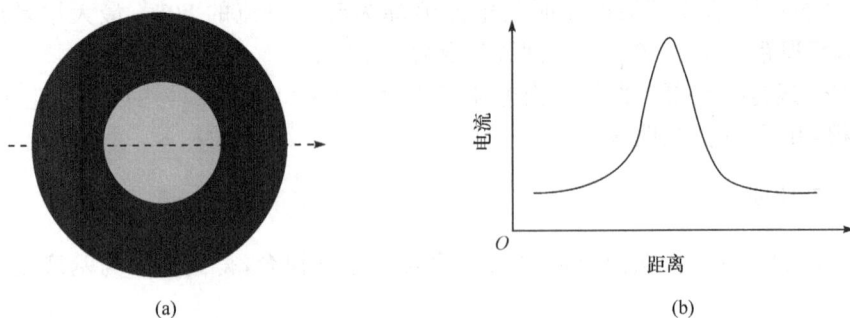

图 14-12 基底及探针电流在基底不同部位的变化

三、仪器与试剂

仪器:CHI 910B 扫描电化学显微镜;Ag-AgCl 参比电极;铂丝对电极;Pt 盘或 Au 盘基底电极;Pt 或 Au 盘微电极探头。

试剂:含 1.00×10^{-2} mol/L $K_3Fe(CN)_6$ 的 0.50 mol/L KCl 溶液:称取 0.0329 g $K_3Fe(CN)_6$ 和 0.3773 g KCl 溶于 10 mL 蒸馏水中待用。

四、实验步骤

(1) 打开 CHI 900 电化学工作站电源,然后打开三维马达控制器电源。

(2) 将电解池放在三维马达定位系统的工作台上。电解池内含 1.00×10^{-2} mol/L $K_3Fe(CN)_6$ 和 0.50 mol/L KCl 溶液。将参比电极、对电极、探头和基底电极分别接至电化学分析仪上。

(3) 打开 CHI 910B 控制软件,调节控制 X、Y、Z 轴的马达,使探头在基底电极上方导体的位置(接近包封层)。

(4) 打开探头逼近曲线。探头电位设为 0 V[$K_3Fe(CN)_6$ 转变为 $K_4Fe(CN)_6$],基底电极电位设为 0.5 V[$K_4Fe(CN)_6$ 转变为 $K_3Fe(CN)_6$]。设定探头停止时的电流值为起始电流的 120%,最大增量设为 1 μm,后退距离设为 50 μm,时间增量设为 0.02 s。运行探头逼近曲线。当电流降为设定值后,马达自动停止移动。

(5) 恒定探头高度,对基底性质进行扫描电化学显微镜成像。设定探头电位为 0 V,基底电极电位为 0.5 V,X 轴和 Y 轴的扫描范围均为 1000 μm,最大增量设为 1 μm,时间增量设为 0.02 s。探头以 X 轴为长轴沿 X、Y 轴往返扫描,得到基底的形貌图。

五、结果处理

将实验数据用 Origin 软件处理,得到基底的三维图像。

六、注意事项

（1）设定 X 轴和 Y 轴的扫描范围时，要保证探针从导体上方扫描至绝缘体上方，以观察不同的基底性质对探针电流的影响。

（2）实验结束后，先关三维马达控制器电源，再关电化学工作站电源。

（3）取下各电极和电解池，将屏蔽箱清理干净，不能有电解液遗留在屏蔽箱内，尤其是三维马达控制器上，以免腐蚀三维马达控制器。

七、思考题

解释得到的扫描电化学显微镜图像（基底性质对探头电流影响）。

第15章　气相色谱法

气相色谱法是以气体(此气体称为载气)为流动相的柱色谱分离技术。在填充柱气相色谱法中,柱内的固定相有两类:①涂布在惰性载体上的有机化合物,沸点较高,在柱温下可呈液态,或本身就是液体,采用这类固定相的方法称为气-液色谱法;②活性吸附剂(如硅胶、分子筛等),采用这类固定相的方法称为气-固色谱法,其应用远没有气-液色谱法广泛。气-固色谱法只适用于气体及低沸点烃类的分析。在毛细管气相色谱法中,色谱柱内径小于 1 mm,分为填充型和开管型两大类。填充型毛细管与一般填充柱相同,只是径细、柱长,使用的固定相颗粒为几十到几百微米。开管型固定相则通过化学键合或物理的方法直接固定在管壁上,因此这种色谱柱又称开管柱,其应用日益普遍。原则上,在填充柱中能够使用的固定液在毛细管柱中也能使用,但毛细管柱比普通填充柱柱效更高,分离能力更强。气相色谱法的应用十分广泛,原则上讲,不具腐蚀性气体或只要在仪器所能承受的气化温度下能够气化且自身又不分解的化合物都可用气相色谱法分析。

15.1　基　本　原　理

当样品加到固定相上后,流动相携带样品在柱内移动。流动相在固定相上的溶解或吸附能力要比样品中的组分弱得多。组分进柱后,在固定相和流动相之间进行分配。组分性质不同,在固定相上的溶解或吸附能力不同,即它们的分配系数大小不同。分配系数大的组分在固定相上的溶解或吸附能力强,停留时间也长,移动速率慢,因而后流出柱子。反之,分配系数小的组分先流出柱子。可见,只要选择合适的固定相,使被分离组分的分配系数有足够差别,并合理选择色谱柱和其他操作条件,即可得到令人满意的分离。

15.2　气相色谱仪

普通填充柱气相色谱仪和毛细管柱气相色谱仪流程如图 15-1 所示,两者十分相似,后者比前者多一个分流装置,柱后加一个尾吹气路。尾吹气路又称辅助气路。

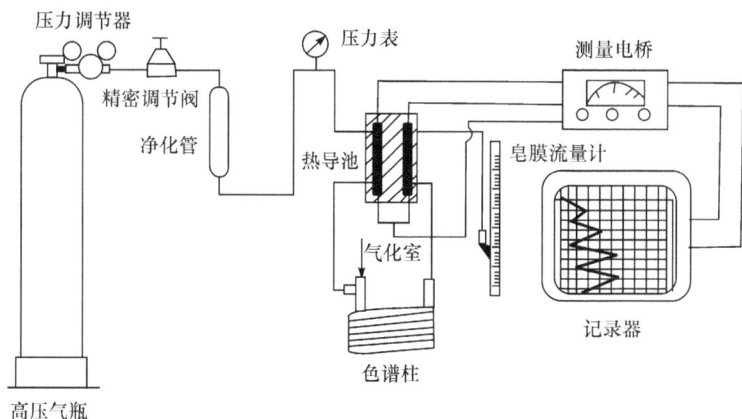

(a) 普通填充柱气相色谱仪

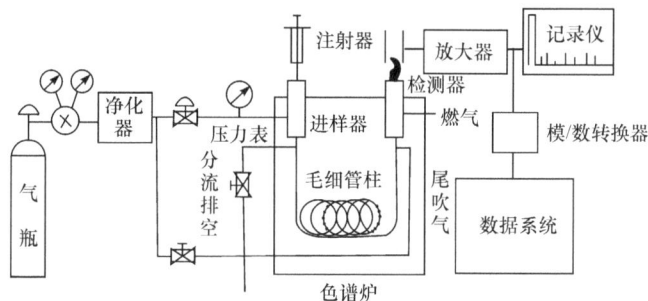

(b) 毛细管气相色谱仪

图 15-1　气相色谱仪流程

15.2.1　载气及进样系统

　　载气由高压气瓶供给,经压力调节器减压和稳压,以稳定流量进入气化室、色谱柱、检测器后放空。常用载气有氢气、氮气。用热导检测器时主要使用氢气;用氢火焰离子化检测器时主要使用氮气。

　　进样就是用注射器(或其他进样装置)将样品迅速、定量地注入气化室气化,再被载气带入柱内分离。要想获得良好分离,进样速度应极快,样品应在气化室内瞬间气化。常用注射器规格为气体用 0.5~10 mL 医用注射器;液体用 0.5~50 μL 微量注射器。

　　毛细管柱由于其内径细、固定液膜薄,因此样品容量很小。液体样品一般进样量为 10^{-3}~10^{-2} μL,气体样品 10^{-7} mL,所以需要用分流进样技术,即在气化器出口载气分两路,绝大部分放空,极小部分进入柱子,这两部分的比例大小称为分流比。分流进样器结构原理如图 15-2 所示,要求分流前后样品的组成保持不变。分流进样器性能好坏直接影响毛细管色谱的定量结果。

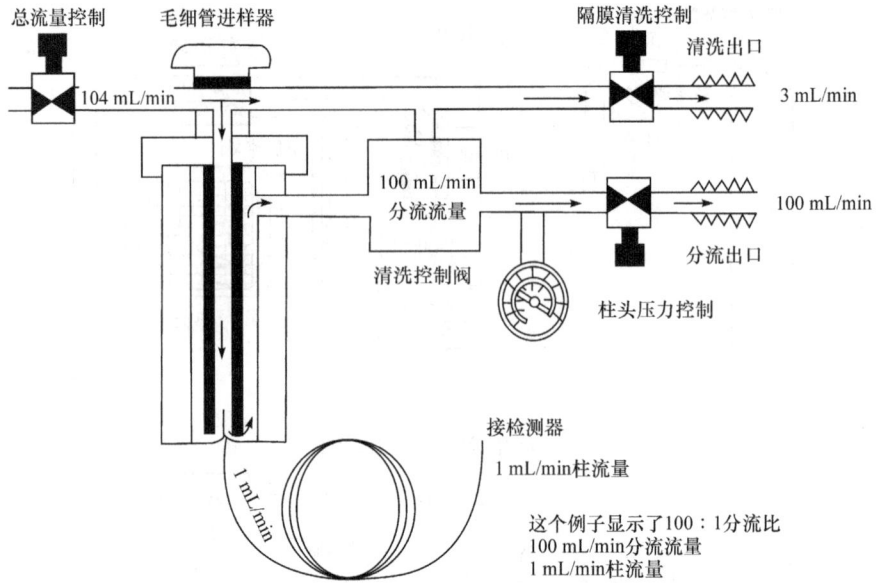

图 15-2　分流式进样器流量图

15.2.2　色谱柱

色谱柱是色谱仪的核心,由柱管及固定相组成。常用柱管材料为不锈钢、玻璃或石英玻璃。将选定的固定液涂布在载体上,然后装入色谱柱,这种柱子称为填充柱。常用填充柱内径一般为几毫米,长度从 0.5 m 至几米不等。常用载体有红色载体(如 6201 系列)和白色载体(如 101、102 系列)。红色载体适用于分析极性弱的物质,白色载体适用于分析极性强的物质。毛细管填充柱较少使用。市售毛细管柱都用石英玻璃拉制而成,并在其外面包覆聚酰胺、硅橡胶等高分子材料,以增加其柔性和强度。常用商品毛细管柱的内径有 0.53 mm、0.32 mm 和 0.25 mm 等几种规格,长度为 10~30 m。固定液直接涂布或通过化学交联键合在预先经过处理的管壁上。

样品中各组分的良好分离主要取决于固定液的选择。实际工作中遇到的样品往往比较复杂、多变,因此选择固定液无严格规律可循,一般凭经验规则或根据文献资料选择。在充分了解样品性质的基础上,尽量使固定液与样品中组分之间有某些相似性,使两者之间作用力增大,从而分配系数有较大差别,以实现良好分离。

几种常用的代表性固定液如下(按极性增加的次序):甲基硅橡胶(SE-30),最高使用温度 350 ℃;50%苯基甲基聚硅氧烷(OV-17),最高使用温度 375 ℃;三氟丙基甲基聚硅氧烷(OV-210),最高使用温度 250 ℃;聚乙二醇(PEG-20M),最高使用温度

200 ℃；丁二酸二乙二醇聚酯(DEGS)，最高使用温度 200 ℃。最高使用温度指固定液在此温度以上其蒸气压急剧上升而造成基线不稳。

15.2.3　检测器

　　检测器的作用是将载气中组分含量的变化转变成可测量的电信号，然后输入记录器记录下来。最常用的检测器有两种：热导检测器和氢火焰离子化检测器。热导检测器是基于不同组分有与载气不相同的热导系数，因而传导热的能力大小不同，即使同一组分，如果浓度不同，传导热的程度也不相同。因此，检测器输出信号的大小是组分浓度的函数。热导检测器通用性好，但灵敏度有限。常规填充柱气相色谱仪使用的热导检测器由于死体积大而不能通用于毛细管色谱仪。毛细管色谱仪使用的热导检测器要求死体积极小。单丝微型热导检测器的池体积只有 $3.5\mu L$，可作为毛细管柱的检测器。

　　氢火焰离子化检测器是最常用的检测器。除了对无机气体及少数在火焰中不离解的化合物没有信号或信号极小，几乎对所有有机化合物都产生响应。载气携带被柱分离后的组分进入氢氧焰中燃烧，生成正、负离子。这些离子在电场中形成电流($10^{-10}\sim10^{-8}A$)，并流经高电阻，产生电压降，再输入放大器放大后记录下来。从填充柱操作转换到毛细管柱操作，氢火焰离子化检测器的喷嘴应更换成更细的喷嘴，以减小死体积。

15.2.4　记录器

　　记录器是记录直流电压信号的电子电位差计，其简单原理如图15-3所示。当输入的信号电压等于 AB 两点间电压时，检零放大器的输入信号为零，可逆电机不转动，电位器 W_1 的动点与记录笔处于某一平衡位置不动。当输入信号变化时，检零放大器就有正或负信号输入。放大后的输出信号驱动可逆电机正转或反转，亦即带动 W_1 的动点，使 AB 两点电压与变化后的信号电压相等，达到新的平衡位置。当 W_1 动点改变时，同步带动记录笔左右移动。此时记录纸也在移动，画下色谱峰。

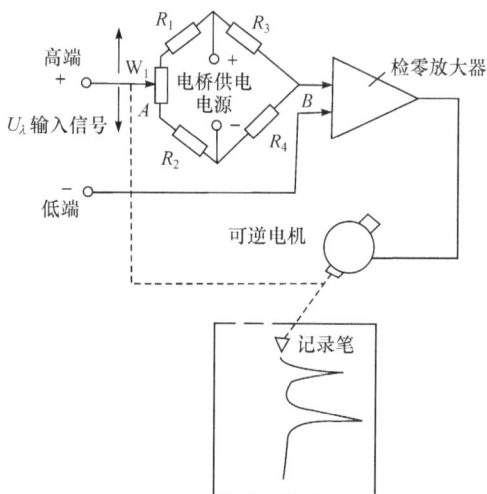

图 15-3　电子电位差计示意图

色谱分析中常用的电子电位差计一般满量程为 5 mV 或 10 mV。根据走纸速率需要,记录器的纸速可以改变。纸速太慢,画出的色谱峰很窄,在测量峰的宽度时误差增大;纸速过快,矮小的峰形很难看,且造成纸张浪费。毛细管色谱由于出峰快、峰形窄,因而需要使用快速响应的记录仪。以色谱数据处理机或色谱工作站作为记录器具有响应快速、色谱数据存储灵活及再处理功能强等特点,越来越为色谱工作者普遍采用。

15.3　气相色谱仪的使用

15.3.1　1890Ⅱ型气相色谱仪

1890Ⅱ型气相色谱仪是双柱双气路气相色谱仪,其温度控制和监测、信号控制与监测均通过计算机实现,流量控制系统则由旋钮调节。仪器面板如图 15-4 所示。

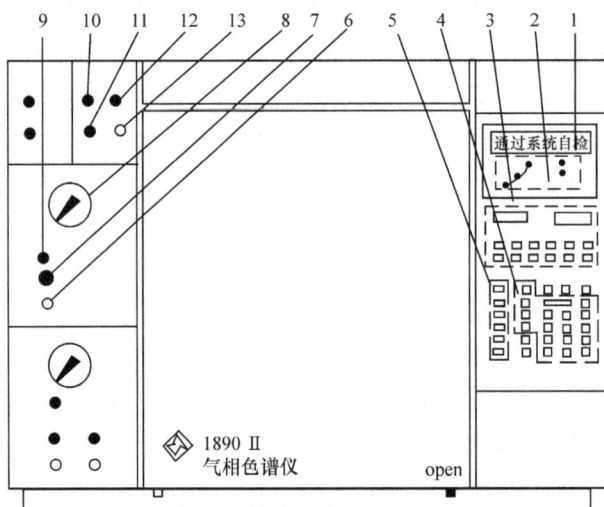

图 15-4　1890Ⅱ型气相色谱仪面板示意图
1—显示窗;2—指示灯;3—温度控制键区;4—数字键区;5—信号控制键区;6—分流排气出口;7—总流量调节阀;8—柱前压力表;9—载气流量调节阀;10—空气开关阀;11—氢气开关阀;12—辅助气开关阀;13—氢火焰点火开关

1. 流量控制

空气、氢气和辅助气(尾吹气)均通过面板左上部各自的开关阀控制,流量大小则由安装在仪器内部的各自的流量控制阀调节。在使用氢火焰检测器时,空气的流量通常控制在 400 mL/min,氢气 30 mL/min。当使用毛细管柱时,需开启辅助气,流量一般控制在 30～40 mL/min。通过分流式毛细管进样器的载气,总流量由总流量控制阀调节,此流量通常控制在 50～100 mL/min。载气通过气化器室后,进入毛细管柱前被分为两路,一路进入毛细管柱,另一路从分流排气出口处放空。进入毛细管柱的载气流量通过载气调节阀调节,载气入柱时的压力则由柱头压力表指示,对大口径毛细管柱(内径为 0.53 mm),流量一般控制在 3～10 mL/min;对内径为 0.32 mm 或 0.25 mm 的毛细管柱,流量为 0.5～2 mL/min。

2. 温度控制

温度通过图 15 - 5 显示的键设置,可以对 A 和 B 进样器、A 和 B 检测器、色谱柱等部件独立调温。色谱柱室的温度又称炉温。对色谱柱还可进行三阶程序升温。

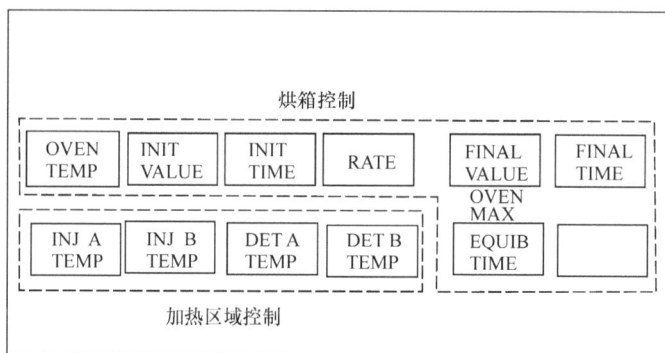

图 15 - 5　温度控制键

只要按适当的温度控制键,设置值和实际值都可显示。如按 OVEN TEMP 键,得到图 15 - 6 的显示。图中设置值由使用者设定,而实际值是测量出的值。

	实际值	设置值
炉温	279	350

图 15 - 6　实际值和设置值的典型显示

设定"温度值"的命令格式为

温度控制键 → 数值键 → ENTER

3. 信号控制

信号定义和控制键如图 15-7 所示。

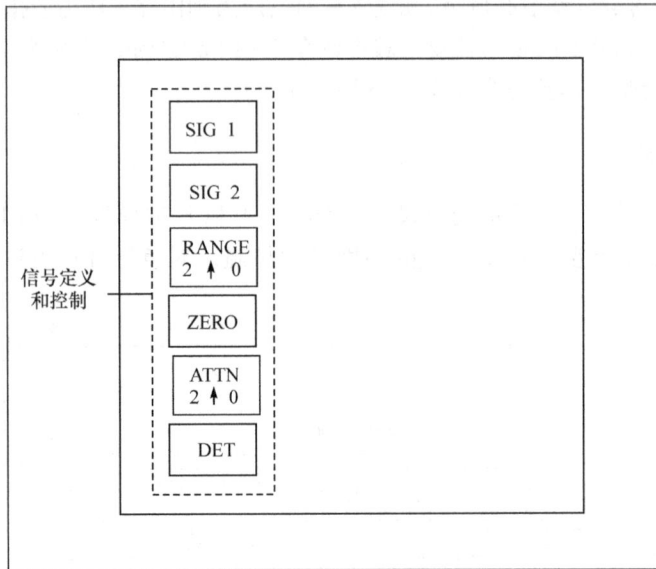

图 15-7　信号定义和控制键

输出信号包括检测器信号、进样器、检测器和色谱柱室温度、柱补偿数据。两条输出通道可分别输出两个信号，或同时输出同一信号至记录仪或积分仪。

(1) 设置信号输出通道。按下 $\boxed{\text{SIG1}}$（或 $\boxed{\text{SIG2}}$），使相应的信号输出通道显示后，根据表 15-1 选定欲从显示通道输出的信号，再按 $\boxed{\text{ENTER}}$ 完成设置。

表 15-1　信号代码表

键　名	注　释
[A]或[B]	从检测器 A 或 B 输出信号，如未装检测器 A（或 B），则显示"DET A（或 B）未安装"
[A][−][B] 或[B][−][A]	输出同型的两检测器的信号差。如未装检测器 A（或 B），则显示"DET A（或 B）未安装"；如检测器不同类型，则显示"不同的检测器"
[A][−][COL COMP1] 或[B][−][COL COMP1] 或[A][−][COL COMP2] 或[B][−][COL COMP2]	对于一个给定的检测器和色谱柱，输出其分析信号与空白运行的信号差，如未装检测器 A（或 B），则显示"DET A（或 B）未安装"

续表

键　名	注　释
[0]	输出炉温
[1]或[2]	输出 COMP1 或 COMP2 的存储数据
[3],[4]	输出进样口 A,进样口 B 的温度
[5]或[6]	输出检测器 A 或 B 的温度
[7]或[8]	分别输出载气流量 A 或 B
[9]	输出用于检查数据接收装置(积分仪、记录仪等)测试信号

例如,设定 B 检测器数据到信号输出通道 1,按键顺序为

$$\boxed{SIG1} \rightarrow \boxed{B} \rightarrow \boxed{ENTER}$$

(2) 输出信号置零。当仪器背景电流太大时,会影响被测组分信号的记录,使用 $\boxed{ZERO}$ 功能,可通过补偿仪器的恒定背景信号方便地记录被测信号,增大有效动态范围。背景信号来源包括检测器本身、固定液流失或载气的不纯。按 $\boxed{SIG1}$ 或 $\boxed{SIG2}$ 键,然后按 $\boxed{ZERO}$ 即可显示当前信号通道上信号零点的设定值。当零点设定值显示后,按 $\boxed{ENTER}$ 或按 $\boxed{数值键} \rightarrow \boxed{ENTER}$ 可使零点变成当前信号值或想要设定的值。零点设定值的范围为 $-830000.0 \sim +830000.0$。如输入值小于当前的零点值,则背景基线上移,反之则下移。

(3) 信号衰减设置。为了使记录器记录合适大小的色谱峰,需要对输出信号进行放大或衰减。$\boxed{RANGE\ 2\uparrow(n)}$ 用来选择并调整传向输出通道信号的动态范围,使其最大输出值不超过允许的最大输出电压(记录仪为 $+1$ mV,积分仪为 1 V),n 的范围为 $0 \sim 13$,$\boxed{ATTN\ 2\uparrow(n)}$ 用来进一步选择和调整到 $+1$ mV 的输出信号范围以保证其不超过 $+1$ mV。它只用于记录仪输出($+1$ mV),n 的范围为 $0 \sim 10$。设置信号衰减的按键顺序为

$$\boxed{SIG1}或\boxed{SIG2} \rightarrow \boxed{RANGE\ 2\uparrow(\quad)} \rightarrow \boxed{数值键} \rightarrow \boxed{ENTER}$$

$$\boxed{SIG1}或\boxed{SIG2} \rightarrow \boxed{ATTN\ 2\uparrow(\quad)} \rightarrow \boxed{数值键} \rightarrow \boxed{ENTER}$$

4. **基本操作步骤**

1890Ⅱ型气相色谱仪的基本操作步骤(使用 B 柱、氢火焰检测器)如下:

(1) 流量设置。

(a) 打开钢瓶总阀,调节减压阀至分压表 0.4 MPa。旋转仪器进气阀(在仪器

背后)至仪器左侧氮气、空气和氢气压力表压力分别为 0.3 MPa(空气和氮气)和 0.1 MPa(氢气)。

(b) 调节仪器前部面板上的总流量阀,使载气流量为 100 mL/min 左右(在载气分流排气出口处用皂膜流量计测量,旋转载气调节阀至毛细管柱前压力表显示压力约 0.05 MPa,对内径为 0.25 mm 或 0.32 mm 毛细管,流量控制在 1 mL/min 左右。

(c) 面板前部的氢气、空气、辅助气阀均为开关阀,其流量可以通过仪器内部相应的控制阀调节。通常氢气流量控制在 30 mL/min,空气流量 400 mL/min,辅助气流量 20～40 mL/min。

(2) 接通仪器右侧下部的电源开关,微处理机对仪器各系统进行自检,当显示窗显示"系统通过自检"字样时,表示仪器状态正常,可以输入操作参数。

(3) 温度设置。按下列顺序按键:

$$\boxed{\text{OVEN TEMP}} \rightarrow \boxed{80} \rightarrow \boxed{\text{ENTER}}$$

$$\boxed{\text{INJ B TEMP}} \rightarrow \boxed{150} \rightarrow \boxed{\text{ENTER}}$$

$$\boxed{\text{DET B TEMP}} \rightarrow \boxed{150} \rightarrow \boxed{\text{ENTER}}$$

命令的含义是将柱温、B 进样器和 B 检测器温度分别设置为 80 ℃、150 ℃和 150 ℃。

(4) 信号设置。按下列顺序按键:

$$\boxed{\text{SIG1}} \rightarrow \boxed{\text{B}} \rightarrow \boxed{\text{ENTER}}$$

$$\boxed{\text{RANGE 2↑( )}} \rightarrow \boxed{0\sim13} \rightarrow \boxed{\text{ENTER}}$$

$$\boxed{\text{ATTN 2↑( )}} \rightarrow \boxed{0\sim10} \rightarrow \boxed{\text{ENTER}}$$

命令的含义是将 B 检测器信号联接于信号输出通道 1,并输出适当的衰减和灵敏度值。

(5) 氢火焰点火。当仪器状态指示灯(绿灯)亮时,按 $\boxed{\text{SIG1}}$ 键两次,显示窗显示 B 检测器当前的信号值,等该值稳定后(数值大小为 1～5),将空气开关阀从"关"旋转到"开"的位置,并按下红色点火开关,等看到氢火焰检测器中铂丝点火线圈红热后,再将氢气开关阀从"关"旋转到"开"的位置,听见轻轻"噗"的一声,并且在显示窗中看到信号增加到几十,表示氢火焰点火成功。

（6）背景电流扣除。将辅助气开关打开，等到显示窗中显示的信号值基本不变（点火后，该背景值通常在 100 以内），按 ZERO ENTER 即将当前背景值设置为零，此时仪器已处在正常工作状态，可以开始进样分析。

15.3.2　Varian CP3800 气相色谱仪

Varian CP3800 气相色谱仪是双柱双气路气相色谱仪，既可以安装普通填充柱，又可以安装毛细管柱。通过 Ethernet（以太网）的通信方式使"STAR"色谱工作站实现对该仪器进行远程控制和进行色谱数据处理。仪器同时也配备二路模拟数据输出口，所以也可以用通用色谱处理机（积分仪）、记录仪绘出色谱曲线。当使用色谱处理机、记录仪记录色谱曲线时，实验操作参数（如温度设置和监测、流量设置和监测、信号设置和监测、检测器参数设置和监测）均可通过仪器面板微机键盘操作及显示屏完成；当使用"STAR"色谱工作站时，则所有实验参数设置和实验结果处理、保存等均由色谱工作站完成。仪器基本操作步骤如下：

（1）打开气体钢瓶。如检测器为 FID、TSD、PFPD 时，调节氮气钢瓶气体输出压力为 5.5 kg/cm^2，空气钢瓶气体输出压力为 4 kg/cm^2，氢气钢瓶气体输出压力为 2.8 kg/cm^2；如检测器为 TCD 或 ECD 时，只需打开氢气或氦气钢瓶，调节氢气或氦气钢瓶气体输出压力为 5.5 kg/cm^2。

（2）开机自检。打开计算机，启动色谱工作站快捷图标"Star Toolbar"（色谱之星工具栏），屏幕上方出现该色谱工作站一排功能模块程序图标，从左到右分别为 System Control/Automation（系统控制/自动化）、View/Edit Method（视图/编辑方法）、View/Edit Chromatograms（视图/编辑色谱图）、Standard Reports（标准报告）、Edit Automation Files（编辑自动操作文件）、Batch Reporting（批处理报告）、Security Administration（安全管理）、Quick Start（快速启动）。

点击"System Control/Automation"图标，并打开 Varian 3800 主机电源。"System Control/Automation"的功能是自检 Varian 3800 主机硬件配置与色谱工作站软件设置是否一致、主机硬件工作是否正常。当色谱工作站上的 GC3800 图标上的字变为黑色时，系统通过自检，表明工作站已经和主机完成连接。初始化完毕后计算机屏幕上出现色谱工作界面。

（3）如果在例行分析中分析条件基本固定，已经将操作参数编成一个"分析方法"文件，则只需点击色谱工作界面中的"文件"栏，再点击"激活方法"，选择所需执行的文件，点击"打开"，色谱仪就按该文件所设定的实验条件自动操控。

（4）建立分析方法文件。如果进行一次新的分析，没有现成的"分析方法"文件，则首先要建立一个分析方法文件。一个分析方法文件包含两部分内容：①设置本次分析方法所需的仪器配置（通常就设置为现有的配置，而非自定义配置）和后处理模块（数据处理、标准报告等）；②具体设定所选仪器配置的操作参数和色谱数据的处理方式和参数。设定方法概要如下：

（a）点击"View/Edit Method"图标，弹出创建/打开方法文件窗口，选择"创建一个新的方法文件"，按"确认"，出现"设定方法"，根据引导进行操作，其中"选择配置"窗口中，选择"仪器 1"，其余参数为默认值。最后，点击"确定配置"窗口中的"完成"栏。此时在工作站界面的左边显示出根据以上设置所需要进一步具体编辑操作参数的全部目录。

（b）按照顺序逐条打开，输入所需要的工作参数：

进入"方法注释"，填写方法所需的提示信息。

点击"进样口"，选择中间进样口，类型"1079"，进样器柱箱"开"，制冷剂"关"，温度设定为 150 ℃（或所需温度），保持 20 min，其余参数为默认值，然后保存。

点击"柱箱"，选择制冷剂"关"，温度设定为所需柱温（恒温或程序升温），保持时间与进样口相同，其余参数为默认值，然后保存。

点击"检测器"，选择前面检测器，类型选"TCD"，检测器加热块"开"，灯丝加热先放在"关"（等检测器温度到达设定温度后，再将灯丝加热放在"开"），温度设定为所需温度（通常检测器温度比柱温高 20 ℃以上，检测器的灯丝温度高与检测器温度 50 ℃），其余参数为默认值，然后保存。TCD 是双通道检测器，具有独立调节的样品流路和参比流路。当载气流速改变后，参比流速也要相应调整至相应值。灯丝温度设定不要超过 390 ℃。

点击"积分参数"，选择峰测量类型为峰面积，初始峰舍弃值设为"1000"，其他参数为默认值，然后保存。

保存建立的方法，文件命名时文件名只能用字母或数字。方法编辑完成。

（5）建立关机方法文件。由于关机时仪器状态参数基本相同，因此建立一个通用的关机的方法文件给操作带来便利。关机文件的编辑方式同（4），但需将柱箱、进样口、检测器的温度设定为 50 ℃，选择各部件为关闭状态。

（6）进入工作状态。在"系统控制/自动化"窗口下，点击"文件"栏，再点击"激活方法"，选择所需执行的文件，点击"打开"，色谱仪按文件所设定的实验条件自动操控。

当工作界面上"Not Ready"消失，所有红色标识由红色转变为绿色，出现"就绪"、"启动"图标，仪器进入等待工作状态，当基线平直后，即可准备进样。

按实验要求吸取试样，进样。进样时，在注射测试溶液的同时向下轻压注射器，使接触片与下面的金属旋盖接触，此时计时与进样同时进行，计算机开始按照文件编辑的方法条件自动记录色谱图。当测试的色谱峰全部流出、基线平直后，按"复位"图标，停止分析进程。点击"数据文件操作图标"（注意：图标上的"3800.

＊＊＊＊＊.run"为数据文件号),在下拉菜单中点击"打开",出现色谱图。点击"结果",在下拉菜单中最下一行的子菜单中点击"查看标准报告",出现标准报告,最大化窗口后记录或打印实验数据。

屏幕上出现"就绪","启动"图标显现后,重复步骤(4),进行下一次实验。

(7) 关机。激活关机文件,待色谱工作界面中柱箱、进样口、检测器的温度降至 50 ℃时,关闭主机电源。

先关闭色谱工作站界面,再关闭计算机。

关闭氢气钢瓶的减压阀和高压阀。

15.4　色谱数据处理机

色谱数据处理装置生产的厂家和种类繁多,大致可分为三类:①基本型,色谱处理机只能将色谱图和处理结果即时通过打印绘图仪输出,不具备数据储存(或只能储存少量数据)和色谱峰再解析功能;②配备打印绘图机、磁盘驱动装置及 CRT 监示器,可将色谱数据即时监示、输出或存盘后再进行解析处理,使用十分方便和灵活;③色谱工作站,由数据采集和转化装置、工作站软件和一套 386 型以上的计算机组成,与前两类数据处理机的重大区别在于工作站软件中还配有色谱资料库和数据处理的专家系统,初步具备智能功能。三类数据处理装置对波形处理采用的方法和步骤相似。下面以 C-R6A 色谱处理机为例,介绍色谱处理机的基本功能和使用方法。

15.4.1　C-R6A 色谱数据处理机操作面板简介

C-R6A 操作面板和操作键如图 15-8 所示。

操作键主要分为功能键、参数键和数字键三大部分,下面分别予以介绍。

1. 功能键

功能键键名和功能列于表 15-2。

一个功能键可以担负多种功能,表 15-2 中各键的下一排所表示的功能需要通过先按 SHIFT DOWN 键,再按该键才能实现。例如,对于一个正在分析的工作,总是不希望其他人误触操作键而影响实验,这时正好可利用锁键功能。当该功能被设置后,再按其他键,色谱处理机均不接受。操作命令是按 SHIFT DOWN → OPEN CLOSE 。分析结束后,要想取消该功能,直接按 OPEN CLOSE 即可。

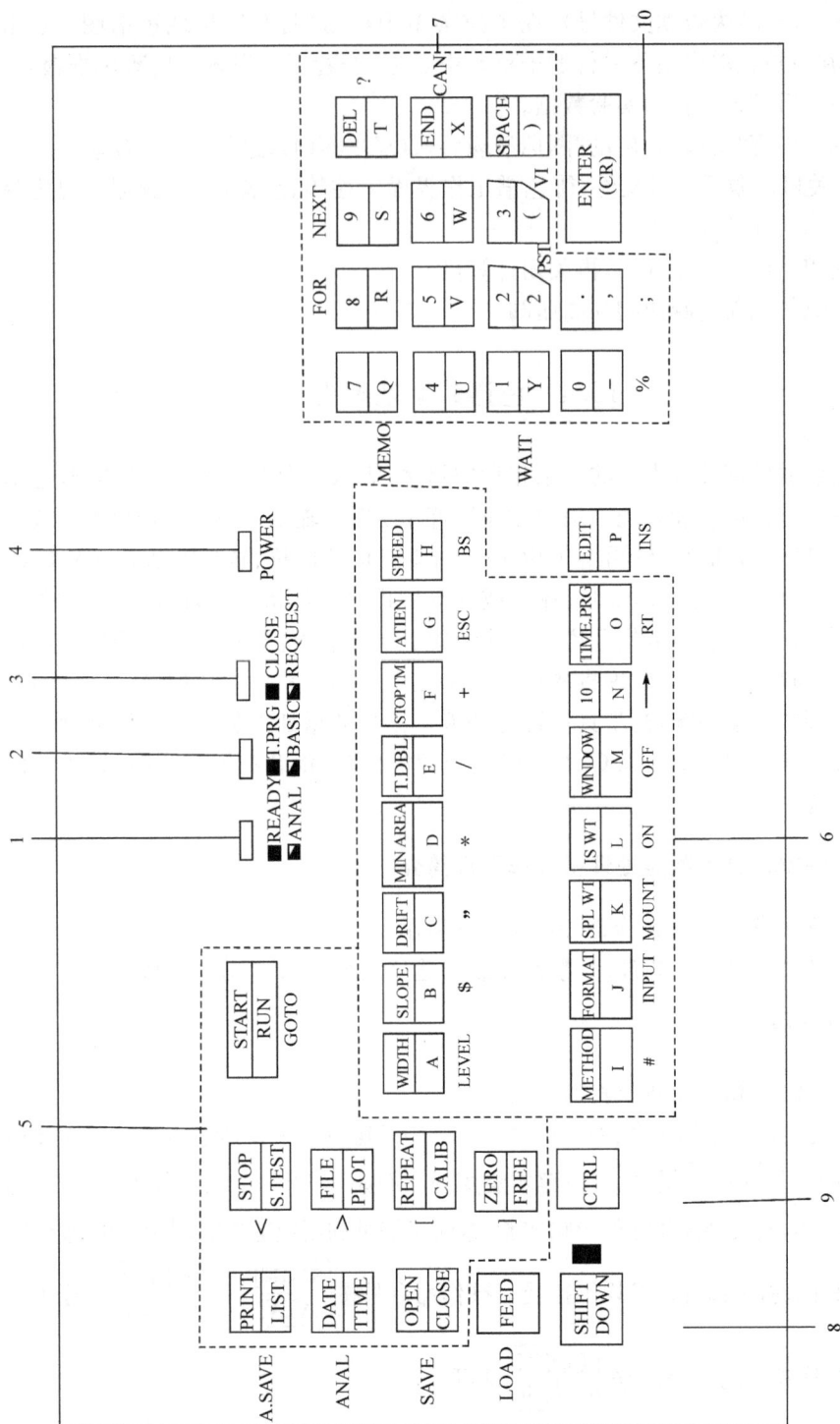

图 15 - 8　C-R6A 操作面板

1～4—指示灯；5—功能键；6—色谱峰处理参数键区；7—数据键区；8、9、10—功能转换、控制、输入确认键

表 15 - 2　功能键作用

序　号	键　名	功　能
1	PRINT / LIST	打印和列表键
2	DATA / TIME	设置分析日期和时间
3	OPEN / CLOSE	打开锁键作用和锁键
4	FEED	走纸
5	STOP / S・TEST	停止分析和 50 s 斜率自动测试
6	FILE / PLOT	色谱文件选择和走色谱基线命令键
7	REPEAT / CALIB	重新计算和校正计算
8	ZERO / FREE	记录笔零点调整和释放

2. 色谱数据处理参数键

色谱处理机采集色谱数据后,将按照指定色谱文件中预先设置的分析参数进行色谱数据处理。色谱文件中的分析参数如图 15 - 9 所示。

```
LIST   WIDTH(0)
ANALYSIS  PARAMETER FILE   0

WIDTH    5              SLOPE        70
DRIFT    0              MIN.AREA     10
T.DBL    0              STOP.TM      655
ATTEN    0              SPEED        10
METHOD$ 41             FORMAT$      0
SPL.WT 100             IS.WT        1
```

图 15 - 9　色谱文件中包含的分析参数

其中涉及的波形处理参数列于表 15 - 3。其他参数介绍如下:

(1) ATTEN 和 SPEED 用于调整所记录的色谱峰大小和走纸速率,单位分别为 2^n mV 和 mm/min。

(2) METHOD 用于设置定量计算的方法,如 41、42 和 43 分别表示面积归一化方法、校正面积归一化方法和内标法。

(3) "FORMAT $" 用于设计打印格式,"0"表示自动设计。

（4）"SPL. WT"和"IS. WT"用于内标法中输入样品和内标物的量。在非内标法定量中，分别设为 100 和 1。

表 15-3　波形处理参数

参　数	功能（[　]内为初始值）	备　考
WIDTH	最小峰宽度 [5]（单位：s）	设定在分析中幅度最狭的峰的半高宽
SLOPE	峰检测灵敏度 [70] （单位：μV/min）	为峰检测的灵敏度 可由 S. TEST 自动设定
DRIFT	基线变动的大小 [0]＝自动处理 （单位：μV/min）	峰和基线漂移的判断电平 设定为 0 时，和上图无关，进行自动判断，可设定为负值
T. DBL	参数变更时间 [0]＝自动处理 （单位：min）	到设定的时间时，峰检测灵敏度（SLOPE）和峰宽（WIDTH）变为 2 倍（SLOPE 值的 1/2），设定为 0 时，为自动处理
STOP. TM	分析结束时间 [655] （单位：min）	虽不按下 STOP 键，但到了此时间将停止分析，开始进行定量计算

参数值通过如下命令格式输入：

$$\boxed{\text{参数键}} \rightarrow \boxed{\text{数值}} \rightarrow \boxed{\text{ENTER}}$$

例如，要求对峰面积小于 200 的色谱峰不进行定量计算，可以按如下顺序输入命令：

$$\boxed{\text{MIN. AREA}} \rightarrow \boxed{200} \rightarrow \boxed{\text{ENTER}}$$

在分析之前往往需要列出图 15-9 的分析参数表，检查是否需要修改分析参数。按以下顺序输入：

$$\boxed{\substack{\text{SHIFT}\\\text{DOWN}}} \rightarrow \boxed{\substack{\text{PRINT}\\\text{LIST}}} \rightarrow \boxed{\text{WIDTH}} \rightarrow \boxed{\text{ENTER}}$$

15. 4. 2　C-R6A 色谱数据处理机的基本操作方法

1. 面积归一化法

定量计算公式:

$$含量(\%) = \frac{峰面积}{\sum 峰面积} \times 100$$

按照表 15 - 4 步骤操作,结果如图 15 - 10 所示。

表 15 - 4　面积归一化操作顺序

步骤	操　作	内　容
①	PRINT CTRL LEVEL ENTER 按 CTRL 键时,要同时按 LEVEL 键	打印出色谱零点(单位: μV);要求该值为 $-1000 \sim +5000$,如不在该范围,需要调整色谱零点
②	ZERO ENTER	调整记录笔至零点位置
③	SHIFT DOWN S · TEST ENTER	走 50 s 基线后自动算出 SLOPE 的值
④	SHIFT DOWN LIST WIDTH ENTER	列出处理色谱峰参数并确认
⑤	注入试样,按 START	分析开始,保留时间在峰顶处打出
⑥	分析结束后,按 STOP (注意:如果事先设定了 STOP. TM,到达设定时间时,自动地结束分析。)	分析结束后,将计算结果报表
⑦	再进行分析时,重复步骤⑤和⑥	

2. 内标法

定量计算公式:

$$含量(\%) = \frac{被测组分峰面积 \times 相对校正因子}{内标物峰面积} \times \frac{内标物的量}{试样的量} \times 100$$

式中,相对校正因子是以内标物为标准求得的。

① PRINT LEVEL
　　92.4
② ZERO
③ S. TEST
　　TESTIHG　　　　50s
　　SLOPE　　　　　23.9998
④ LIST WIDTH(0)
　　ANALYSIS PARAMETER FILE 0

WIDTH	5	SLOPE	23.9998
DRIFT	0	MIN. AREA	10
T. DBL	0	STOP. TM	655
ATTEN	0	SPEED	10
METHOD $	41	FORMAT $	0
SPL. WT	100	IS. WT	1

⑤ START

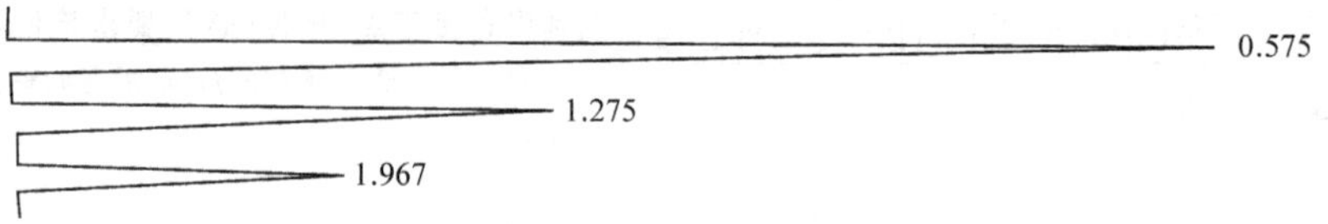

　　　　　　　　　　　　　　　　　　　　　　0.575
　　　　　　　　　　　　　　1.275
　　　　　　　　　1.967

⑥ CHROMATOPAC　　　　　　　　FILE　　　　0
　　SAMPLE NO　　　0　　　　　METHOD　　41
　　REPORT NO　　　2015

PKNO	TIME	AREA	MK	IDNO	CONC	NAME
1	0.575	8297			59.5044	
2	1.275	3587			25.728	
3	1.967	2059			14.7676	
	TOTAL	13943			100	

图 15-10　面积归一化法分析结果

首先准备好一份已知各组分浓度的标准试样,按表 15-4 的步骤操作,得到如图 15-11 的结果。

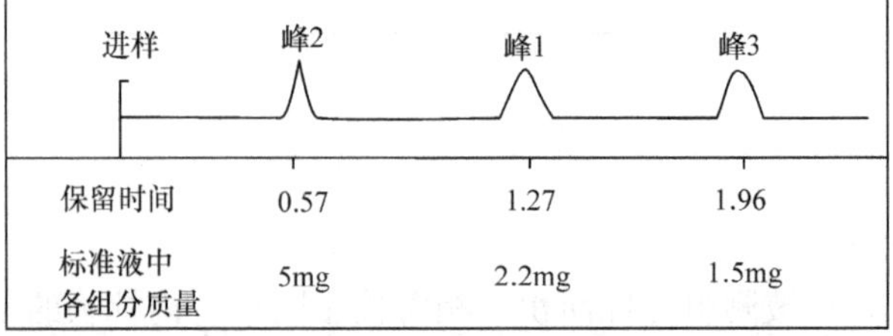

图 15-11　标准溶液色谱数据

将中间的色谱峰作为内标峰,该峰在峰鉴别表(简称 ID 表)中必须排在第一号峰。ID 表必须包含内标物及其被测组分的保留时间、鉴定峰时允许的保留时间的相对误差、各被测组分的相对校正因子(该值可以输入,也可以利用 ID 表通过输入标准溶液数据经过重新计算得到)。按表 15 - 5 步骤计算校正因子和测定未知试样,其结果如图 15 - 12 所示。

表 15 - 5　内标法操作步骤

步骤	操作	内容
⑦	ID ENTER	调出 ID 文件
⑧	SHIFT DOWN Y ENTER	新文件?(Y/N),输入"Y"
⑨	0 ENTER	MODE 表示:不打印组分名称,TIME,WIN- DOW 法,单点校正曲线法
⑩	5 ENTER	WINDOW 法:鉴定样品中各被测组分峰时允许与标准峰保留时间的误差范围(%)
⑪	1 . 2 7 ENTER	输入内标物的保留时间
⑫	0 ENTER	输入校正因子(未知时输入 0)
⑬	2 . 2 ENTER	输入内标物浓度 2.2 mg
⑭	0 . 57 ENTER	输入第一个峰保留时间
⑮	0 ENTER	输入校正因子
⑯	5 ENTER	输入第一个峰浓度 5 mg
⑰	1 . 96 ENTER	输入第三个峰保留时间
⑱	0 ENTER	输入校正因子 0
⑲	1 . 5 ENTER	输入第三个峰浓度 1.5 mg
⑳	END ENTER	完成 ID 表设置
㉑	MEDHOD 4 3 ENTER	设置内标法代码"43"
㉒	SHIFT DOWN CALIB 1 ENTER	设置单点校正操作。注:为了得到 3 次进样的平均校正因子,需设置 3,并且在㉓的 REPEAT计算后再进样二次
㉓	REPEAT ENTER	计算校正因子,并列出 ID 表
	SPL・WT 数值 ENTER	输入样品的量(本例未输入,自动设置为 100)
	IS・WT 数值 ENTER	输入内标物的量(本例未输入,自动设置为 1)
㉔	注入未知样后,按 START	开始分析样品
㉕	分析结束后,按 STOP	结束分析,计算并打印结果
㉖	要分析更多个试样,重复㉔和㉕操作	

⑦ ID

NEW FILE? (Y/N)⑧Y

MODE $ (0)＝"0"⑨

WINDOW(0)＝5⑩

FREE MEMORY　　　　100 PEAKS

IDNO	TIME	FACTOR	CONC
1	⑪ 1. 27	⑫ 0	⑬ 2. 2
2	⑭ 0. 57	⑮ 0	⑯ 5
3	⑰ 1. 96	⑱ 0	⑲ 1. 5
4	⑳ END		

㉑ METHOD $ (0)＝"43"

㉒ CALIB 1

㉓ REPEAT

CHROMATOPAC		FILE	0
SAMPLE NO	0	METHOD	43
REPORT NO	2008	SAMPLE WT	100
IS WT	1	STANDARD	1

RKNO	TIME	AREA	MK	IDNO	CONC	NAME
1	0. 575	8297		2		
2	1. 275	3587		1		
3	1. 967	2059		3		
		......				
	TOTAL	13943				

CALIBRATION MADE IN IDENTIFICATION FILE 0

　　MODE $ 0　　　　　　　　　WINDOW 5

IDNO	TIME	FACTOR	CONC
1	1. 27	1	2. 2
2	0. 57	0. 982665	5
3	1. 96	1. 18786	1. 5

㉔ START

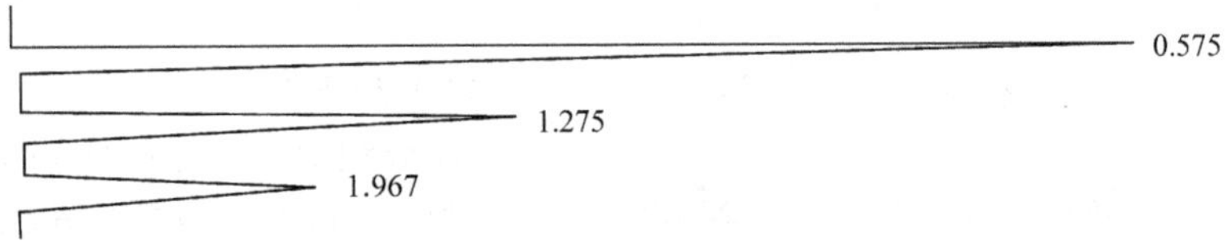

　　　　　　　　　　　　　　　　　　　　　　0.575

　　　　　　　　　　　　1.275

　　　　　　　1.967

㉕ CHROMATOPAC		FILE	0
SAMPLE NO	0	METHOD	43
REPORT NO	2009	SAMPLE WT	100
IS WT	1		

PKNO	TIME	AREA	MK	IDNO	CONC	NAME
1	0. 575	6282		2	2. 2728	
2	1. 275	2716		1		
3	1. 967	1564		3	0. 6838	
		......			......	
	TOTAL	10562			2. 9566	

图 15-12　内标法分析结果

实验四十　气-液色谱柱的制备

一、目的要求

（1）掌握静态法固定液涂布技术。

（2）掌握柱填装及老化技术。

二、原理

一根良好的色谱柱不仅与选择合适的固定液与载体有重要关系，而且与固定液涂布在载体表面是否均匀以及固定相填装是否均匀紧密相关。本实验采用静态法涂布。涂布时要求载体不破碎，液膜均匀。涂布完毕后，进行柱的填装。填装好的柱子不能立即使用，需要老化处理。老化是将色谱柱置于比所要求的柱温高的温度下进行实验，以除去残余溶剂和其他杂质，并使固定液均匀、牢固地分布在载体表面。

三、仪器与试剂

仪器：台秤；分析天平；真空泵。

试剂：6201 载体（60～80 目）；乙醚；邻苯二甲酸二壬酯（色谱固定液）。

四、实验步骤

1. 色谱柱的清洗

将不锈钢柱用 5%～10% 热 NaOH 溶液抽洗数次，以除去内壁污物，再用水冲洗干净，烘干备用。

2. 固定液涂布

固定液的配比为邻苯二甲酸二壬酯（DNP）：6201 载体＝5：100。

将市售载体（60～80 目）过筛，除去过细颗粒。称取 8 g 载体，置于 50 mL 量筒中，记下体积。称取 0.4 g DNP 于小烧杯中。用量筒量取略少于载体体积的无水乙醚，并分数次将 DNP 全部转移至 400 mL 烧杯中，将载体倒入，迅速摇匀，使乙醚淹没全部载体。室温下将烧杯置于通风橱内，使乙醚挥发，并适当轻拍烧杯，帮助载体翻转，直至无乙醚气味。

3. 柱的填装

在柱一端塞入少量玻璃棉，用数层纱布包住，与真空泵相连，另一端接漏斗。启动真空泵，边抽气边从漏斗上慢慢加入涂布好的载体，并轻轻敲打柱壁，直至载体不再下沉。在另一端也塞上玻璃棉。

4. 老化

　　将柱接入色谱仪(注意将接真空泵的柱端与检测器相连,但老化时只需接与气化器相连的一端),并检漏。检漏方法如下:通入载气后,柱出口堵死,转子流量计应下降至零。否则,应在各接头处用肥皂水检查。检查毕,擦干肥皂水,调节柱温至 95 ℃,老化数小时,直至基线平直。至此,柱已可供分析使用。

五、注意事项

　　(1) 涂布固定液时,切忌用玻棒搅拌载体。
　　(2) 填充时不得敲打过猛。
　　(3) 当需使用乙醚时,应在通风橱内操作。

六、思考题

　　(1) 载体颗粒受外力作用破碎对分离有什么危害?
　　(2) 固定液涂布不均对分离有什么危害?
　　(3) 老化时,为什么要将接真空泵的柱端与检测器相连? 不老化有什么危害?

实验四十一　　流动相速度对柱效的影响

一、目的要求

　　(1) 熟悉理论塔板数及理论塔板高度的概念及计算方法。
　　(2) 绘制 H-u 曲线,深入理解流动相速度对柱效的影响。

二、原理

　　选择固定液并制备色谱柱后,必然要测定柱的效率。表示柱效高低的参数是理论塔板数(n)和理论塔板高度(H)。一般希望有很大的理论塔板数和很小的理论塔板高度。一种计算 n 和 H 的方法如下:

$$n = 5.54\left(\frac{t_r}{W_{\frac{1}{2}}}\right)^2 \tag{15-1}$$

$$H = \frac{L}{n} \tag{15-2}$$

式中,t_r 为组分的保留时间;$W_{\frac{1}{2}}$ 为半峰宽;L 为柱长。

　　对气-液色谱柱来说,有许多实验参数影响 H 值。但对给定的色谱柱来说,当其他实验参数都确定不变后,流动相线速(u)对 H 的影响可由实验测得。将 u 以外的参数视作常数,则 H 与 u 的关系可用简化的范德华方程表示:

$$H = A + \frac{B}{u} + Cu \qquad\qquad (15-3)$$

式中,A、B 和 C 为常数。式(15-3)右边三项分别代表涡流扩散、纵向分子扩散及两相传质阻力对 H 的贡献。可见,u 过小,组分分子在流动相中的扩散加剧;u 过大,组分在两相中的传质阻力增加。两者均导致柱效下降。显然,在 u 的选择上发生了矛盾。但总可以找到一个合适的流速,兼顾分子扩散和传质阻力的贡献,柱效最高,H 值最小。此流速称为最佳流速(u_{opt}),相应的 H 值称为最小理论塔板高度(H_{min})。

　　流动相速度可用线速(u)表示,也可用体积速度表示。线速用下式表示:

$$u = \frac{L}{t_0} \qquad\qquad (15-4)$$

式中,t_0 为非滞留组分的保留时间,又称死时间。柱后体积速度可用皂膜流量计测量,单位为 mL/min。

三、仪器与试剂

　　仪器:气相色谱仪;色谱柱:邻苯二甲酸二壬酯,5%,2 m×3 mm;热导检测器;微量注射器。

　　试剂:正己烷(A. R.)。

四、实验步骤

　　(1) 开启氢气钢瓶和载气稳压阀,使载气(H$_2$)通入色谱仪。按操作说明书使仪器正常运行,并将有关旋钮及表头指示于下列条件:柱温及热导检测器温度为80 ℃;气化温度为 80 ℃左右;热导池电流为120 mA。

　　(2) 调节载气流速至某一值,待基线稳定后,注入 0.5 μL 正己烷,同时开启记录仪记录开关。当色谱峰完全流出,基线平直之后,关闭记录仪记录开关。再注入0.1 mL 空气(非滞留组分),记下保留时间,并用皂膜流量计测定流速。

　　(3) 分别改变 5 种不同流速(大、中、小均有)。每改变一种流速,按步骤(2)进行实验。

　　(4) 结束后,按操作说明书关闭仪器。

五、结果处理

　　(1) 作 H-u 图,并求出最佳线速及最小理论塔板高度。

　　(2) 将另一组学生的 H-u 图数据也绘制在同一方格纸上,加以比较并讨论。

六、注意事项

（1）必须先通入载气，再开电源。否则，热导池钨丝有被烧毁的危险！实验结束时，应先关掉电源，再关载气。

（2）要缓慢旋动色谱仪旋钮及阀。

（3）使用微量注射器时，必须严格遵守教师的操作要求。

（4）调节流速到最小值进行实验时，可能流量计已无读数显示，此时必须验证柱后应有载气流出。每调整一次流速，必须间隔一定时间，待基线稳定后再进样。

（5）色谱峰过大或过小，应利用"衰减"旋钮调整。

图 15-13　半峰宽的测量　　（6）半峰宽的测量如图 15-13 所示。

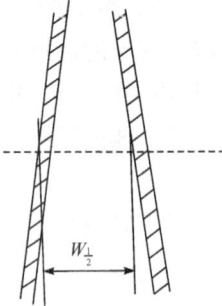

七、思考题

（1）流动相速度过高或过低为什么使柱效下降？

（2）若将载气改为 N_2，预测 $H\text{-}u$ 曲线的变化，并解释原因。

（3）在得到 $H\text{-}u$ 曲线后，能否利用它求出简化范德华方程中的常数 A、B 和 C？提示：①由式（15-3）得到的图像可看作三个独立函数（$H_1 = A$，$H_2 = B/u$，$H_3 = Cu$）的图像叠加而成；②利用极值点的性质。

（4）阅读注意事项（4），回答不这样做可能造成的后果。

（5）柱前压力表读数为 0.1 MPa，则柱入口载气压力就是 0.1 MPa 吗？为什么？

实验四十二　氢火焰离子化检测器性能的测试

一、目的要求

（1）理解灵敏度、检测度的定义及测试方法。

（2）理解色谱体系的最小检测度和最小检测浓度。

二、原理

优良的检测器首先必须具备灵敏度高、检测度低的优点。氢火焰离子化检测器属于质量型检测器，其灵敏度按下式计算：

$$S_t = \frac{60u_2 A}{m_i u_1} \tag{15-5}$$

式中，u_2 为记录器的灵敏度，mV/cm；A 为峰面积，cm²；m_i 为进入检测器的组分量,g;u_1 为记录器纸速,cm/s;峰面积为 $1.065hW_{\frac{1}{2}}$,h 为峰高,$W_{\frac{1}{2}}$ 为半峰宽。

用灵敏度并不能全面评价检测器性能,能全面评价性能的指标是检测度(D):

$$D = \frac{2R_N}{S_t} \tag{15-6}$$

式中,R_N 为检测器噪声,mV。

检测器不能单独使用,总是与柱、气化器、连接管道、记录器组成色谱体系。因此人们最关心的是所使用的色谱体系能检测的最小组分量,即色谱体系的最小检测度(Q_{min}):

$$Q_{min} = \frac{1.065 \times W_{\frac{1}{2}} \times 60}{u_1}D \tag{15-7}$$

最小检测浓度(c_{min})可表示为

$$c_{min} = \frac{Q_{min}}{m_0} \tag{15-8}$$

式中,m_0 为进样量。

三、仪器与试剂

仪器:气相色谱仪;氢火焰离子化检测器;色谱柱 OV-210,2 m×3 mm;微量注射器。

试剂:苯(A.R.);二硫化碳(A.R.);并以二硫化碳为溶剂,配成 0.05% 苯-二硫化碳溶液。

四、实验步骤

(1) 按操作说明书使色谱仪正常进行,并调整至如下条件:柱温为 80 ℃;检测器温度为 120 ℃;气化温度为 100 ℃;载气、氢气和空气流量分别为 30 mL/min、50 mL/min 和 500 mL/min。

(2) 注入苯-二硫化碳溶液 0.5 μL 进行分离。

(3) 再重复步骤(2)两次。

(4) 将"灵敏度"旋钮置于最高挡,空走基线数分钟,求取 R_N。

(5) 记下记录器灵敏度与走纸速率。

(6) 按操作说明书关闭仪器。

五、结果处理

(1) 由记录的色谱峰计算灵敏度和检测度。

(2) 计算色谱体系的最小检测度和最小检测浓度。

六、注意事项

(1) 实验四十一中的注意事项(2)、(3)、(5)、(6)仍须遵守。

(2) 点燃氢火焰时,应将氢气流量开大,以保证顺利点燃。确定氢火焰已点燃,再将氢气流量缓缓地降至规定值。氢气降得过快会熄火。

(3) 可用如下方法判断氢火焰是否点燃:旋下检测器盖帽,将冷金属物置于出口上方,若有水汽冷凝在金属表面,表明氢火焰已燃着;或改变氢气流量,记录笔应移动。

(4) 注入样品体积必须准确、重现。每次插入和拔出注射器的速度应保持一致。

七、思考题

(1) 根据式(15‑5),为什么灵敏度与载气流量无关? 测试热导检测器灵敏度为什么又与载气流量有关? 提示:从质量型与浓度型检测器的特性考虑。

(2) 灵敏度、检测度与色谱体系的最小检测度的本质区别是什么?

实验四十三　　内标法分析低度大曲酒中的杂质

一、目的要求

(1) 熟悉相对定量校正因子定义及求取方法。
(2) 熟悉内标法定量公式及应用。

二、原理

内标法就是将一定量的内标物加入样品后进行分离,然后根据样品质量(W_i)和内标物质量(W_s)以及组分和内标物的峰面积(A_i 和 A_s),按下式即可求出组分的含量:

$$P_i\% = \frac{A_i f_i' W_s}{A_s f_s' W_m} \times 100 \qquad (15-9)$$

式中,f_i' 和 f_s' 分别为被测组分和内标物的相对定量校正因子,定义为样品中各组分的定量校正因子(f_i)与内标物的定量校正因子(f_s)之比,即

$$f_i' = \frac{f_i}{f_s} = \frac{W_i A_s}{A_i W_s} \qquad (15-10)$$

式中,W_i 和 W_s 分别为被测组分和内标物的质量。为简便起见,常以内标物本身作为标准物,其 $f_s' = 1.00$。当样品中某些不要测定的组分不能分离或无信号,或只要测定众多组分中少数几个组分时,宜用内标法定量。

三、仪器与试剂

仪器:1890 Ⅱ型气相色谱仪;色谱柱 Econo-Cap Carbowax(Alttech)30 m×0.32 mm ID×0.25 μm;氢火焰离子化检测器;微量注射器。

试剂:正丁醇;异戊醇;乙酸正戊酯和乙醇(均为分析纯)。

四、实验步骤

(1) 按操作说明书使色谱仪正常运行,并调节至如下条件:柱温为 80 ℃;气化温度为 150 ℃;氢火焰离子化检测器温度为 150 ℃;载气为氮气,0.1 MPa;氢气和空气的流量分别为 50 mL/min 和 500 mL/min。

(2) 标准溶液配制。在 10 mL 容量瓶中预先放入约 3/4 体积的 40%(V/V)乙醇-水溶液,然后分别加入 4.0 μL 正丁醇、异戊醇和乙酸正戊酯,并用 40%乙醇-水溶液稀释至刻度,摇匀。

(3) 加有内标物的样品的制备。预先用低度大曲酒荡洗 10 mL 容量瓶,移取 4.0 μL 乙酸正戊酯至容量瓶中,再用大曲酒稀释至刻度,摇匀。

(4) 注入 1.0 μL 标准溶液至色谱仪分离,记下各组分的保留时间。重复两次。

(5) 用标准物对照,确定其在色谱图上的相应位置。标准物注入量约0.1 μL,并配以合适的衰减值。

(6) 注入 1.0 μL 样品溶液分离。方法同步骤(4)、(5),并重复两次。

五、结果处理

(1) 确定样品中应测定组分的色谱峰位置。

(2) 计算以乙酸正戊酯为标准的平均相对定量校正因子。

(3) 计算样品中需测定的各组分的含量(以三次测定的平均值表示)。

六、注意事项

(1) 仔细阅读实验四十一的有关注意事项。

(2) 从微量注射器移取溶液时,必须注意液面上气泡的排除。抽液时应缓慢上提针芯,若有气泡,可将注射器针尖向上,使气泡上浮后推出。

七、思考题

(1) 本实验选用乙酸正戊酯为内标物,应符合哪些要求?

(2) 配制标准溶液时,将乙酸正戊酯的浓度定为 0.04% 是任意的吗? 将其他各组分的浓度也定为 0.04%,其目的是什么?

(3) 若在同样实验条件下分离高度大曲酒,可能会带来什么不良后果?

（4）要使大曲酒的分离进一步得到改进，可采取哪些方法？若要知道大曲酒中的各种组分，最好采用什么方法定性？

实验四十四　毛细管色谱仪的几个实验参数考察

一、目的要求

（1）了解毛细管色谱仪的基本流程和优缺点。

（2）了解分流和辅助气装置的作用及其对分析的影响。

（3）了解评估毛细管色谱柱性能的方法。

二、原理

毛细管色谱柱柱容量低，对气化器和检测器要求死体积小，与填充柱色谱仪相比，毛细管色谱仪在气路流程中增加了分流和辅助气路装置。增加分流装置是否会改变样品的组成，当使用不同分流比时分析的重现性和准确性如何，这是反映毛细管色谱仪性能的重要指标，需要进行考察。利用辅助气路可以减小检测器死体积的影响，增加响应值，但辅助气流量也不是越大越好。如果辅助气流量过大，毛细管柱出口阻力增大，柱内载气线速下降，造成柱内分子扩散加剧，谱带展宽，峰高就会降低。因此，为了获得最佳响应值，应该选择最佳辅助气流量。

虽然毛细管柱具有高的柱效，但是毛细管柱的性能也受固定液的涂渍技术和柱子安装技术等因素影响，因此必须对毛细管柱的性能进行评价。毛细管柱性能主要是通过柱效率、表面惰性和热稳定性三个参数进行评价。一般对这些参数单独进行评价，但它们又是相互关联的。柱效率通常选用 $k>2$ 的组分，通过测定其保留时间与半峰宽并计算其理论塔板数来表征。

三、仪器与试剂

仪器：1890 Ⅱ 型气相色谱仪；色谱柱 Econo-Cap Carbowax（Alttech）30 m×0.32 mmID×0.25 μm；氢火焰离子化检测器；微量注射器。

试剂：正丁醇、正戊醇、正己醇（均为色谱纯）；萘、2,6-二甲苯胺、2,6-二甲苯酚（均为分析纯）；正己烷；甲烷。

四、实验步骤

（1）按 1890 Ⅱ 型气相色谱仪操作方法使仪器正常运行，并调节至如下条件：柱温为 80 ℃；气化温度为 200 ℃；氢火焰离子化检测器温度为 200 ℃；气相色谱仪 RANGE 为 4；氢气和空气流量分别为 30 mL/min 和 400 mL/min。毛细管柱载气流量、放空流量和辅助气流量根据实验要求调节。

（2）标准溶液配制。用称量法配制由正丁醇、正戊醇、正己醇组成的标准溶液，计算各自的质量分数（真实值）。以正己烷为溶剂，配制萘、2,6-二甲苯胺、2,6-二甲苯酚浓度分别为 0.5 mg/mL 标准溶液，作为柱效测试液。

（3）分流比测定。①关闭毛细管柱载气流量，打开辅助气，在毛细管柱出口用皂膜流量计测量辅助气流量；②旋转毛细管柱载气调压阀，使毛细管柱柱头压力表指在一定压力，在实验条件下（柱温）注入 10 μL 甲烷，记录其保留时间 t_0，根据柱体积和 t_0 可求出柱载气流量，计算公式为 $F_c = \pi r^2 \bar{u} \times 60 (\text{mL/min})$，$r$ 为毛细管半径，$\bar{u}$ 为载气线速；③测量放空处流量 F_r；④根据 $F_c/(F_c + F_r)$ 计算分流比（两个流量应校正在同一温度下进行比较）。

（4）考察不同分流比对分析重现性和准确度的影响，固定辅助气流量 20 mL/min，载气线速约 20 cm/s，按表 15-6 改变分流比，注入标准醇溶液 0.05 μL，用面积归一化方法定量（正丁醇、正戊醇和正己醇相对校正因子的文献值分别为 1.52、1.41 和 1.35）。

表 15-6　不同分流比对分析重现性和准确度的影响

| 化合物 | 测定次数 | 分流比 | | | 平均值（%） | 真实值（%） | 相对误差（%） |
		1:100	1:50	1:20			
正丁醇							
正戊醇	3						
正己醇							

（5）考察辅助气流量对响应值大小的影响，固定分流比 1:100，毛细管柱载气线速约 20 cm/s，改变辅助气流量（10～80 mL/min），观察响应值变化。数据填入表 15-7。

表 15-7　辅助气流量对响应值的影响

峰高　流量 (mL/min)　化合物					
正丁醇					
正戊醇					
正己醇					
柱内线速 (cm/s)					

（6）柱效测定。①色谱条件：柱温 145 ℃，气化温度 250 ℃，检测温度 275 ℃，分流比 1:50，载气流量约 1 mL/min，线速约 20 cm/s；②注入甲烷 10 μL，测量 t_0，重复三次；③注入柱效测试液 0.5 μL，记录各组分保留值和半峰宽，重复三次。

五、结果处理

(1) 按表 15 - 6 要求计算结果,通过实验值与真实值的比较,说明不同分流比对分析重现性和准确度的影响。

(2) 按表 15 - 7 要求总结结果,并说明辅助气的作用和如何选择最佳辅助气流量。

(3) 计算柱效测试液中各组分的分配比、理论塔板数和有效理论塔板数。说明毛细管柱柱效高的原因。

六、注意事项

(1) 进样技术对此分析结果的重现性和准确性具有特别大的影响,初学者必须先比较熟练地掌握进样技术后,再进行本实验。

(2) 改变辅助气流量会影响毛细管柱的载气流速,因此每次改变辅助气流量必须重新测定毛细管柱中的载气线速。甲烷作为非滞留组分用于测定载气线速。

(3) 如果色谱仪没有配置辅助气流量指示装置,辅助气流量需在氢火焰出口处测量,则测量前必须先关掉氢火焰,并使氢火焰检测器冷却后,才能进行测量。

七、思考题

(1) 利用毛细管色谱柱分析时,为什么要采用分流方式? 分流是否会使样品组分失真? 如何测定分流比?

(2) 使用毛细管色谱柱分析时,为什么要增加辅助气路装置?

(3) 如何评价毛细管柱的特性?

(4) 简述毛细管色谱法的优缺点。

实验四十五　　程序升温毛细管色谱法分析白酒中若干微量成分的含量

一、目的要求

(1) 了解毛细管色谱法在复杂样品分析中的应用。

(2) 了解程序升温色谱法的操作特点。

(3) 进一步熟悉内标法定量。

二、原理

程序升温是指色谱柱的温度按照适宜的程序连续地随时间呈线性或非线性升高。在程序升温中,采用较低的初始温度,使低沸点组分得到良好分离,随着温度不断升高,沸点较高的组分就逐一"推出"。由于高沸点组分能较快地流出,因而峰形尖锐,与低沸点组分类似。显然在初始温度期间,高沸点组分几乎停留在柱入口,处于"初期冻结"状态,随着柱温升高,移动速率逐渐加快,某组分的浓度极大值流出色谱柱时的柱温称为该组分的保留温度 T_r。这是一个可用于定性分析的特征参数。在程序升温操作时,宜采用双柱双气路,即用两根完全相同的色谱柱、两个检测器并保持色谱条件完全一致,这样可以补偿由于固定液流失和载气流量不稳等因素引起的检测器噪声和基线漂移,保持基线平直。当使用单柱时,应先不进样运行,将空白色谱信号(基线信号)储存起来,然后进样,记录样品信号与储存的空白色谱信号之差。这样虽然也能补偿基线漂移,但效果不如采用双柱双气路理想。

白酒中的微量成分十分复杂,包括醇、醛、酮、酯、酸等多类物质,共百余种。它们的极性和沸点变化范围很大,用传统的填充柱色谱法不可能做到一次同时分析。采用毛细管色谱技术并结合程序升温操作,利用 PEG-20M 交联石英毛细管柱,以内标法定量,可以直接进样分析白酒中的醇、酯、醛、有机酸等几十种物质。

三、仪器与试剂

仪器:1890Ⅱ型气相色谱仪;色谱柱 Econo Cap Caxbowax,30 m×0.32 mm ID×0.25 μm;氢火焰离子化检测器;C-R6A 色谱微处理机;微量注射器。

试剂:乙醛、乙酸乙酯、甲醇、正丙醇、正丁醇、异戊醇、己酸乙酯、乙酸正戊酯和乙醇(均为分析纯)。

四、实验步骤

(1) 按 1890Ⅱ型气相色谱仪操作方法使仪器正常运行,并调节至如下条件:柱温为 60 ℃,恒温 2 min 后,以 5 ℃/min 升至 180 ℃。按下列步骤设置一阶柱温程序:

$$\boxed{\text{INIT VALUE}} \rightarrow \boxed{6} \rightarrow \boxed{0} \rightarrow \boxed{\text{ENTER}}$$

$$\boxed{\text{INIT TIME}} \rightarrow \boxed{2} \rightarrow \boxed{\text{ENTER}}$$

$$\boxed{\text{RATE}} \rightarrow \boxed{5} \rightarrow \boxed{\cdot} \rightarrow \boxed{0} \rightarrow \boxed{\text{ENTER}}$$

$$\boxed{\text{FINAL VALUE}} \rightarrow \boxed{1} \rightarrow \boxed{8} \rightarrow \boxed{0} \rightarrow \boxed{\text{ENTER}}$$

$$\boxed{\text{FINAL TIME}} \rightarrow \boxed{2} \rightarrow \boxed{\text{ENTER}}$$

检测器、进样器温度为 250 ℃;气相色谱仪 RANGE 为 4;色谱处理机 ATTEN 为 2,纸速为 10 mm/min;氢气和空气流量分别为 30 mL/min 和 400 mL/min,载气(N_2)线速 20 cm/s,分流比 1∶50,辅助气 20 mL/min。

(2) 标准溶液配制。在 10 mL 容量瓶中预先放入约 3/4 体积的 60%(V/V)乙醇-水溶液,然后分别加入 4.0 μL 乙醛、乙酸乙酯、甲醇、正丙醇、正丁醇、乙酸正戊酯、异戊醇、己酸乙酯,用乙醇-水溶液稀释至刻度,摇匀。

（3）样品制备。预先用被测白酒荡洗 10 mL 容量瓶,移取 4.0 μL 乙酸正戊酯至容量瓶中,再用白酒样稀释至刻度,摇匀。

（4）单柱补偿基线设置。待仪器状态稳定,基线平直后,按下列顺序输入命令:

$$\boxed{\text{COL COMP1}}\ \boxed{\text{B}}\ \boxed{\text{ENTER}}$$

该命令功能是:①启动程序升温;②进行空白色谱运行(不进样运行),并将此次运行所得的 B 检测器数据作为一条基线储存起来,作为下次进样运行的补偿基线。待升温程序结束后,输入补偿基线命令:

$$\boxed{\text{SIG1}}\ \boxed{\text{B}}\ \boxed{-}\ \boxed{\text{COL COMP1}}\ \boxed{\text{ENTER}}$$

该命令的功能是设置 B 检测器的输出信号,为测试数据减去补偿数据。

（5）注入 1.0 μL 标准溶液至色谱仪,并同时按下色谱仪的程序升温启动键 $\boxed{\text{START}}$,开始执行升温程序,用色谱处理机记录各组分保留时间和峰面积。重复两次。

（6）用标准物质对照,确定所测物质在色谱图上的位置。

（7）按表 15-5 内标法操作步骤,用 C-R6A 色谱微处理机计算各组分以乙酸正戊酯为标准的相对校正因子。

（8）注入 1.0 μL 白酒样品,同步骤(5)操作。分析结束后,按 $\boxed{\text{STOP}}$ 键,色谱处理机将按分析文件中设置好的色谱峰处理方法进行数据处理,打印计算结果。

五、结果处理

计算样品中需分析的各组分的质量分数的平均值和标准偏差,并以列表的形式总结实验结果。

六、注意事项

（1）在一个温度程序执行完成后,需等待色谱仪回到初始状态并稳定后,才能进行下一次进样。

（2）如果所需测定的组分沸点范围变化大,应采用多内标法定量。

（3）该法乙酸乙酯和乙缩醛、乳酸乙酯和正己醇分离不理想,乳酸在该柱上分离不出来。

七、思考题

（1）简述程序升温法的优缺点。

（2）白酒分析为什么需采用多内标法定量?

第 16 章　高效液相色谱法

高效液相色谱法是以液体作为流动相,并采用颗粒极细的高效固定相的柱色谱分离技术。高效液相色谱对样品的适用性广,不受分析对象挥发性和热稳定性的限制,因而弥补了气相色谱法的不足。在目前已知的有机化合物中,可用气相色谱分析的约占 20%,而 80%则需用高效液相色谱来分析。

16.1　基　本　原　理

高效液相色谱法和气相色谱法在基本理论方面没有显著不同,它们之间的重大差别在于作为流动相的液体与气体之间的性质的差别。液相色谱法根据固定相性质可分为吸附色谱法、键合相色谱法、离子交换色谱法和大小排阻色谱法。

吸附色谱法是当组分分子流经固定相(吸附剂,如硅胶或氧化铝)时,不同组分分子、流动相分子对吸附剂表面的活性中心展开竞争。这种竞争能力的大小决定保留值大小,即被活性中心吸附得越牢的分子保留值越大。

键合相色谱法是将类似于气相色谱中的固定液的液体通过化学反应键合到硅胶表面,从而形成固定相。采用化学键合固定相的色谱法称为键合相色谱。若采用极性键合相、非极性流动相,则称为正相色谱;采用非极性键合相、极性流动相,则称为反相色谱。这种分离的保留值大小主要取决于组分分子与键合固定液分子间作用力的大小。

离子交换色谱法是流动相中的被分离离子与作为固定相的离子交换剂上的平衡离子进行可逆交换时,对交换剂的基体离子亲和力大小的不同,从而达到分离。组分离子对交换剂基体离子亲和力越大,保留时间越长。

大小排阻色谱法的固定相是一类孔径大小有一定范围的多孔材料。被分离的分子大小不同,它们扩散渗入多孔材料的难易程度不同。小分子最易扩散进入细孔中,保留时间最长;大分子完全排斥在孔外,随流动相很快流出,保留时间最短。

在以上四种分离方式中,反相键合相色谱应用最广,因为它采用醇-水或腈-水体系作流动相。纯水易得廉价,紫外吸收极小。在纯水中添加各种物质可改变流动相选择性。使用最广的反相键合相是十八烷基键合相,即使十八烷基($C_{18}H_{37}$—)键合到硅胶表面。这种键合相又称 ODS(octadecylsilyl)键合相,如国外的 Partisil5-ODS、Zorbax-ODS、Shimpack CLC-ODS,国产的 YWG-C_{18}等。

16.2　高效液相色谱仪

高效液相色谱仪的流程示意图如图 16-1 所示。

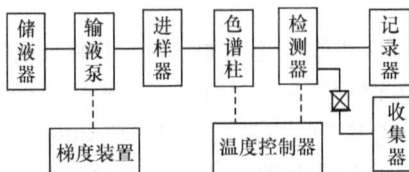

图 16-1　高效液相色谱仪示意图

16.2.1　流动相

储液器用来存放流动相。流动相从高压的色谱柱内流出时,会释放其中溶解的气体,这些气体进入检测器后会使噪声剧增,甚至产生巨大的吸收或吸收读数波动很大,使信号不能检测。因此,流动相在使用前必须经过脱气处理。储液器应带有脱气装置,通常采用氦脱气法。氦在各种液体中的溶解度极低,用它鼓泡来驱赶流动相中的溶解气体。首先用氦气快速清扫溶剂数分钟,然后使氦以很小的流量不断清扫此溶剂。有的仪器本身附有反压脱气装置,将其与配套检测器使用,就可避免吸收池内产生气泡。

为了延长色谱柱的寿命,流动相在使用前需用孔径小于 $0.5~\mu m$ 的过滤器进行过滤,除去颗粒物质。低沸点和高黏度的溶剂不适宜作为流动相。含有 KCl、NaCl 等卤素离子的溶液、pH 小于 4 或大于 8 的溶液,由于会腐蚀不锈钢管道或破坏硅胶的性能,也不宜作流动相。

16.2.2　输液系统

输液系统通常由输液泵、单向阀、流量控制器、混合器、脉动缓冲器、压力传感器等部件组成。输液泵分为单柱塞往复泵和双柱塞往复泵,用来输送流动相。由于高效液相色谱固定相颗粒极细,色谱柱阻力很大,因此泵的输液压力最高可达 40 MPa,输出流量为 $0\sim20~mL/min$(对分析用高效液相色谱仪)。输液准确性达 $\pm2\%$,精密度优于 $\pm0.3\%$。单向阀装在泵头上部,在泵的吸液冲程中用来关闭出液液路。流量控制器可使流量保持恒定,确保流量不受色谱柱反压影响。混合器由接头和空管组成,使溶剂经混合器完全混合均匀。脉动缓冲器的作用是将压力与流量的脉动除去,使到达色谱柱的液流为无脉冲液流。压力传感器是用压敏半导体元件测量柱头压力,测出的压力由显示窗或荧光屏显示器

(CRT)显示。为了改进分离效果,往往采用多元溶剂,而且在分离过程中按一定程序连续改变流动相组成,因此泵系统还需具备梯度淋洗装置。实现梯度淋洗可以采用以下两种方式:

(1) 在泵的入液阀头安装三个电子比例阀,当泵工作时,根据比例阀是否开启及开启时间的长短,可选一个或几个溶剂按任意比例混合。这是一种低压混合溶剂的方式,只需一台输液泵,在使用恒定溶剂比例时,操作十分方便,但由于输出的溶剂组成准确度和精密度均较差,在梯度淋洗时,分析结果的重现性不理想。

(2) 采用多台恒流输液泵,在高压方式下混合溶剂,实现梯度淋洗。这种方式可以保证溶剂混合的高度准确性和重现性,但成本较高。

16.2.3　进样器

在高压液相色谱中,采用六通高压微量进样阀进样。它能在不停流的情况下将样品进样分析。进样阀上可装不同容积的定量管,如 10 μL、20 μL 等。利用进样阀进样精密度好。

16.2.4　色谱柱

高效液相色谱仪的色谱柱通常都采用不锈钢柱,内填颗粒直径为 3 μm、5 μm 或 10 μm 等几种规格的固定相。由于固定相的高效性,柱长一般都不超过 30 cm。分析柱的内径通常为 0.4~0.6 cm,制备柱则可达 2.5 cm。虽然液相色谱的分离操作可以在室温下进行,但大多数高效液相色谱仪都配置恒温柱箱,用来对色谱柱恒温。为了保护分析柱,通常在分析柱前再装一根短的前置柱。前置柱内填充物要求与分析柱完全一样。

16.2.5　检测器

高效液相色谱仪常用检测器有紫外吸收检测器、荧光检测器、示差折光检测器和电导检测器。紫外检测器分为固定波长和可调波长两类。固定波长紫外检测器采用汞灯,产生 254 nm 或 280 nm 谱线。可调波长检测器的光源为氘灯和钨灯,可以提供 190~750 nm 的辐射,可用于紫外-可见区的检测。检测器的吸收池体积一般为 8~10 μL,光路长度约 8 mm。紫外检测器灵敏度较高,通用性也较好。荧光检测器是一种选择性强的检测器,仅适合于对荧光物质的测定,灵敏度比紫外检测器高两三个数量级。示差折光检测器是一类通用型检测器,只要组分折光率与流动相折光率不同就能检测,但两者之差有限,因此灵敏度较低,且对温度变化敏感,不能用于梯度淋洗。电导检测器是离子色谱法中应用最多的检测器。

16.2.6 馏分收集器和记录器

馏分分部收集器用来收集纯组分。当进行制备色谱操作时,可以设置一个程序,使收集器将欲分离的组分自动逐个收集,以备后用。记录器可采用色谱处理机和长图记录仪。

16.3 LC-10A 液相色谱仪的使用方法

LC-10A 液相色谱仪基本配置包括 LC-10AD 双柱塞往复输液泵、CTO-10AC 柱温箱、SPD-10A 分光光度检测器等独立单元。通过 SCL-10A 系统控制器可以统一控制这些单元的操作,也可独立对各个单元进行操作。记录系统一般配置记录仪、色谱处理机或色谱工作站。

LC-10AD 输液泵操作面板如图 16-2 所示,图中各键名称和功能列于表 16-1。

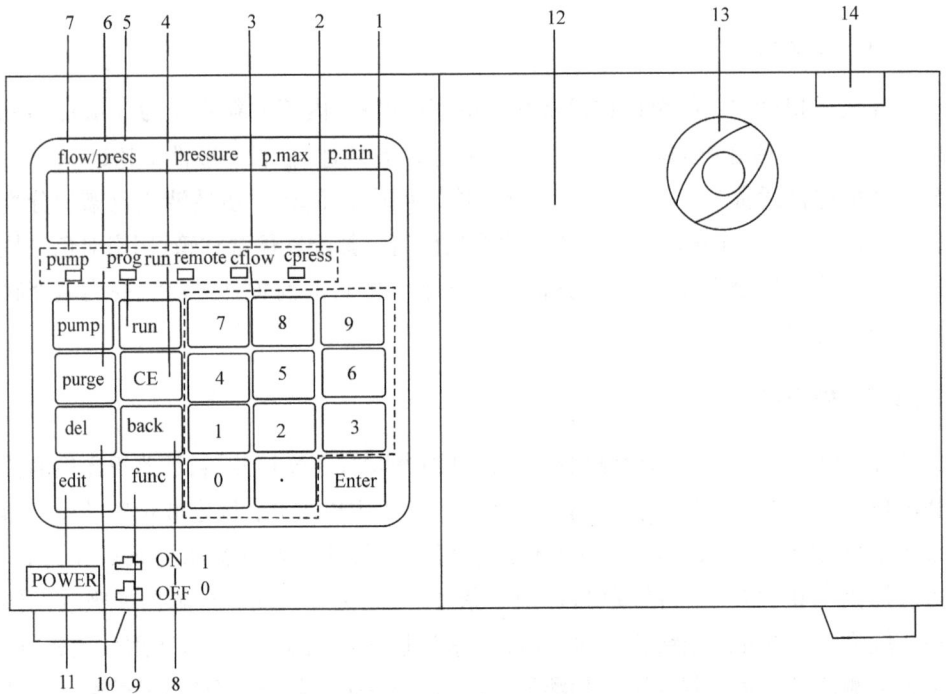

图 16-2 LC-10AD 输液泵面板图

表 16 - 1　LC-10AD 输液泵操作面板各键功能介绍

序　号	名　　称	含义或功能
1	显示窗	显示所设的流量或显示由压力传感器所测得的系统内压力值;显示所设置的允许压力上限和下限。当按 func 键时,显示仪器的其他设置功能
2	信号指示灯	当灯亮时,该灯上方所描述的功能正在起作用
3	数字键	用于参数值输入
4	CE 键	清除键。可使显示窗回到起始显示状态;取消错误输入的数据或清除显示窗显示的错误信息
5	run 键	"启动/停止"时间程序
6	purge 键	清洗管道或排除管道气泡的"启动/停止"键。注意:按下 purge 键,输液泵以 10 mL/min 流量工作,因而色谱柱前的排液阀应旋在排液位置,此时流动相不经色谱柱直接排到废液瓶中
7	pump 键	"启动/停止"输液泵
8	back 键	退回键。当编辑时间程序时,按此键退回至前一步设置
9	func 键	功能键。按此键,仪器顺序进入其他功能设置
10	del 键	删除一行时间顺序
11	edit 键	转入编辑时间程序模式
12	前盖门	掩盖输液泵头及连接管道
13	排液阀旋钮	"开/关"排液阀
14	前盖门按钮开关	按下,打开前盖门

LC-10A 液相色谱仪基本操作步骤如下：

(1) 开机前准备工作:包括选择、纯化和过滤流动相;检查储液瓶中是否具有足够的流动相,吸液砂芯过滤器是否已可靠地插入储液瓶底部;废液瓶是否已倒空,所有排液管道是否已妥善插在废液瓶中。

(2) 开启稳压电源,待"高压"红灯亮后,打开 LC-10AD 输液泵、CTO-10AC 柱温箱、SPD-10A 分光光度检测器和色谱处理机电源开关。

(3) 输液泵基本参数设置:打开输液泵电源开关后,输液泵的微处理机首先对各部分被控制系统进行自检,并在显示窗内显示操作版本后,显示如图 16 - 3 所示初始信息:显示窗中"flow/press"下面的数字闪烁,提示可以进行流量设定,按 1 · 0 ENTER 后,"flow/press"下面显示 1.000,表示此时已设定流量为 1.000 mL/min。

按$\boxed{\text{func}}$键后,"p. max"下面的数字闪烁,按$\boxed{3}\boxed{0}\boxed{0}$ENTER后,"p. max"下面显示300。按照同样方法,可以设置"p. min"为 10。上述基本设置完成后,为回到起始状态,需按$\boxed{\text{CE}}$键。如果这时再按$\boxed{\text{func}}$键,则在"pressure"下面显示仪器其他的辅助功能,每按一次,顺序显示一种功能,按$\boxed{\text{back}}$键,返回到前一种功能,按$\boxed{\text{CE}}$键,则直接回到起始状态。

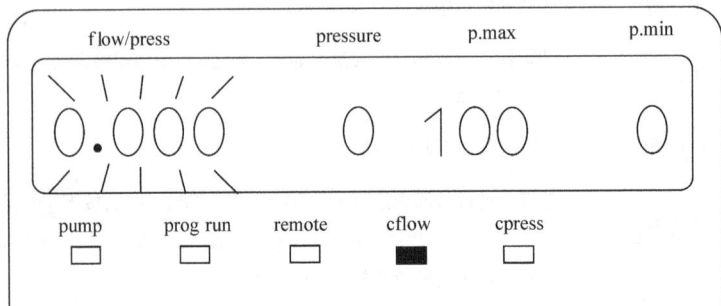

图 16-3　LC-10AD 输液泵初始信息

(4) 排除管道气泡或冲洗管道:将排液阀旋转 180°至"open"位置,按$\boxed{\text{purge}}$键,输液泵以 10 mL/min 流量输液,观察输液管道中是否有气泡排出,当确信管道中无气泡后,按$\boxed{\text{pump}}$键,使输液泵停止工作,再将排液阀旋钮旋转至"close"位置。

(5) 色谱柱冲洗:按$\boxed{\text{pump}}$键,输液泵以 1.0 mL/min 的流量向色谱柱输液,在显示窗中可以监测到系统内压力的变化情况。在常用的甲醇-水流动相体系中,压力值应为 10 MPa 左右。

(6) SPD-10A 分光光度检测器:转动波长旋钮至所需波长,按下$\boxed{\text{ABS}}$键,并在响应选择键中按下$\boxed{\text{STD}}$键,用"ZERO"键调节输出零点。

(7) C-R6A 数据微处理机:按$\boxed{\text{SHIFT DOWN}}$ $\boxed{\frac{\text{FILE}}{\text{PLOT}}}$,数据处理机开始走基线。如果记录笔不在合适位置,请按$\boxed{\text{ZERO}}$ $\boxed{\text{ENTER}}$。待基线平直后,再按$\boxed{\text{SHIFT DOWN}}$ $\boxed{\text{FILE/PLOT}}$,停止走基线。输入下列命令:$\boxed{\text{SHIFT DOWN}}$ $\boxed{\frac{\text{PRINT}}{\text{LIST}}}$ $\boxed{\text{WIDTH}}$ $\boxed{\text{ENTER}}$,调出色谱峰分析参数,进行修改或确认(参照前面介绍的 C-R6A 色谱数据处理机使用方法进行操作)。

(8) 进样:将六通进样阀旋转至"LOAD"位置,用平头注射器进样后,转回至"INJECT",并同时按下 C-R6A 的$\boxed{\text{START}}$键,C-R6A 处理机开始对色谱峰记时间、积分。待色谱峰流出后,按 $\boxed{\text{STOP}}$ 键,色谱处理机停止积分,并按色谱分析参数表规定的方法对数据进行处理并打印结果。

使用液相色谱仪的注意事项:

(1)流动相更换:如果欲更换的流动相与前一种流动相混溶,则另取一个 500 mL 干净的烧杯,放入 200 mL 新的流动相,将砂芯过滤器从先前的流动相储液瓶中取出,放入烧杯中,轻轻摇动一下,打开排液阀(转至"open"位置),按 $\boxed{\text{purge}}$ 键,使输液泵以 10 mL/min 流量工作 5~10 min,排出先前的流动相(50~100 mL),关泵后再将过滤器放入新的流动相中,关闭排液阀,以 1.0 mL/min 流量清洗色谱柱,最后接上柱后检测器,清洗整个流路。如果新的流动相与原来的流动相不相溶,则用一个与两种流动相都混溶的流动相进行过渡清洗;如果使用缓冲溶液作为流动相,则更换流动相之前必须用蒸馏水彻底清洗泵,因为缓冲液中溶质的沉淀会磨损液泵活塞及活塞密封圈。清洗方法如下:将注射器吸满水,与液泵清洗管道相联,然后将蒸馏水推入管道,先清洗液泵,再清洗进样器。

(2)输液泵应避免长时间在高压(>30 MPa)下工作。如果发现输液泵工作压力过高,可能由色谱柱、管道、过滤器和柱子上端接头等堵塞或输液流量太大等原因造成,应立即停泵,查清原因后再开泵。

(3)实验开始前和实验结束后用纯甲醇冲洗管道和色谱柱一段时间,可以避免许多意想不到的麻烦。当用 pH 缓冲液作流动相时,实验结束后先用石英亚沸蒸馏水冲洗 30 min,再用纯甲醇冲洗 15 min。

实验四十六　流动相速度对柱效的影响

一、目的要求

通过 H-u 曲线的绘制,进一步理解在高效液相色谱中 H-u 曲线的特点。

二、原理

组分在液体中的扩散系数只有在气体中的 $1/10^5$ ~ $1/10^4$,因此在范德华方程中的分子扩散项对理论塔板高度的贡献很小,而影响塔板高度的主要因素是涡流扩散项和传质阻力项。只要采用直径为数微米、颗粒均匀的高效固定相,且填充紧密、均匀,一定能获得高柱效。

三、仪器与试剂

仪器:LC-10A 高效液相色谱仪;紫外吸收检测器(254 nm),柱 Econosphere

C_{18}(3 μm)，10 cm×4.6 mm；微量注射器。

试剂：甲醇(A.R.)，重蒸馏一次；萘(A.R.)；二次蒸馏水；流动相：甲醇/水＝88/12。

四、实验步骤

(1) 将色谱柱接入色谱仪，按操作说明书启动色谱仪，待基线平直后即可进样分析。

(2) 调节流动相速度为 0.3 mL/min，注入萘标准液(1.5 mg/mL)2.0 μL，记下保留时间。然后注入纯甲醇(非滞留组分)5.0 μL，记下保留时间。

(3) 分别改变流动相速度为 0.6 mL/min、1.0 mL/min、1.5 mL/min、2.0 mL/min。每次改变速度后，重复步骤(2)。

(4) 实验结束后，按操作说明书关闭仪器。

五、结果处理

作 H-u 图，与实验四十一的气相色谱 H-u 图比较并加以讨论。

六、注意事项

(1) 用微量注射器吸液时，要防止气泡吸入。首先将擦干净并用样品吸洗过的注射器插入样品液面后，后复提拉数次，驱除气泡，然后缓慢提升针芯至刻度。

(2) 进样与按下计时按键要同步，否则影响保留值的准确性。

(3) 本实验柱温为室温。

七、思考题

(1) 高效液相色谱法能实现高效的关键是什么？

(2) 理想的高效液相色谱法 H-u 曲线的形状如何？为什么？

实验四十七　萘、联苯、菲的高效液相色谱分析

一、目的要求

(1) 理解反相色谱的优点及应用。

(2) 掌握归一化定量方法。

二、原理

在液相色谱中，若采用非极性固定相(如十八烷基键合相)和极性流动相，称为反相色谱法。这种方法特别适合于同系物、苯并系物等的分离分析。萘、联苯、菲

在 ODS 柱上的作用力大小不等,则 k' 值(k' 为不同组分的分配比)不等,在柱内的移动速率不同,因而先后流出柱子。根据组分峰面积大小及测得的定量校正因子,就可由归一化定量方法求出各组分的含量。归一化定量公式为

$$P_i(\%) = \frac{A_i f_i'}{A_1 f_1' + A_2 f_2' + \cdots + A_n f_n'} \times 100 \qquad (16-1)$$

式中,A_i 为组分的峰面积;f_i' 为组分的相对定量校正因子。采用归一化法的条件是样品中所有组分都要流出色谱柱,并能给出信号。此法简便、准确,对进样量的要求不十分严格。

三、仪器与试剂

仪器:LC-10A 高效液相色谱仪;紫外吸收检测器(254 nm);柱 Econosphere C_{18}(3 μm),10 cm×4.6 mm;微量注射器。

试剂:甲醇(A. R.),重蒸馏一次;二次蒸馏水;萘、联苯、菲均为分析纯;流动相:甲醇/水=88/12。

四、实验步骤

(1) 按操作说明书使色谱仪正常运行,并将实验条件调节如下:柱温为室温;流动相流量为 1.0 mL/min;检测器工作波长为 254 nm。

(2) 标准溶液配制:准确称取萘 0.08 g、联苯 0.02 g,菲 0.01 g,用重蒸馏的甲醇溶解,并转移至 50 mL 容量瓶中,用甲醇稀释至刻度。

(3) 在基线平直后,注入标准溶液 3.0 μL,记下各组分保留时间。再分别注入纯样对照。

(4) 注入样品 3.0 μL,记下保留时间。重复两次。

(5) 实验结束后,按要求关闭仪器。

五、结果处理

(1) 确定未知样中各组分的出峰次序。
(2) 计算各组分的相对定量校正因子。
(3) 计算样品中各组分的百分含量。
(4) 计算以萘为标准时的柱效。

六、注意事项

(1) 同实验四十六注意事项(1)、(2)。
(2) 室温较低时,为加速萘的溶解,可用红外灯稍加热。

七、思考题

(1) 观察分离所得的色谱图,解释不同组分之间分离差别的原因。

(2) 高效液相色谱柱一般可在室温下进行分离,而气相色谱柱则必须恒温,为什么? 高效液相色谱柱有时也实行恒温,这又为什么?

(3) 说明紫外吸收检测器的工作原理。

实验四十八　可乐、咖啡、茶叶中咖啡因的高效液相色谱分析

一、目的要求

(1) 理解反相色谱的原理和应用。

(2) 掌握标准曲线定量法。

二、原理

咖啡因又称咖啡碱,属黄嘌呤衍生物,化学名称为 1,3,7-三甲基黄嘌呤,是可由茶叶或咖啡中提取而得的一种生物碱,能兴奋大脑皮层,使人精神兴奋。咖啡中含咖啡因为 1.2%～1.8%,茶叶中含 2.0%～4.7%。可乐饮料、阿司匹林(APC)药片等中均含咖啡因。其分子式为 $C_8H_{10}O_2N_4$,结构式为

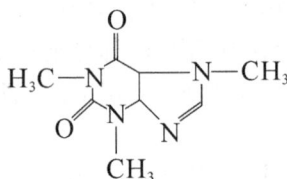

样品在碱性条件下用氯仿定量提取,采用 Econosphere C_{18} 反相液相色谱柱进行分离,以紫外检测器进行检测,以咖啡因系列标准溶液的色谱峰面积对其浓度作标准曲线,再根据样品中的咖啡因峰面积,由标准曲线算出其浓度。

三、仪器与试剂

仪器:LC-10A 液相色谱仪;C-R6A 数据处理机;色谱柱:Econosphere C_{18} (3 μm),10 cm×4.6 mm;平头微量注射器。

试剂:甲醇(色谱纯);二次水;氯仿(A. R.);1 mol/L NaOH;NaCl(A. R.);Na_2SO_4(A. R.);咖啡因(A. R.);可口可乐(1.25 L 瓶装);雀巢咖啡;茶叶;1000 mg/L咖啡因标准储备液:将咖啡因在 110 ℃下烘干 1 h。准确称取 0.1000 g 咖啡因,用氯仿溶解,定量转移至 100 mL 容量瓶中,用氯仿稀释至刻度。

四、实验步骤

（1）按操作说明书使色谱仪正常工作,色谱条件如下:柱温为室温;流动相为甲醇/水=60/40;流动相流量为 1.0 mL/min;检测波长为 275 nm。

（2）咖啡因标准系列溶液配制:分别用吸量管吸取 0.40 mL、0.60 mL、0.80 mL、1.00 mL、1.20 mL、1.40 mL 咖啡因标准储备液于 6 个 10 mL 容量瓶中,用氯仿定容至刻度,浓度分别为 40 mg/L、60 mg/L、80 mg/L、100 mg/L、120 mg/L、140 mg/L。

（3）样品处理如下:①将约 100 mL 可口可乐置于 250 mL 洁净、干燥的烧杯中,剧烈搅拌 30 min 或用超声波脱气 5 min,赶尽其中的二氧化碳;②准确称取 0.25 g 咖啡,用蒸馏水溶解,定量转移至 100 mL 容量瓶中,定容至刻度,摇匀;③准确称取 0.30 g 茶叶,用 30 mL 蒸馏水煮沸 10 min,冷却后,将上层清液转移至 100 mL 容量瓶中,并按此步骤重复两次,最后用蒸馏水定容至刻度。

将上述三份样品溶液分别进行干过滤(用干漏斗、干滤纸过滤),弃去前滤液,取后面的滤液。

分别吸取上述三份样品滤液 25.00 mL 于 125 mL 分液漏斗中,加入 1.0 mL 饱和氯化钠溶液和 1 mL 1 mol/L NaOH 溶液,然后用 20 mL 氯仿分三次萃取(10 mL、5 mL、5 mL)。将氯仿提取液分离后经过装有无水硫酸钠的小漏斗(在小漏斗的颈部放一团脱脂棉,上面铺一层无水硫酸钠)脱水,过滤于 25 mL 容量瓶中,最后用少量氯仿多次洗涤无水硫酸钠小漏斗,将洗涤液合并至容量瓶中,定容至刻度。

（4）绘制标准曲线:待液相色谱仪基线平直后,分别注入咖啡因系列标准溶液 10 μL,重复两次,要求两次所得的咖啡因色谱峰面积基本一致,否则继续进样,直至每次进样色谱峰面积重复,记下峰面积和保留时间。

（5）样品测定。分别注入样品溶液 10 μL,根据保留时间确定样品中咖啡因色谱峰的位置,重复两次,记下咖啡因色谱峰面积。

（6）实验结束后,按要求关闭仪器。

五、结果处理

（1）根据咖啡因系列标准溶液的色谱图,绘制咖啡因峰面积与其浓度的标准曲线。

（2）根据样品中咖啡因色谱峰的峰面积,由标准曲线计算可口可乐、咖啡、茶叶中咖啡因含量(分别用 mg/L、mg/g 和 mg/g 表示)。

六、注意事项

（1）测定咖啡因的传统方法是先经萃取,再用分光光度法测定。由于一些具有紫外吸收的杂质同时被萃取,因此测定结果有一定误差。液相色谱法先经色谱柱高效分离后再检测分析,测定结果准确。实际样品成分往往比较复杂,如果不先萃取而直接进样,虽然操作简单,但会影响色谱柱寿命。

(2) 不同品牌的茶叶、咖啡中咖啡因含量不大相同,称取的样品量可酌量增减。

(3) 若样品和标准溶液需保存,应置于冰箱中。

(4) 为获得良好结果,标准溶液和样品的进样量要严格保持一致。

七、思考题

(1) 用标准曲线法定量的优缺点是什么?

(2) 根据结构式,咖啡因能用离子交换色谱法分析吗?为什么?

(3) 若标准曲线用咖啡因浓度对峰高作图,能给出准确结果吗?与本实验的标准曲线相比哪种方法优越?为什么?

(4) 在样品干过滤时,为什么要弃去前滤液?这样做会不会影响实验结果?为什么?

实验四十九　高效液相色谱法测定人血浆中扑热息痛含量

一、目的要求

(1) 进一步理解高效液相色谱仪的结构和操作。

(2) 了解从血浆中提取扑热息痛的方法。

(3) 掌握用保留值定性分析及用标准曲线法定量分析的方法。

二、原理

扑热息痛为一种非甾体抗炎药,常用于治疗感冒和发热。健康人在口服药物 15 min 以后,药物就已进入人的血液。1～2 h 内,人的血液中药物的浓度达到极大值。用高效液相色谱法测定人的血液中即时血药浓度,可以研究药物在人体内的代谢过程及不同厂家的药物在人体内的吸收情况的差异。

本实验采用扑热息痛纯品进行定性分析,找出健康人体血浆中扑热息痛在图谱中的位置,然后以健康人血浆为本底作标准曲线。从标准曲线中查找并算出血浆中扑热息痛的含量。

三、仪器与试剂

仪器:LC-10A 高效液相色谱仪;紫外吸收检测器(254 nm),柱 Econosphere C_{18}(3 μm),10 cm×4.6 mm;微量注射器。

试剂:扑热息痛纯品(含量>99.9%);三氯乙酸(A.R.);乙腈(色谱纯);甲醇(A.R.)。

四、实验步骤

(1) 按操作说明书启动色谱仪。

(2) 调节实验条件如下:流动相:水/乙腈=90/10;流量为 1 mL/min;检测器工作波长为 254 nm;检测器灵敏度为 0.05AUFS;柱温为 30 ℃。

(3) 样品预处理如下:取健康人体血浆 0.50 mL 置于 10 mL 离心管中,加扑热息痛标准品使其含量分别为 0.50 μg/mL、1.00 μg/mL、2.00 μg/mL、5.00 μg/mL 和 10.0 μg/mL,再加 20%三氯乙酸-甲醇溶液 0.25 mL,振荡 1 min,离心 5 min。

(4) 取离心后的上清液 20 μL,注入色谱仪,除空白血浆离心液外,每一浓度需进样三次。

(5) 取未知血样 0.50 mL,分别按步骤(3)、(4)操作。

五、结果处理

(1) 计算线性回归方程。
(2) 由标准曲线计算未知血样浓度。

六、注意事项

(1) 用注射器吸取样品时不要抽入气泡。
(2) 拿取离心后的血样时,注意不要振荡试管。
(3) 实验完毕后用蒸馏水清洗注射器,以防注射器生锈。

七、思考题

(1) 如何计算本实验的回收率?
(2) 为什么要做空白血样的分析?
(3) 除用标准曲线法定量外,还可采用什么定量方法? 各有什么优缺点?

实验五十　离子色谱法测定水中阴离子

一、目的要求

(1) 掌握离子色谱法分析的基本原理。
(2) 掌握常见阴离子的测定方法。
(3) 掌握离子色谱的定性和定量分析方法。

二、原理

离子色谱中使用的固定相是离子交换树脂。离子交换树脂上分布有固定的带电荷的基团和能离解的离子。当样品加入离子交换色谱柱后,用适当的溶液洗脱,样品离子即与树脂上能离解的离子进行交换,并且连续进行可逆交换分配,最后达到平衡。不同阴离子(F^-、Cl^-、NO_2^-、NO_3^- 等)与阴离子树脂之间亲和力不同,其在交换柱上的保留时间不同,从而达到分离的目的。根据离子色谱峰的峰高或峰面积可对样品中的阴离子进行定性和定量分析。离子色谱仪应用电导检测器。

三、仪器与试剂

仪器:离子色谱仪;732 型强酸 Metrosep A SUPP 5 100 阴离子分析色谱柱,Metrosep A SUPP 4/5 guard 阴离子分析色谱保护柱;超声波发生器;真空过滤装置;1 mL、10 mL 注射器各 1 支;0.20 μm、0.45 μm 水相微孔过滤膜。

试剂:NaF、KCl、$NaNO_2$、$NaNO_3$ 均为优级纯;超纯水。

四、实验步骤

(1)配制 9 mmol/L 碳酸盐淋洗液:称取适量干燥 Na_2CO_3 和 $NaHCO_3$ 溶于水,经 0.20 μm 滤膜过滤,转移至 1000 mL 容量瓶中,加水稀释至刻度,摇匀,超声波去除气泡。

(2)配制 1000 mg/L 阴离子标准储备液:分别称取适量优级纯 NaF、KCl(于105 ℃烘干 2 h,保存在干燥器内)和 $NaNO_2$、$NaNO_3$(于干燥器内干燥 24 h 以上)溶于水,各转移到 1000 mL 容量瓶中,用水稀释至刻度,摇匀备用。

(3)按表 16-2 数据配制阴离子标准混合溶液和各自标准溶液。

表 16-2 标准储备液配制

标准储备液	NaF	KCl	$NaNO_3$	$NaNO_2$
V(mL)	2.50	5.00	10.00	5.00

分别吸取上述标准储备液于同一个 250 mL 容量瓶,然后用水稀释至刻度,摇匀,该标准混合溶液中各阴离子浓度如表 16-3 所示。

表 16-3 标准混合溶液配制

阴离子	F^-	Cl^-	NO_3^-	NO_2^-
浓度(mg/L)	10.00	20.00	40.00	20.00

按表 16-2 同样体积配制每种离子的标准溶液。

（4）按下列条件设置仪器参数：抑制器抑制电流为 50 mA；淋洗液流量为 0.7 mL/min；数据采集时间为 20 min。

（5）阴离子的定性分析。吸取上述阴离子标准混合液 5.00 mL 于 50 mL 容量瓶中，用水稀释至刻度，摇匀。吸取该溶液 0.50 mL 进样，记录流出曲线。分别吸取每种离子标准溶液 5.00 mL 于 50 mL 容量瓶中，稀释摇匀后吸取 0.50 mL 分别进样，记录色谱图。

（6）绘制标准曲线。分别吸取阴离子标准混合液 2.00 mL、4.00 mL、6.00 mL、8.00 mL、10.00 mL 于 5 个 50 mL 容量瓶中，用水稀释至刻度，摇匀备用。从上述标准溶液中分别取 0.50 mL 进入离子色谱仪，记录色谱图。

（7）测定样品水样。取未知水样 10 mL，经 0.45 μm 微孔滤膜过滤后，取 0.50 mL 按同样实验条件进样，记录色谱图。

五、结果处理

（1）根据标准试样和样品试样色谱图中色谱峰的保留时间，确定被分析离子在色谱图中的位置。

（2）绘制标准曲线，拟合线性回归方程。

（3）计算水样中被测阴离子的含量。

六、注意事项

（1）淋洗液必须先进行超声脱气处理。

（2）所有进样液体必须经过微孔滤膜过滤。

七、思考题

（1）比较离子色谱法和键合相色谱法的异同点。

（2）测定阴离子的方法有哪些？试比较它们各自的特点。

（3）简述抑制器的作用。

第17章 高效毛细管电泳分析法

将开管柱气相色谱理论与技术应用于经典电泳,从而诞生了一种新的高效分离方法——高效毛细管电泳(high performance capillary electrophoresis,HPCE)。HPCE是离子或荷电粒子以电场力为驱动力,在毛细管中按其淌度或分配系数不同进行高效、快速分离的一种电泳新技术。HPCE分离模式多,包括毛细管区带电泳、胶束电动色谱、毛细管等电聚焦电泳、毛细管等速电泳、毛细管凝胶电泳、毛细管电色谱等。各种分离模式之间转换容易,适用范围广。HPCE分离效率高,通常情况下理论塔板数可达40万块/m;分离速率快,多数小于30 min,最快几秒钟;样品量消耗少,分离溶剂仅为几微升,进样量纳升(10^{-9} L)级;工作成本低,操作简便,环境污染小。HPCE在生命科学、药学、医学、中药分析、食品化学、环境化学和法医学等领域都得到广泛的应用。

17.1 基 本 原 理

在HPCE分析中,带电粒子的电泳速率正比于荷质比q/r(q为粒子所带电荷,r为粒子在溶液中的流体力学半径)、电场强度E,而与溶液黏度η成反比。

HPCE另外一个重要的性质就是电渗流(electroosmotic flow,EOF)。电渗流是指毛细管中体相溶液在外加电场下整体朝一个方向运动的现象。如图17-1所示,当缓冲溶液的pH>4,石英管壁上的硅醇基(≡Si—OH)离解生成阴离子(≡Si—O⁻),使表面带负电荷,它又会吸引溶液中的正离子,形成双电层,从而在管内形成一个个紧挨的"液环",在强电场的作用下自然向阴极移动,形成电渗流。

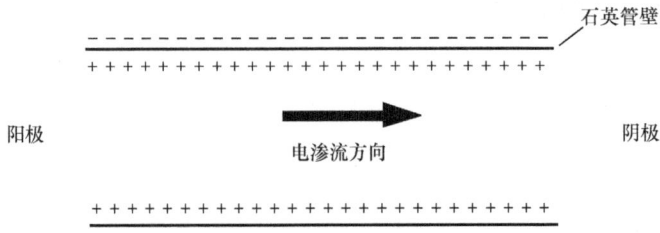

图 17-1 电渗流的形成

多数情况下电渗流的速率比电泳速率快5~7倍,因此在HPCE中可以使正、负离子和中性分子一起朝一个方向产生差速迁移,在一次操作中同时完成正、负离子的分离分析。在有电渗流存在下,离子迁移速度是电泳和电渗流两个速度的矢量和,即

$$v_{ap} = v_{ef} + v_{eo} = (\mu_{ef} + \mu_{eo})E = \mu_{ap}E \qquad (17-1)$$

式中,v_{ap} 为离子的表观速度;v_{ef} 为离子的电泳速度;v_{eo} 为电渗流速度;μ_{ap} 为离子的表观淌度;μ_{ef} 为离子的有效淌度;μ_{eo} 为电渗淌度。

电渗流是 HPCE 具备高分离效率的重要原因之一。如图 17-2 所示,电渗流驱动的液体流型为"塞子流",即在管内径向不同位置处,液体的流动速度保持一致,不会引起溶质区带展宽。而在压力驱动的层流中,其流型为抛物线型,即存在径向速度差,由此可以造成溶质区带展宽。

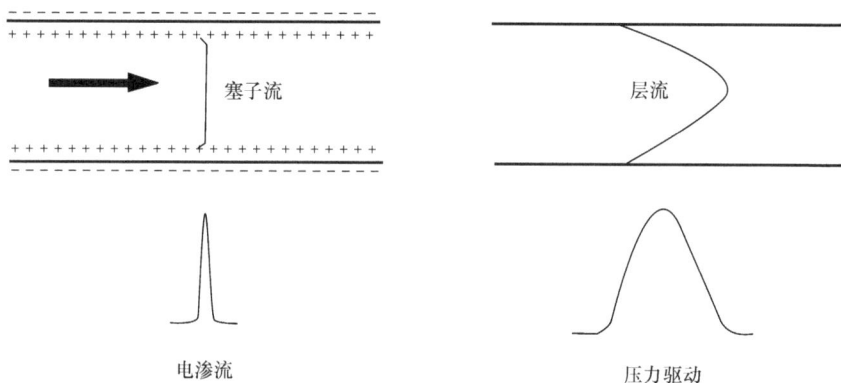

图 17-2　电渗流流型、压力驱动流型及相应的溶质区带

电渗流的大小对 HPCE 的分离效率和分离度均有影响,其细微变化会影响 HPCE 分离的重现性(迁移时间和峰面积),因此 EOF 是优化分离条件的重要参数之一。控制 EOF 的方法主要有:①改变缓冲液成分和浓度;②改变 pH;③加入添加剂;④毛细管内壁改性(物理或化学方法涂层及动态去活);⑤改变温度;⑥外加径向电场等。

将电渗流改性剂[如十六烷基三甲基溴化铵(CTAB)等]加入缓冲溶液,通过 CTAB 在毛细管壁上的吸附,石英毛细管管壁由带负电转变为带正电,从而使原本由正极流向负极的电渗流变为由负极流向正极。此时,阴离子的电泳方向与电渗流方向一致,其表观淌度大,可以在短时间内得到分离。

HPCE 中没有固定相,消除了来自涡流扩散和固定相的传质阻力,而且作为分离柱的毛细管管径很细,也使流动相传质阻力降至次要地位。因此,纵向分子扩散成为样品区带展宽的主要因素。HPCE 的分离效率用理论塔板数表示为

$$N = \frac{l^2}{\sigma^2} \tag{17-2}$$

式中，l 为样品注入口到检测器的毛细管长度，称为有效长度；σ 为标准偏差。

若只考虑纵向分子扩散，由此引起的方差可表示为

$$\sigma = \sqrt{2Dt} \tag{17-3}$$

式中，D 为扩散系数；迁移时间 t 可以表示为

$$t = \frac{l}{\mu E} = \frac{lL}{\mu V} \tag{17-4}$$

因此，理论塔板数可以表示为

$$N = \frac{\mu V l}{2DL} \tag{17-5}$$

在 EOF 存在下，用表观淌度代替，则有

$$N = \frac{Vl}{2DL}(\mu_{ef} + \mu_{eo}) \tag{17-6}$$

可见，使用高电场、增加 EOF 速度都可以提高分离效率。扩散系数小的溶质（如蛋白质、DNA 等生物大分子）有较高的分离效率。

17.2　高效毛细管电泳仪

高效毛细管电泳仪装置如图 17-3 所示。

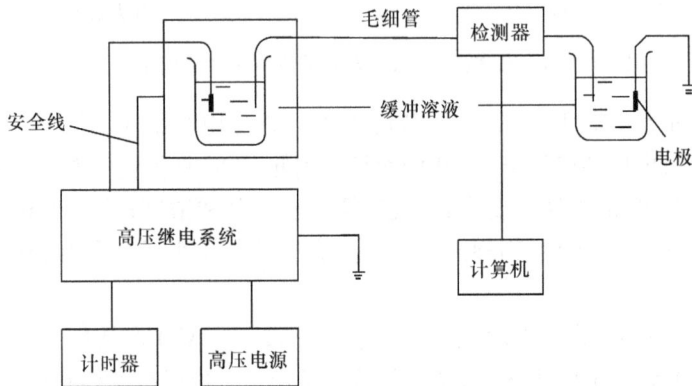

图 17-3　毛细管电泳仪结构示意图

高压电源供给 Pt 电极上的电压可高达 5～30 kV。典型的毛细管长度为 10～100 cm，内径为 10～100 μm，材料可以是熔融石英。为了分离需要，也可采用预先经化学键合或物理吸附改性的毛细管。一般通过加压到电解质缓冲溶液容器中或者在毛细管出口减压，迫使溶液通过毛细管。两端缓冲溶液必须定期更换，因为实

验过程中离子不断被消耗,阴极和阳极缓冲溶液的 pH 将升高或降低。

检测器是 HPCE 仪器的核心部件之一。由于 HPCE 进样量非常小(约几纳升),因此检测灵敏度要求高。常用检测器有紫外检测器、电化学检测器、激光诱导的荧光检测器、质谱检测器等。

对于本身没有可以被检测器直接检测信号的样品,还可以采用间接检测方式。例如,间接紫外检测,在运行的电解质溶液中加入有紫外吸收的化合物,产生本底,当无紫外吸收的离子通过时,就会产生一个负峰。若要分离阴离子,在缓冲溶液中加入一个紫外吸收阴离子 Na^+E^-。样品离子 S^- 在分离过程中进入缓冲溶液中,按照电中性等当量交换原理,在共存阳离子 Na^+ 浓度保持恒定时,总的阴离子浓度(S^- 和 E^-)也保持恒定。设 c_E 为紫外吸收离子浓度,ε_E 为该离子的摩尔吸收系数,则缓冲溶液本底吸收为 $\varepsilon_E c_E$,样品离子 S^- 洗出时产生信号 R 为

$$A = \varepsilon_S c_S + (c_E - c_S)\varepsilon_E - c_E \varepsilon_E = c_S(\varepsilon_S - \varepsilon_E) \quad (17-7)$$

当样品离子没有紫外吸收时,$\varepsilon_S = 0$,所以

$$A = -c_S \varepsilon_E \quad (17-8)$$

由式(17-8)可知,产生的负响应信号正比于样品离子浓度和加入的紫外吸收离子的摩尔吸收系数。显然,ε_E 越大,灵敏度越高。

实验五十一　用高效毛细管电泳分析法测定自来水中阴离子的含量

一、目的要求

(1) 掌握高效毛细管电泳的基本原理和仪器的基本操作。

(2) 利用间接紫外法测定阴离子的含量,掌握间接紫外法检测法的基本原理。

二、原理

原理见 17.1 节。

三、仪器与试剂

仪器:P/ACE MDQ 型电泳仪;75 μm i. d. ×50/57 cm 石英毛细管。

试剂:缓冲溶液:准确称取 4.6806 g Na_2CrO_4 和 0.0364 g CTAB,溶于水并定容至 1L(CrO_4^{2-} 浓度为 20 mmol/L,CTAB 浓度为 0.1mmol/L),超声脱气 5min 备用;标准储备溶液:分别称取经过干燥处理的 NaBr、NaCl、$NaNO_3$、Na_2SO_4、Na_2CO_3 若干,配制 0.5000 mol/L 的 Cl^-、Br^-、NO_3^-、SO_4^{2-}、CO_3^{2-} 储液;待测样品:自来水,矿泉水。

四、实验步骤

(1) 分别移取 Cl^-、Br^-、NO_3^-、SO_4^{2-}、CO_3^{2-} 储备液 0.10 mL、0.25 mL、

0.50 mL、0.75 mL、1.00 mL、1.50 mL 至 50 mL 容量瓶中,用去离子水稀释至刻度,配得各离子浓度分别为 1.0 mmol/L、2.5 mmol/L、5.0 mmol/L、7.5 mmol/L、10 mmol/L、15 mmol/L 的系列标准溶液,用于测定标准曲线。

(2) 分别移取 Cl^-、Br^-、NO_3^-、SO_4^{2-}、CO_3^{2-} 储备液 0.50 mL 至 50 mL 容量瓶中,用去离子水稀释至刻度,配得各离子浓度均为 5.0 mmol/L 的混合溶液,用于分离条件研究。

(3) 将脱气后的缓冲溶液倒入 50 mL 小烧杯中,用 1 mol/LNaOH 溶液将缓冲溶液 pH 调节为 12。用针筒过滤器将缓冲溶液过滤到电泳仪的小瓶中,注意使两边的液面保持一致。

(4) 打开 P/ACE MDQ 毛细管电泳仪和工作站电源,进入32 Karat软件设置仪器参数。分离电压:10 kV(负极进样,正极检测);分离时间:10 min;进样时间:3 s(压力进样 0.5 psi*);柱温:20℃;样品放置位置:左:A1. 空瓶;B1. 缓冲溶液;C1.0.1MnaOH 溶液;D1. 纯水;A2. 待测样品;右:A1. 空瓶;B1. 缓冲溶液;C1. 废液。

(5) 每次分离前,分别用 0.1 mol/L NaOH 溶液和去离子水清洗毛细管 1 min,用缓冲溶液平衡毛细管 3 min(可依据实际情况调整)。

(6) 分别对单组分溶液进行分析(进样),测定各组分的迁移时间。对混合样进行分析(进样),对比各单组分的迁移时间进行定性分析。

(7) 用配制的标准溶液分别进样,进行定量标定。

(8) 在上述条件下对自来水样品中的无机阴离子进行分析。

五、结果处理

(1) 绘制标准曲线。

(2) 计算未知样品中各离子的浓度。

六、注意事项

(1) 实验过程中应及时补充清洗毛细管用的水、酸、碱和缓冲溶液。缓冲溶液每 3 h 需重新更换,调 pH,否则 pH 会降低,不能保证分析的重现性。

(2) 分离过程中,单位长度毛细管的功率应低于 0.05W/cm,以免损坏毛细管。

(3) 在直接控制窗口点击"load",待样品托盘推出后才可以打开盖子放入小玻璃瓶,并且实验过程中必须等仪器将上一步操作完成后才能进行下一步操作。

(4) 每次在工作站中对参数或方法更改后都要仔细检查确认,在对进样的瓶号和位置更改后要检查是否与电泳仪中的实际位置相符合。

---

* psi是一种压力单位,定义为镑力/平方英寸,145 psi=1 MPa。

（5）实验结束后,用去离子水清洗毛细管 10 min,再用空气冲洗 10 min,以免残留的缓冲液堵塞毛细管。

七、 思考题

（1）与经典电泳相比较,毛细管电泳为什么能够实现高效和高速分离?

（2）电渗流是如何形成的? 讨论电渗流在毛细管电泳分析中的作用。

第18章 分析化学中的质量控制与统计分析

质量控制的概念和技术是在 20 世纪 30 年代由美国的休哈特博士首先创立,主要思想是在生产过程中预防不合格的产品,变事后检验为事先预防。通过对每批样品进行采样或在连续生产过程中每隔一定时间进行采样分析,将分析结果以点的形式描在控制图中,以检查产品质量是否控制在允许的变化范围之内,从而保证产品的质量,其中,所作的图称为休哈特质量控制图。后来,在分析化学实验室中,这种质量控制的观点被用于对分析本身的质量控制,以检查在大批量样品或日常例行分析中分析方法或分析系统的变异性。分析实验室所定义的"质量控制"是指为保证实验室中得到的分析结果的准确度和精密度落在已知的概率限度内所采取的措施。分析实验室采用的质量控制图(简称质控图)类型很多,平均值质量控制图是常用的一种,下面予以简单介绍。

18.1 质量控制分析原理

18.1.1 质控图的构成

在分析中,即使同一个人,在同一个实验室中,用同一台仪器、同一种方法和步骤分析同一个样品,不管经验如何丰富,技术如何熟练,操作如何谨慎,但测定的结果却总是一组具有一定分布规律的数据。从数理统计的角度看,这是因为在测定过程中产生了无法避免的随机误差和可能引入的系统误差。系统误差具有单向性和重复性的特点,其大小、正负可以测定,采取一定的措施可以消除。随机误差是由一些难以控制的偶然原因造成,其大小、正负是变化的,具有不确定性。无限多次测定结果的分布服从正态分布 $N(\mu, \sigma^2)$,并且在 $\mu \pm 3\sigma$ 测定结果的概率占 99.7%。如果从处于统计控制状态(在分析中消除了系统误差)的分析操作中任抽一个分析结果,可以认为此结果一定落在 $\mu \pm 3\sigma$,而认为超出此范围是几乎不可能的。于是,以正态分布 $N(\mu, \sigma^2)$ 的 μ 为中心,在其上下各取 2σ 和 3σ 的宽度,分作五条平行线,即中心线 μ、上下警戒线 $\mu \pm 2\sigma$ 和上下控制界限线 $\mu \pm 3\sigma$,这样就得到了一张控制图(图 18-1)。

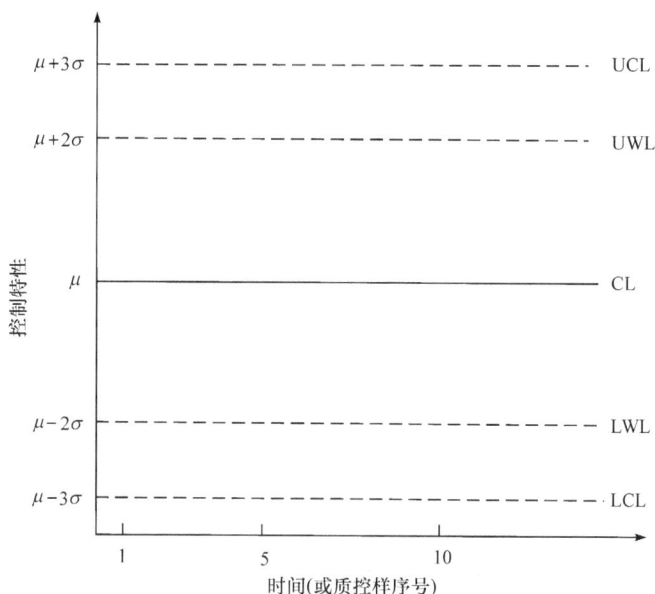

图 18-1　控制图的构造方法

$$\left\{\begin{array}{lll}\text{中心线} & \text{CL}=\mu \\ \text{上警戒线} & \text{UWL}=\mu+2\sigma \\ \text{下警戒线} & \text{LWL}=\mu-2\sigma \\ \text{上控制界限线} & \text{UCL}=\mu+3\sigma \\ \text{下控制界限线} & \text{LCL}=\mu-3\sigma \end{array}\right. \qquad (18-1)$$

　　这种质控图在日常例行分析或大批量样品测量中具有很高的实用价值。应用举例如下：

　　(1) 医院临床检验的分析质量控制。医院检验室每天都要对大量样本开展各种项目的临床分析。各医院分析设备、方法和操作人员素质的差异导致分析结果存在一定差异。为了控制和检查各医院检验室的检验质量，通常在一定的地区范围内成立一个中心质量控制实验室，建立以它为核心的由各医院参加的质量控制网。中心质量控制实验室负责统一配制质量控制样品(简称质控样品，要求浓度准确且在较长时间内保持稳定)，并分发至各医院，要求各检验室在每天的各分析项目中都要插入一个相应的质控样品，以同样的方法和步骤随临床样本进行平行分析，将分析结果作为纵坐标，日期作为横坐标作质控图。图 18-2 是某医院十月份血清钙分析的质控图，图中中心线值和控制界限值一般由中心质量控制实验室提供。根据质控图可以使各医院判断本医院当日、当月的检验结果是否处于统计控制状态中，从而自我评判所签发的检验报告质量。这种质控图的另一个作用是作为中心质量控制实验室考核各医院检验质量的依据。这时中心线值和控制界限值将成为一个重要的评分参数,由中心质量控制实验室掌握。各医院将未画中心线和控制线的质控图交给中心质量控制实验室,中心质量控制实验室将根据质控图中超过控制线点子的数量和点子排布的情况(质控图的分析方法将在下面介绍)予以打分,连续考核不合格的医院将被取消检验业务资格。所以,质控图也反映了一个医院检验人员的素质和业务水平。

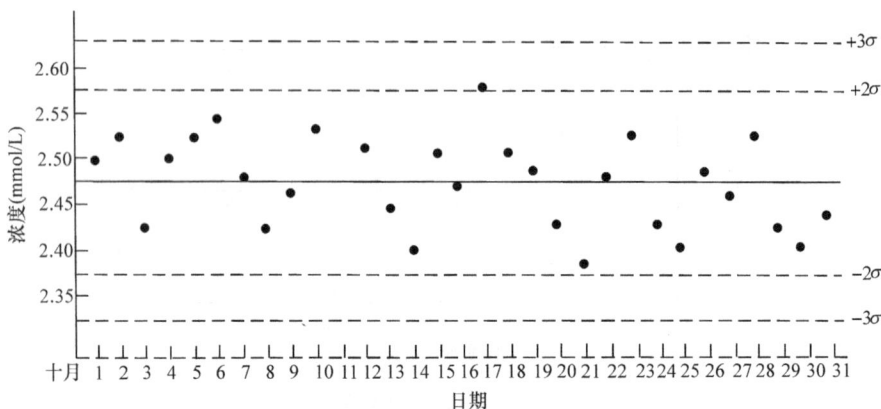

图 18-2　典型的质控图

(2) 对学生设计实验的分析质量控制。在分析化学实验的教学活动中,为了提高学生的独立解决问题能力,都要开设一些设计实验。有些设计实验的样本采集、处理、分析方法选择、分析步骤的设计等都是由学生独立完成的,由于实际样品的分析结果各不相同,没有一个统一的标准结果,因而对分析质量的评判也就缺少一个重要依据。利用质量控制分析,由教师预先准备好一个已知样本性质的质量控制样本分发给学生,要求学生将已知样本和他们自己采集的样本进行平行分析,然后以质控样品的分析结果对样本数作图,就构造出一张全体学生的分析质控图。根据质控图可以判断每个学生的分析质量,做到比较客观地对学生评分。同时,根据质控图也可了解到整体的分析技术水平。

从图 18-2 可知,在 20 天中,仅有一个质量控制样的分析结果超过警戒线,这纯粹是由于偶然原因造成,表明分析处于统计控制状态,无系统误差形成。通常,在 20 个样本中插入一个质控样品随同分析,所以每天可能要得到 N 个控制样的分析结果。如果以 N 个质量控制样的平均值对时间作图,则相对于对单个质量控制样点,随机误差应减少 $\sqrt{N}$ 倍,质量控制线(简称质控线)应按下列公式构造:

$$
\left\{
\begin{array}{ll}
\text{中心线} & \text{CL}=\mu \\[2mm]
\text{上警戒线} & \text{UWL}=\mu+\dfrac{2}{\sqrt{N}}\sigma \\[4mm]
\text{下警戒线} & \text{LWL}=\mu-\dfrac{2}{\sqrt{N}}\sigma \\[4mm]
\text{上控制线} & \text{UCL}=\mu+\dfrac{3}{\sqrt{N}}\sigma \\[4mm]
\text{下控制线} & \text{LCL}=\mu-\dfrac{3}{\sqrt{N}}\sigma
\end{array}
\right.
\qquad(18-2)
$$

在实际构造质控图时,由于质量控制样的 μ 和 σ 值很难知道,因此常以 $\overline{x}$ 和 s 替代 μ 和 σ。当对质量控制样的分析次数超过 20 次时,质控线可以如下确定:

$$
\left\{
\begin{array}{ll}
\text{中心线} & \text{CL}=\overline{x} \\[1mm]
\text{上警戒线} & \text{UWL}=\overline{x}+2s \\[1mm]
\text{下警戒线} & \text{LWL}=\overline{x}-2s \\[1mm]
\text{上控制线} & \text{UCL}=\overline{x}+3s \\[1mm]
\text{下控制线} & \text{LCL}=\overline{x}-3s
\end{array}
\right.
\qquad(18-3)
$$

如果对质量控制样仅作有限次(n 次)分析,则式(18-3)中警戒线和控制线中的系数因子 2 和 3 必须以 t-分布表中适当的 t 值来替代,质控线应构造如下:

$$
\left\{
\begin{array}{ll}
\text{中心线} & \text{CL}=\overline{x} \\[1mm]
\text{上警戒线} & \text{UWL}=\overline{x}+t_{\gamma,0.95}s \\[1mm]
\text{下警戒线} & \text{LWL}=\overline{x}-t_{\gamma,0.95}s \\[1mm]
\text{上控制线} & \text{UCL}=\overline{x}+t_{\gamma,0.997}s \\[1mm]
\text{下控制线} & \text{LCL}=\overline{x}-t_{\gamma,0.997}s
\end{array}
\right.
\qquad(18-4)
$$

式中,$t_{\gamma,0.95}$ 和 $t_{\gamma,0.997}$ 表示当自由度 $\gamma=n-1$ 时,置信水平分别为 95% 和 99.7% 的 t 值。

18.1.2　质控图的分析

根据质控图判断分析过程处于统计控制状态的规则如下:

(1)绝大多数点子在控制界限线内,即同时满足连续 25 点中没有一点在控制界限线外;连续 35 点中最多有一点在控制界限外;连续 100 点中最多有两点在控制界限外。

(2)点子排列没有缺陷。若干点连续出现在中心线同一侧时,这些点子所联成的折线称为链(图18-3)。若出现 7 点链或多于 7 点的链,则表明分析过程处于非统计控制状态。

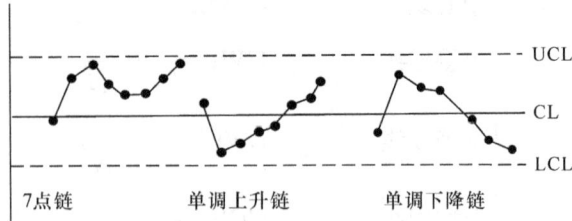

图 18 - 3   点子排列存在异常的几种情况

若干个点连续上升或连续下降时,这些点子连成的折线称为单调链。出现 7 点或 7 点以上单调链,表明分析过程中正逐渐形成一个系统误差。例如,标准试样浓度正在发生变化,分析用的酶试剂正在逐渐失效,就会导致系统误差形成。质控图中出现上述几种点子排布情况都表示点子排布存在缺陷。

18.2   方 差 分 析

t 检验法主要用于两个均数之差的显著性检验,但是在实际研究中,经常需要对三个或三个以上的均数进行比较,这种三个或三个以上的均数之差的显著性检验需用方差分析法。标准偏差的平方称为方差,也称为均方,即平方和除以相应自由度的商,常用于确定分析数据中不同变异来源的各个影响。最简单的应用是重复次数相等的单因子试验,即除随机误差外,只存在一种可能原因的变异来源,这种变异来源可能存在取样(样本之间的差异,between-samples)和分析中(样本之内的差异,within-samples)。如果从样本总体中抽取 m 个样本,每个样本进行 n 次测定,测定结果如表 18 - 1 所示。

表 18 - 1   样本测量结果

样　本	测定结果	样本的均值 $\overline{x}_i$	样本的均方 s_i^2
样本 1	$x_{11}, x_{12}, \cdots, x_{1n}$	$\overline{x}_1$	s_1^2
样本 2	$x_{21}, x_{22}, \cdots, x_{2n}$	$\overline{x}_2$	s_2^2
…	…	…	…
样本 m	$x_{m1}, x_{m2}, \cdots, x_{mn}$	$\overline{x}_m$	s_m^2
		总均值 $\overline{x}$	
		均值的均方 s^2	

样本内离均差平方和 ss_w 为

$$ss_w = \sum_{i=1}^{m} \sum_{j=1}^{n} (x_{ij} - \overline{x}_i)^2 \qquad (18 - 5)$$

样本内均方 s_{w}^2 为

$$s_{\mathrm{w}}^2 = \frac{ss_{\mathrm{w}}}{m(n-1)} = \frac{1}{m(n-1)} \sum_{i=1}^{m} \sum_{j=1}^{n} (x_{ij} - \overline{x}_i)^2 = \frac{1}{m} \sum_{i=1}^{m} s_i^2 \qquad (18-6)$$

式中,$m(n-1)$ 为样本内平方和的自由度,样本内均方也等于各个样本均方的均值。

样本间离均值平方和 ss_{b} 为

$$ss_{\mathrm{b}} = n \sum_{i=1}^{m} (\overline{x}_i - \overline{x})^2 \qquad (18-7)$$

样本间均方 s_{b}^2 为

$$s_{\mathrm{b}}^2 = \frac{ss_{\mathrm{b}}}{m-1} = \frac{n}{m-1} \sum_{i=1}^{m} (\overline{x}_i - \overline{x})^2 = ns^2 \qquad (18-8)$$

式中,$m-1$ 为样本间的自由度,样本间均方也等于各个样本均值均方的 n 倍。

总的离均差平方和 ss_{t} 为

$$ss_{\mathrm{t}} = \sum_{ij} (x_{ij} - \overline{x}) = ss_{\mathrm{w}} + ss_{\mathrm{b}} \qquad (18-9)$$

相应于 ss_{t} 的自由度为 $mn-1$。

将以上计算结果列于表 18 - 2 中。

表 18 - 2　用于 m 个样本(每个样本大小为 n)的方差分析表

变异来源	平方和	自由度	均　　方
样本间	ss_{b}	$m-1$	$ss_{\mathrm{b}}/(m-1)$
样本内	ss_{w}	$m(n-1)$	$ss_{\mathrm{w}}/[m(n-1)]$
总和	ss_{t}	$mn-1$	

表 18 - 2 称为方差分析表,建立这样一类表格,连同随后进行的 F 检验,总称为方差分析。

18.3　质量控制和统计分析应用举例

课题:通过三个不同地区某禾本科植物叶子中叶绿素 a 和叶绿素 b 的含量测定和统计分析,说明这三个地区的植物在种群和分布上是否存在差别。

实验:在每一个地区选择 5 个采样点进行取样,采集 5 个样本,每个样本分成 4份,分别进行测定。在每 2 个样本之间插入一个标准质控样品随样本平行分析,以监测分析是否处于统计控制状态。质控样品的值及控制界限值已知。质控样品的测定结果列于表 18 - 3。样本的分析结果列于表 18 - 4 和表 18 - 5。

根据表 18 - 3 所构造的质控图如图 18 - 4 所示,可见分析处于统计控制状态中。

根据表 18 - 4 和表 18 - 5 总结的方差分析结果列于表 18 - 6。

表 18 - 3　插入样本作平行分析的质控样品的测定结果

质控样品 序号	叶绿素 a 标准值＝3.13 g/L s_a＝0.0206		叶绿素 b 标准值＝0.98 g/L s_b＝0.0126	
	c_a	c_a－标准值	c_b	c_b－标准值
1	3.13	0.00	1.00	＋0.02
2	3.07	－0.06	0.97	－0.01
3	3.15	＋0.02	0.99	＋0.01
4	3.12	－0.01	0.98	0.00
5	3.14	＋0.01	0.97	－0.01
6	3.16	＋0.03	0.98	0.00
7	3.15	＋0.02	0.97	－0.01

表 18 - 4　叶绿素 a 的测定结果（mg/g）

样　　本	测定值					
地区 I	1	2	3	4	$\overline{x}_i$	s_i^2
1	1.09	0.86	0.93	0.99	0.968	0.00949
2	1.26	0.96	0.80	0.73	0.938	0.0555
3	1.19	1.21	1.27	1.12	1.198	0.00382
4	1.23	1.30	0.97	0.97	1.118	0.0298
5	0.85	0.65	0.86	1.03	0.848	0.0241
总均值 $\overline{x}$＝1.014，均值均方 s^2＝0.0200，s_w^2＝0.0246，s_b^2＝0.0801						
地区 II	1	2	3	4	$\overline{x}_i$	s_i^2
1	1.02	0.93	0.98	1.06	0.998	0.00309
2	1.48	1.57	1.59	1.51	1.538	0.00262
3	0.99	0.94	1.06	1.08	1.018	0.00416
4	1.01	0.88	0.95	0.97	0.952	0.00296
5	1.08	1.02	1.03	0.96	1.022	0.00242
总均值 $\overline{x}$＝1.106，均值均方 s^2＝0.0591，s_w^2＝0.00305，s_b^2＝0.236						
地区 III	1	2	3	4	$\overline{x}_i$	s_i^2
1	0.80	0.71	0.69	0.72	0.730	0.00233
2	0.85	0.76	0.78	0.87	0.815	0.00283
3	0.79	0.82	0.84	0.76	0.802	0.00123

样　本	测定值					
地区Ⅲ	1	2	3	4	$\overline{x}_i$	s_i^2
4	0.81	0.77	0.83	0.85	0.815	0.00167
5	0.79	0.82	0.76	0.77	0.785	0.000700

总均值 $\overline{x}=0.790$，均值均方 $s^2=0.00126$，$s_w^2=0.00175$，$s_b^2=0.00503$

表 18-5　叶绿素 b 的测定结果（mg/g）

样　本	测定值					
地区 Ⅰ	1	2	3	4	$\overline{x}_i$	s_i^2
1	0.33	0.27	0.30	0.30	0.3000	0.000600
2	0.39	0.30	0.28	0.21	0.295	0.00550
3	0.36	0.36	0.37	0.34	0.358	0.000158
4	0.36	0.36	0.29	0.28	0.322	0.00189
5	0.25	0.25	0.26	0.34	0.275	0.00190

总均值 $\overline{x}=0.310$，均值均方 $s^2=0.00100$，$s_w^2=0.00502$，$s_b^2=0.00400$

地区 Ⅱ	1	2	3	4	x_i^2	s_i^2
1	0.27	0.31	0.30	0.25	0.282	0.000758
2	0.51	0.55	0.48	0.56	0.525	0.00137
3	0.33	0.30	0.27	0.28	0.292	0.000892
4	0.26	0.33	0.31	0.25	0.288	0.00112
5	0.37	0.34	0.28	0.30	0.322	0.00162

总均值 $\overline{x}=0.342$，均值均方 $s^2=0.0107$，$s_w^2=0.00115$，$s_b^2=0.0429$

地区Ⅲ	1	2	3	4	x_i^2	s_i^2
1	0.19	0.20	0.15	0.13	0.168	0.00109
2	0.18	0.19	0.16	0.14	0.168	0.000492
3	0.21	0.22	0.17	0.18	0.195	0.000567
4	0.23	0.19	0.18	0.16	0.190	0.000867
5	0.18	0.15	0.20	0.16	0.172	0.000492

总均值 $\overline{x}=0.179$，均值均方 $s^2=0.000167$，$s_w^2=0.000702$，$s_b^2=0.000667$

表 18-6　叶绿素 a 和叶绿素 b 测定结果的方差分析表

变异源	叶绿素 a			叶绿素 b		
	平方和	自由度	均　　方	平方和	自由度	均　　方
地区 Ⅰ						
样本间	0.3204	4	0.0801	0.0160	4	0.0040
样本内	0.3690	15	0.0246	0.0750	15	0.0050
总和	0.6894	19	—	0.0910	19	—
地区 Ⅱ						
样本间	0.9440	4	0.236	0.1716	4	0.0429
样本内	0.0458	15	0.00305	0.0180	15	0.0012
总和	0.9898	19	—	0.1896	19	—
地区 Ⅲ						
样本间	0.0201	4	0.0050	0.0027	4	0.0007
样本内	0.0248	15	0.0017	0.0106	15	0.0007
总和	0.0449	19	—	0.0133	19	—

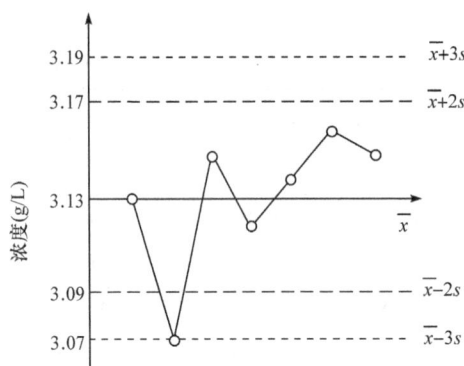

(a) 叶绿素 a

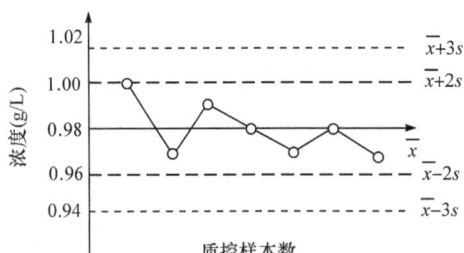

(b) 叶绿素 b

图 18-4　叶绿素 a 和叶绿素 b 的质控图

利用方差分析表,采用 F 检验,首先可以判断每一个地区样本均值之间是否存在显著性差异,根据 F 值计算公式(式中,s_1^2、s_2^2 分别为样本间、样本内均方,并且规定分子为两者之间较大者)计算得到 F 值列于表 18-7。查 F 分布表得 $F_{4,15} = 3.804$(置信水平为 90%),根据表 18-7 可知,地区 Ⅰ 和地区 Ⅲ 的 F 大小满足 $F < F_{4,15}$,而地区 Ⅱ $F > F_{4,15}$,表明地区 Ⅰ 和地区 Ⅲ 在样本内不存在变异源,样本由同质均匀样构成,采样具有代表性,所测得的结果能够反映该地区此种植物的总体特性;地区 Ⅱ 的样本则具有异质性,可能含有其他植物种类的叶子,所采样本不具有代表性,因而这些样本的测定结果不能代表总体特性。

其次,比较地区 Ⅰ 和地区 Ⅲ 样本总体性质的差异。利用 F 检验法比较两者总体方差,t 检验法比较两者总体均值。利用表 18-4~表 18-6 有关数据

表 18 - 7　不同地区内样本之间均值的显著性比较

地　区	F 值*	
	叶绿素 a	叶绿素 b
I	3.26	1.26
II	77.4	35.8
III	2.94	1.00

* $F = \dfrac{s_1^2}{s_2^2}$。

计算得的 F 值和 t 值列于表 18 - 8,由表 18 - 8 可知,实际的 F 值和 t 值均大于从 F 分布表和 t 分布表查得的评判值,表明两地区的总体存在显著性的差别,亦即表示地区 I 和地区 III 的植物在分布和种群上都是不同的。

表 18 - 8　不同地区样本总体性质的比较

实验值				评判值(置信水平为95%)	
叶绿素 a		叶绿素 b		$F_{19,19}$	t_{19}
F	t*	F	t		
15.35	4.70	6.84	7.91	2.16	2.03

* $t = \dfrac{\overline{x}_1 - \overline{x}_2}{\sqrt{\dfrac{s_1^2}{n_1} + \dfrac{s_2^2}{n_2}}}$。

实验五十二　绿色植物叶子中叶绿素含量测定的质量控制和统计分析

一、目的要求

(1) 掌握质控图的构造,了解质量控制在分析测定中的重要作用。

(2) 理解方差分析在实践中的运用。

(3) 通过实践,初步掌握正确的采样方法。

(4) 进一步熟悉用分光光度法同时测定多组分含量的方法。

二、原理

叶绿素 a 和叶绿素 b 微溶于水,易溶于有机溶剂(丙酮、乙醇等),因此能够用丙酮-水体系将其从植物叶子中提取出来,叶绿素的结构和紫外-可见吸收光谱如图 18 - 5 所示。

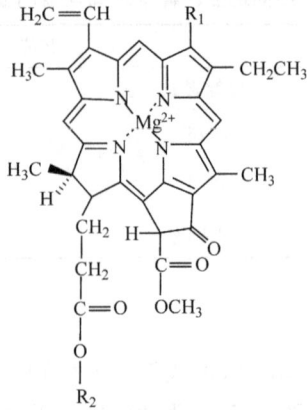

$R_1 =$ —CH_3（叶绿素 a），—CHO（叶绿素 b）

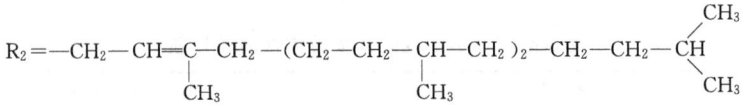

(a)

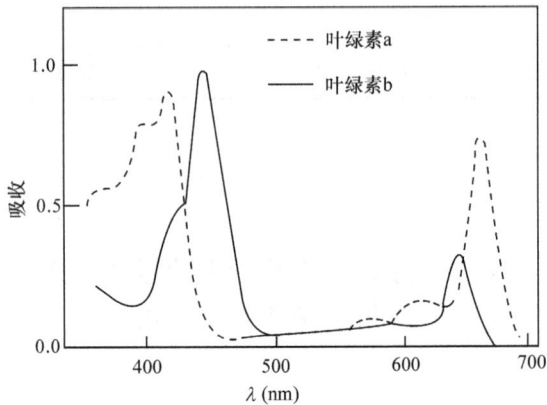

(b)

图 18-5　叶绿素的结构(a)和吸收光谱(b)

从图 18-5 可知，用分光光度法（$\lambda_1 = 645$ nm，$\lambda_2 = 663$ nm）可以同时测定叶绿素 a 和叶绿素 b 的含量：

$$\begin{cases} A_{\lambda_1}^{a+b} = \varepsilon_{\lambda_1}^a c_a + \varepsilon_{\lambda_1}^b c_b \\ A_{\lambda_2}^{a+b} = \varepsilon_{\lambda_2}^a c_a + \varepsilon_{\lambda_2}^b c_b \end{cases}$$

解此联立方程式，得

$$c_a = \frac{A_{\lambda_1}^{a+b} \varepsilon_{\lambda_2}^{b} - A_{\lambda_2}^{a+b} \varepsilon_{\lambda_1}^{b}}{\varepsilon_{\lambda_1}^{a} \varepsilon_{\lambda_2}^{b} - \varepsilon_{\lambda_2}^{a} \varepsilon_{\lambda_1}^{b}} \tag{18-10}$$

$$c_b = \frac{A_{\lambda_1}^{a+b} - \varepsilon_{\lambda_1}^{a} c_a}{\varepsilon_{\lambda_1}^{b}} \tag{18-11}$$

式中，$\varepsilon_{\lambda_1}^{a}$、$\varepsilon_{\lambda_2}^{a}$、$\varepsilon_{\lambda_1}^{b}$、$\varepsilon_{\lambda_2}^{b}$ 分别为叶绿素 a 和叶绿素 b 在 λ_1 和 λ_2 波长处的摩尔吸光系数。

在 λ_1 和 λ_2 分别测定叶绿素 a 和叶绿素 b 系列标准溶液的吸光度，绘制标准曲线，标准曲线的斜率即为叶绿素 a 和叶绿素 b 在 λ_1 和 λ_2 处的摩尔吸光系数 $\varepsilon_{\lambda_1}^{a}$、$\varepsilon_{\lambda_2}^{a}$、$\varepsilon_{\lambda_1}^{b}$ 和 $\varepsilon_{\lambda_2}^{b}$。然后在 λ_1 和 λ_2 测定叶绿素 a 和叶绿素 b 样品溶液的吸光度 $A_{\lambda_1}^{a+b}$ 和 $A_{\lambda_2}^{a+b}$，代入式(18-10)和式(18-11)就可以计算试样中叶绿素 a 和叶绿素 b 的浓度。

有关质量控制分析和方差分析原理见 18.1 节和 18.2 节。

三、仪器与试剂

仪器：722 型光栅分光光度计；250 mL 容量瓶 2 个，100 mL 容量瓶 10 个，25 mL 容量瓶 4 个；10 mL、5 mL、2 mL 吸量管各 1 支；100 mL 烧杯 2 个；玻璃研钵和短颈漏斗；剪刀；采样塑料袋、量筒等。

试剂：丙酮-水溶液(体积比为 80∶20)；叶绿素 a 和叶绿素 b 标准储备液：分别准确称取叶绿素 a 和叶绿素 b 标准品 25.0 mg 于 2 个 100 mL 烧杯中，用丙酮-水溶液溶解，定量移至 250 mL 容量瓶中，用 80∶20 丙酮-水溶液稀释至刻度，叶绿素 a 和叶绿素 b 的浓度分别为 100 mg/L。

四、实验步骤

1. 采样

选定研究对象(如麦叶、草叶、菜叶、稻叶等)和采样地点，将 15 名学生分成 3 个大组，每组 5 人，选择一个地区采样。每个地区分 5 个采样点，每个学生负责一个采样点采集样本，保存于干净的塑料袋或塑料瓶中。

2. 样品处理

每个学生将采集的样本叶子用剪刀剪碎，并且四等份，在每个等份中准确称取 0.15 g 碎叶子于玻璃研钵中，加少量丙酮-水溶液，研细，以便完全提取叶绿素。当溶液变绿后，过滤于 25 mL 容量瓶中。应进行多次提取，直至叶子失去绿色，最后用 80∶20 丙酮-水溶液稀释至刻度。预备室准备的质控样品要与样本平行进行处理(每个学生给一个质控样品，以对学生的分析质量进行监测)。

3. 分析

取 5 个 100 mL 容量瓶,分别移取 2.00 mL、3.00 mL、4.00 mL、5.00 mL 和 6.00 mL 叶绿素 a 标准储备液。另取 5 个 100 mL 容量瓶,分别移取 0.50 mL、1.00 mL、1.50 mL、2.00 mL 和 2.50 mL 叶绿素 b 标准储备液,均用 80∶20 丙酮-水溶液稀释至刻度,摇匀。在 645 nm 和 663 nm 分别测定其吸光度,并绘制四条相应的标准曲线,求出 $\epsilon^a_{\lambda_1}$、$\epsilon^a_{\lambda_2}$、$\epsilon^b_{\lambda_1}$ 和 $\epsilon^b_{\lambda_2}$。

在同样条件下,测定质控样品和实际样品溶液的吸光度 $A^{a+b}_{\lambda_1}$ 和 $A^{a+b}_{\lambda_2}$,代入式 (18-10) 和式 (18-11),计算质控样品和实际样品溶液中叶绿素 a 和叶绿素 b 的浓度,然后计算实际样品中叶绿素的含量(以 mg/g 为单位)。全班学生质控样品的测定结果按 18.3 节中表 18-3 格式填写,实际样本的测定结果按 18.3 节中表 18-4 和表 18-5 格式填写。

五、结果处理

1. 构造质控图

质控样品的 $\bar{x}$ 和 s 由预备室提供,根据所绘制的 $\bar{x}$ 和 s 值,结合表 18-3,构成一张全班学生样品测定的质控图。

2. 列出方差分析表

如 18.3 节中表 18-4 和表 18-5 计算样本的总均值、均值均方、样本间均方和样本内均方,并如 18.3 节中表 18-6 列出方差分析表。

3. 统计分析和比较

(1) 利用方差分析表,采用 F 检验法判断每一个地区样本均值之间是否存在显著性差异,并由此说明样本总均值能否代表该地区植物的总体。

(2) 采用 F 检验法和 t 检验法,对不同地区样本总体进行显著性比较(参考 18.3 节示例),并由此说明不同地区样本总体性质是否存在差异。

六、注意事项

(1) 这个实验的目的是为了说明质量控制和方差分析技术在实践中是如何运用并完成的,使学生能够得到直接的练习并且亲身体会到采样的重要性。这个实验的结果是全班学生合作产生的,要求每个学生从采样到分析自始至终都要以对全班高度负责的态度进行工作。凡是质控样品测定值超过控制值的,其相应的样本测定值在统计分析时应剔除出去。

（2）预备室在采集质量控制样本时，要选择均质同种植物，并重复测定 20 次以上，其结果平均值 $\bar{x}$ 和 s 值才能用于构造质控图。这种由实验室制订的质量标准用于质量控制分析，也称为室内质量控制。

（3）只有先用 F 检验法证明了所采集的样本能够代表本地区样本总体，才能利用样本总均值性质进行不同地区样本总体性质的比较。

七、思考题

（1）如何构造质控图？在构造质控图时应注意哪些问题？

（2）结合本实验说明如何进行方差分析。

第 19 章 设 计 实 验

19.1 设计实验教学安排

在学生全部做完仪器分析"基本实验"的基础上,为了进一步发挥学生的学习主动性,巩固学过的基础知识和操作技术,使学生在查阅文献能力、解决问题和分析问题能力以及动手能力等方面得到锻炼与提高,本章安排了一些设计实验。设计实验要求学生对教师给定的实验题目(如人发中微量元素 Cu、Zn 的测定等)通过自己预先查阅参考文献,搜集文献上对该题目的各种分析方法,结合本实验室的设备条件等各种因素,选择其中的一种或两种方法,拟订具体实验步骤,写出总结报告。在此基础上,学生在实验讨论课上交流各自设计的实验,并展开讨论,其内容包括以下方面:①解决某具体测定对象的各种分析方法、原理,并比较它们的优缺点;②实验步骤;③误差来源及消除;④结果处理;⑤注意事项;⑥特殊试剂的配制。然后在教师指导下,学生确定具体的实验方法。实验时,根据各自设计的实验,从试剂的配制到最后写出实验报告都由每个学生独立完成。

设计实验教学安排如下:

教学学时:16 h(不包括学生查阅文献和书写报告时间)。

实验题目如下:

(1) 人发中微量元素铜和锌的测定。

(2) 城市干道旁铅污染的统计分析。

(3) 茶叶、咖啡或可乐中咖啡因的测定。

(4) 奶粉中微量元素的分析。

(5) 大气浮尘中微量元素的分析。

(6) 矿泉水中金属微量元素的分析。

(7) 尿中钙、镁、钠和钾的测定。

(8) 血清或血浆中铜和锌的测定。

(9) 鱼或肉中铅的测定。

(10) 蕃茄中维生素 C 的测定。

(11) 止痛片中阿司匹林、非哪西汀和咖啡因含量的测定。

(12) 大棚环境与自然环境下生长的瓜果、蔬菜营养成分的差异分析。

(13) 金胶纳米粒子自组装和生物分子电分析。

（14）葡萄糖生物传感器研究。

教学安排如下：

（1）学生选题、分组，并由指导教师布置查阅文献和其他有关事宜。

（2）每个学生在规定时间内写出设计实验报告，然后组织学生讨论。

（3）每个学生根据各自确定的分析方法和经修改的设计实验报告，在教师指导下独立完成实验。

19.2 常用书刊、手册和电子资源

为了帮助学生迅速、准确地搜集到切合设计实验题目的文献资料，下面列出一些常用的书刊、手册和电子资源供参考。

19.2.1 教材

（1）方惠群，于俊生，史坚. 仪器分析. 北京：科学出版社，2002。

（2）北京大学化学系仪器分析教学组. 仪器分析教程. 北京：北京大学出版社，1997。

（3）赵藻藩，周性尧，张悟铭等. 仪器分析. 北京：高等教育出版社，1990。

（4）Skoog D A，Holler F J，Nieman T A. Principles of Instrumental Analysis. 5th ed. Philadelphia：Saunders College Pub. ，1998。

（5）陈培榕，李景虹，邓勃. 现代仪器分析实验与技术. 北京：清华大学出版社，2006。

（6）赵文宽，张悟铭，王长发等. 仪器分析实验. 北京：高等教育出版社，1997。

（7）北京大学化学系分析化学教学组. 基础分析化学实验. 北京：北京大学出版社，1993。

（8）Sawyer D T，Heineman W R，Beebe J M. 仪器分析实验. 方惠群等译. 南京：南京大学出版社，1989。

（9）Sawyer D T，Heineman W R，Beebe J M. Chemistry Experiments for Instrumental Methods. New York：John Wiley&Sons，Inc. ，1984。

19.2.2 辞典、全书、手册和图集

（1）《中国大百科全书化学卷》（分两册），北京：中国大百科全书出版社，1989。

（2）Dictionary of Organic Compounds（有机化合物辞典），第 5 版，J. Buckingham 主编，Chapman and Hall 1982 年出版，第 3 版已译成中文，名为《汉译海氏有机化合物辞典》。

（3）《化工百科全书》，共 18 卷，北京：化学工业出版社，1990。全书词目约有

半数为物质类词条,从多方面对化学品、系列产品进行阐述,内容包括物理和化学性质、用途和应用技术、生产方法、分析测试等。

(4) CRC Handbook of Chemistry and Physics(美国化学橡胶公司化学与物理手册),R. C. Weast 主编,第 70 版,1989～1990。1914 年出第一版,以后几乎每年一个新版,是世界上最著名的化学和物理手册之一。

(5) Lange's Handbook of Chemistry(兰氏化学手册),J. A. Dean 主编,McGraw - Hill Book Company 出版,第 13 版,1985,也是一本最常用的化学手册。已译成中文,名为《兰氏化学手册》,科学出版社 1991 年出版。

(6)《分析化学手册》,杭州大学化学系分析化学教研室、成都科技大学化学系近代分析专业教研组、中国原子科学院药物研究所合编,自 1979 年起由化学工业出版社陆续出版。

(7)《现代化学试剂手册》,梁树权、王夔、曹庭礼、张泰、时雨组织编写,自 1987年起由化学工业出版社陆续出版。全书分通用试剂、化学分析试剂、金属有机试剂、无机离子显色剂、生化试剂、临床试剂、高纯试剂和总索引等分册。

(8) Sadtler Reference Spectra Collection(萨特勒标准光谱集),由美国费城 Sadtler Research Laboratories(萨特勒研究实验室)收集、整理和编辑出版。收录范围包括红外光谱、紫外光谱、核磁共振谱、荧光光谱、拉曼光谱以及气相色谱的保留指数等,是迄今为止在光谱方面篇幅最大的一套综合性图谱集。

19.2.3　期刊

1. 期刊式检索工具

与期刊一样,期刊式检索工具是定期连续出版物,具有收集文献量大面广、出版速度快等优点,是手工检索原始文献最重要的工具。有关分析化学的检索期刊列举如下:

(1) Analytical Abstracts (英国分析文摘),创刊于 1954 年,月刊,是一部分析化学学科的综合性文摘。

(2)《分析化学文摘》,创刊于 1960 年,月刊,由中国科学技术信息研究所重庆分所编辑,科学技术文献出版社重庆分社出版。

(3) Chemical Abstracts(美国化学文摘),创刊于 1907 年,现为周刊。摘录范围包括刊物 16 000 余种、会议录、专利、政府报告、学位论文和图书,是化学工作者检索化学文献最重要、最方便的检索工具。

2. 分析期刊

(1)《分析化学》,创刊于 1973 年,现为月刊,中国化学会主办,该会分析学科委员会领导。

(2)《分析测试通报》,创刊于 1982 年,双月刊,中国分析测试学会主办,内容不限于分析化学本身,还涉及分析测试技术各个方面,除论文、简报、实验技术与方法、综述等栏目外,还有仪器的试制和维护、分析实验室管理。

(3)《理化检验》,化学分册,创刊于 1965 年,双月刊,分为《物理分册》和《化学分册》,中国机械师学会、理化检验学会及上海材料研究所联合主办。刊载文章侧重黑色、有色金属及其原材料的化学分析与仪器分析等方面的研究成果及新技术、新方法等。

(4)《色谱》,创刊于 1984 年,双月刊,中国化学会色谱专业委员会主办,涉及色谱各个领域的研究论文、简报、综述和应用实例等。

(5)《分析试验室》,创刊于 1982 年,双月刊,中国有色金属工业总公司与中国有色金属学会主办,以无机分析及有色金属分析为主要内容。

(6)《光谱学与光谱分析》,创刊于 1981 年,双月刊,中国光学学会主办,主要登载研究报告与简报。

(7)《冶金分析》,创刊于 1981 年,双月刊,钢铁研究总院和中国金属学会主办,包括研究与实验报告、综述与评论、经验交流和工作简报等栏目。

(8)《药学学报》,创刊于 1953 年 7 月,月刊,中国药学会主办。

(9)《药物分析杂志》,创刊于 1981 年,双月刊,中国药学会和中国药品生物制品检定所主办。

(10)《环境化学》,创刊于 1982 年,双月刊,中国环境科学学会环境化学专业委员会和中国科学院生态环境研究中心主办。

(11)《食品与发酵工业》,创刊于 1974 年,双月刊,中国食品发酵工业科学研究所、全国食品与发酵工业科技情报站主办。

(12)《高等学校化学学报》,创刊于 1964 年,现为月刊,教育部主办。

(13) Analytical Chemistry(分析化学),创刊于 1949 年,月刊,American Chemical Society 出版。

(14) Analyst(化验师),创刊于 1869 年,月刊,英国 The Chemical Society 出版。

(15) Analytica Chemica Acta (分析化学学报),创刊于 1947 年,月刊,荷兰 Elsevier Science Publishers 出版。

(16) Analytical Letters——Part A:Chemical Analysis;Part B:Clinical and Biochemical Analysis(分析快报——A 辑:化学分析;B 辑:临床与生化分析),创刊于 1967 年,月刊,A 辑和 B 辑交替出版,美国 Marcel Dekker Inc. 出版。

(17) Journal of Chromatographic Science(色谱科学杂志),创刊于 1963 年,月刊,美国 Preston Publications 出版。

(18) Journal of Electroanalytical Chemistry and Interfacial Electrochemistry, With Bioelectrochemistry and Bioenergetics (电分析化学与界面电化学杂志,附生物电化学

与生物能学),创刊于 1959 年,半月刊。

(19) Spectrochimica Acta——Part A: Molecular Spectroscopy; Part B: Atomic Spectroscopy(光谱化学学报——A 辑:分子光谱;B 辑:原子光谱),创刊于 1941 年,月刊(7 月和 11 月各出一期增刊,每年共 14 期),Pergamon Press Ltd. 出版。

19.2.4 电子资源

1. 中文电子资源

中文电子资源主要有全文数据库、电子期刊、电子图书等。以下介绍几种常用的中文电子资源:

1) 中国知网(CNKI 总库)

CNKI 南京大学镜像站点:http://202.119.47.27/kns50/

以上网址从南京大学校园网入口可登录。

CNKI 教育网入口:http://dlib3.edu.cnki.net

CNKI 公共网入口:http://www.cnki.net

CNKI 是目前世界上最大的连续动态更新的中国期刊全文数据库,全文期刊总数 7400 多种,积累全文文献 2550 万篇。内容分为理工 A、理工 B、理工 C、农业、医药卫生、文史哲、政治军事与法律、教育与社会科学、电子技术及信息科学、经济与管理等十大专辑,168 个专题。拥有中国期刊全文数据库、中国优秀硕士论文全文数据库、中国优秀博士论文全文数据库、中国重要报纸全文数据库、中国重要会议论文全文数据库、中国年鉴全文数据库、中文工具书集锦在线等资源。收录年限:1994 年至今(北京主站数据起始为 1979)。

2) 万方数字资源系统

南京大学镜像站点:http://202.119.47.26/wf/index.html

以上网址从南京大学校园网入口可登录。

北京主站:http://www.wanfangdata.com.cn/

万方数据资源系统服务平台包含以下内容:

(1) 期刊论文:数字化期刊数据库;数字化期刊刊名数据库;中国学位论文文摘数据库;中国医学学术会议论文文摘数据库;SPIE 会议文献数据库;中国科技论文引文分析数据库。

(2) 中外专利技术:中国、欧洲、德国、法国、美国、英国、瑞士、日本等国家专利技术数据库;世界专利组织专利技术数据库。

(3) 中外标准:中外标准数据库。

(4) 科技成果:中国科技成果数据库;科技成果精品数据库;中国重大科技成果数据库;国家级科技授奖项目数据库;全国科技成果交易信息数据库。

(5) 法理法规:政策法规数据库;科技决策支持数据库。

（6）专题文献：中国化工、机械工程、农业科学、生物医学、计算机、光纤通信科技、水利、有色金属、畜牧、地震、环境、建材、采矿、船舶、煤炭、磨料磨具、人口与计划生育、粮油食品、麻醉、金属材料、林业、管理、冶金、铁路、航测、遥感、自动化、计量测试、包装等科技文献数据库；中国科学工程期刊文摘数据库。

（7）资料目录：西文期刊馆藏目录数据库；中文期刊馆藏目录数据库；中国科技声像资料联合目录数据库。

（8）机构企业：中国高等院校及中等专业学校数据库；中国科研机构数据库；中国科技信息机构数据库；中国高新技术企业数据库；外商驻华机构数据库；中国企业公司与产品数据库/英文版/图文版；中国一级注册建筑师数据库；中国百万商务数据库。

（9）其他：汉英-英汉双语科技词典等。

3）维普中文科技期刊全文数据库

网址：http://www.cqvip.com

以下网址仅可从南京大学校园网入口登录。

南京大学镜像站点：http://202.119.47.6

苏州大学镜像站点：http://202.195.136.17

中国矿业大学镜像站点：http://121.248.104.142

该数据库收录期刊总数 8962 种，全文期刊总数 6746 多种。学科涵盖社会科学、自然科学、工程技术、农业、医药卫生、经济、教育和图书情报等。全文收录起始年 1989 年。

4）超星数字图书馆

网址：http://www.ssreader.com

以下网址仅可从南京大学校园网入口登录。

南京大学镜像站点：http://202.119.47.40:8080/

江苏大学镜像站点：http://202.195.165.21/

徐州师范大学镜像站点：http://202.195.72.36:8080/cxbook/

该馆于 1998 年 7 月开始提供网上免费阅览，2000 年 1 月正式开通。至 2007年初，《超星数字图书馆》共有 22 大类、53 万余种中文图书，数据按年度进行更新。2001 年 9 月江苏省高等教育文献保障系统（JALIS）以集团采购方式在省内建立镜像站点。

2. 外文电子资源

1）美国化学会数据库

网址：http://pubs.acs.org/

南京大学校园网进入：登录图书馆主页→外文电子资源→ACS Publications /

美国化学学会出版物。

美国化学学会(American Chemical Society,ACS)成立于 1876 年。ACS 出版物涵盖化学及其相关的学科领域,其中以美国化学会志(Journal of the American Chemical Society,JACS)为代表的 35 种杂志最具影响力,是化学领域中被引用次数最多的化学期刊。ACS 出版物还包括每年出版 35～40 本新书、重版 500 本,每周定期出版有关化学、化学工程、化学公司企业的新闻或杂志周刊等。

2) 美国《化学文摘》网络数据库

网址:http://www.cas.org/

美国《化学文摘》(Chemical Abstracts,CA) 由美国化学会下属的化学文摘社(Chemical Abstracts Service,CAS)编辑出版。创刊于 1907 年,是化学和生命科学研究领域中不可缺少的参考和研究工具,也是资料量最大、最具权威的出版物。可提供印刷版、光盘版、网络版三种形式。

(1) 印刷版:周刊,每年 2 卷。年增条目 80 万以上,收集来自全球 200 多个国家、60 多种语言的 15 000 多种有影响力的科技期刊和 50 多家专利授权机构的专利信息。出版形式包括周期刊、卷索引、累积索引、CA 分部、专辑、环系化合物手册、来源索引等。

(2) 光盘版:月刊,每年 13 期。内容对应于印刷版的周期刊＋卷索引。

(3) 网络版:在线数据库。出版形式:SciFinder,SciFinder Scholar,STN 系列。网络版化学文摘 SciFinder Scholar 更整合了 Medline 医学数据库、欧洲和美国等专利机构的全文专利资料以及化学文摘 1907 年至今的所有内容。以下网址提供了 SciFinder 2007 / SciFinder Scholar 2007 用户指南:http://lib.nju.edu.cn/download/huaxuewenzhai.pdf。

3) ISI Web of Knowledge

网址:http://www.isiknowledge.com

ISI Web of Knowledge 是一个基于 Web 所建立的、能够实现不同数据库联合检索的平台。目前可以联合检索的部分数据库如下:

(1) ISI Web of Science:是美国 ISI 公司基于 WEB 开发的产品,包括 SCI、SSCI 和 A&HCI 三大引文库,CCR、IC 两个化学数据库。Science Citation Index(SCI),1994 起,收录 6000 多种科学技术期刊;Social Sciences Citation Index(SSCI),1998 起,收录 1700 多种社会科学期刊; Arts & Humanities Citation Index(A&HCI),2002 起,收录 1100 多种艺术与人文类期刊;Current Chemical Reactions(CCR);1986 起,收录一步或多步新合成方法;Index Chemicus(IC),1993 起,收录重要期刊报道的新颖有机化合物的结构和关键数据。Web of Science 用 IP 控制访问权限,校园网用户不需要账号和口令。下载信息无需支付国际网络通信费。

(2) ISI Current Contents Connect:该库包含世界上 8000 多份主要学术期刊和

2000多种图书中的文章、社论、会议摘要、评论和其他重要内容,每天更新,提供期刊完整目录和作者电子邮件地址。

(3) ISI Proceedings:包括 ISTP 和 ISSHP 两大会议录数据库。Index to Scientific & Technical Proceedings(ISTP),每周更新,收录自 1990 年以来每年近 1 万个国际科技学术会议所出版的共计 190 多万篇会议论文,每年约增加 22 万个记录,提供自 1997 年以来的会议录论文的摘要;Index to Social Science & Humanities Proceedings(ISSHP),收录自 1990 年以来每年近 2800 个国际学术会议所出版的共计 200 000 篇会议论文,每年约增加 20 000 个记录,提供自 1997 年以来的会议录论文的摘要。

(4) ISI Chemistry Server:合成化学信息数据库,提供学术期刊和专利文献报道的最新化学合成、材料合成、药物合成和化合物结构及其生物活性方面的信息。提供"反应中心"和"化合物中心"两大数据库,并可与 Web of Science 自然对接,即从 Chemistry Server 检索的文献可以连接到 Web of Science 获得更多的相关参考文献,而在 Web of Science 中所找到的文献又可从 Chemistry Server 获得更进一步详细的反应信息。

(5) Derwent Innovations Index:将 Derwent World Patents Index(德温特世界专利索引)与 Patents Citation Index(专利引文索引)整合,每周更新,提供全球专利信息。收录来自全球 40 多个国家及专利机构的专利,资料回溯至 1963 年。

(6) BIOSIS Previews:包括 Biological Abstracts 和 Biological Abstracts/ RRM(Reports,Reviews,Meetings)两大数据库,每周更新,收集约 5500 种学术期刊和非期刊文献(会议、研讨会、综述、美国专利、书籍、软件评述等)中生命科学与医学的最新发现,能够与 Web of Science 链接。

(7) Journal Citation Reports:期刊引文分析报告,提供自然科学和社会科学领域内各个学科学术期刊相对重要性的定量指标,即影响因子(impact facctor),从一个方面帮助研究人员判断研究论文质量的高低和相对影响。

(8) MEDLINE:美国国立医学图书馆生命科学数据库。

4) 著名出版社电子期刊

(1) Elsevier SDOS 全文期刊数据库:荷兰 Elsevier Scienc 公司是全球最大的出版商,出版期刊、图书专著、教材和参考书的纸版和电子版,其出版历史可追溯至 1880 年。SDOS 是其网络全文期刊数据库,提供 1998 年以来 Elsevier 公司出版的 1700 余种电子期刊全文数据库。网址:http://www.sciencedirect.com。

(2) SpringerLink 全文数据库:德国 Springer 出版社是全球第二大学术期刊出版社,创立于 1842 年。SpringerLink 是其科学技术和医学类全文数据库,该数据库包括各类期刊(1978 种)、丛书(964 套)、图书(27 830 部)、参考工具书(130 部)以及回溯文档。网址:http://www.springerlink.com/home/main.mpx。

(3) Oxford University Press:世界最大的大学出版社,始创于 15 世纪末。依收录年代可分为两部分:1996 年以后部分称为 Oxford Journals Online (OJO),包含现有 194 种期刊;1995 年以前部分称为 Oxford Journals Digital Archive (OJDA),包括 1849~1995 年 142 种期刊。网址:http://www.oxfordjournals.org/。

(4) Wiley InterScience:John Wiley & Sons Inc. 是有近 200 年历史的国际知名专业出版机构。Wiley InterScience 是其综合性的网络出版及服务平台,收录 360 多种化学、生命科学、医学及工程技术等领域相关专业期刊、30 多种大型专业参考书、13 种实验室手册的全文和 500 多个条目的 Wiley 学术图书的全文。其中被 SCI 收录的核心期刊近 200 种。网址:http://www3.interscience.wiley.com/cgi-bin/home。

参 考 文 献

北京大学化学系仪器分析教学组.1993.基础分析化学实验.北京:北京大学出版社

北京大学化学系仪器分析教学组.1997.仪器分析教程.北京:北京大学出版社

陈功,王福林.1996.白酒气相色谱分析疑难问答.北京:中国轻工业出版社

陈国珍,黄贤智,刘文远等.1987.紫外-可见分光光度法.北京:原子能出版社

陈培榕,李景虹,邓勃.2006.现代仪器分析实验与技术.第2版.北京:清华大学出版社

陈耀祖,王昌益.1987.近代有机定量分析.北京:科学出版社

邓勃.1981.原子吸收分光光度法.北京:清华大学出版社

方惠群,于俊生,史坚.2002.仪器分析.北京:科学出版社

李廷钧.1983.发射光谱分析.北京:原子能出版社

戚苓,陈佩琴,翁筠蓉等.1992.化学分析与仪器分析实验.南京:南京大学出版社

施耀曾,孙祥祯等.1988.有机化合物光谱和化学鉴定.南京:江苏科学技术出版社

索耶 D T 等.1989.仪器分析实验.方惠群等译.南京:南京大学出版社

夏玉宁.1993.食品卫生质量检验与监查.北京:北京工业大学出版社

杨传铮,谢达材,陈癸尊等.1989.物相衍射分析.北京:冶金工业出版社

杨孙楷,苏循荣,林竹光.1996.仪器分析实验.厦门:厦门大学出版社

章渭基,秦士嘉,韩之俊等.1988.质量控制.北京:科学出版社

赵文宽,张悟铭,王长发等.1997.仪器分析实验.北京:高等教育出版社

赵藻藩,周性尧,张悟铭等.1990.仪器分析.北京:高等教育出版社

Kateman G,Pijpers F W.1981. Quality Control in Analytical Chemistry. New York:Wiley

Sawyer D T, Heineman W R, Beebe J M. 1984. Chemistry Experiments for Instrumental Methods. New York:John Wiley & Sons Inc.

Skoog D A,Holler F J, Nieman T A. 1998. Principles of Instrumental Analysis. 5th ed. Philadelphia:Saunders College Pub.